昆虫记

Souvenirs Entomologiques

[法] 法布尔◎著　陈志超◎译

煤炭工业出版社

·北　京·

图书在版编目（CIP）数据

昆虫记／（法）法布尔著；陈志超译 . – – 北京：
煤炭工业出版社，2016（2022.3 重印）
ISBN 978 – 7 – 5020 – 5077 – 1

Ⅰ.①昆… Ⅱ.①法… ②陈… Ⅲ.①昆虫学—普及
读物 Ⅳ.①Q96 – 49

中国版本图书馆 CIP 数据核字（2015）第 305378 号

昆虫记

著　　者	（法）法布尔
译　　者	陈志超
责任编辑	马明仁
责任校对	郭浩亮
封面设计	新吉乐夫
封面插画	严文胜

出版发行　煤炭工业出版社（北京市朝阳区芍药居 35 号　100029）
电　　话　010 – 84657898（总编室）
　　　　　010 – 64018321（发行部）　010 – 84657880（读者服务部）
电子信箱　cciph612@126.com
网　　址　www.cciph.com.cn
印　　刷　唐山楠萍印务有限公司
经　　销　全国新华书店

开　　本　710mm×1000mm$^1/_{16}$　印张　16　字数　250 千字
版　　次　2016 年 1 月第 1 版　2022 年 3 月第 6 次印刷
社内编号　7928　　　　　　　定价　58.00 元

目 录

荒石园

一片面积不大、整日被阳光暴晒、长满荒草的空地是我所情有独钟的地方。它原本是一块被人们抛弃的荒地，除了蓝色矢车菊和其他蓟属菊科植物，几乎不能生长农田作物。然而这里正是昆虫的乐园。我把它买了下来，四周围上围墙，这样，就不会有人随意进出干扰我的观察活动。我可以尽情地安排我的观察实验，与土蜂和砂泥蜂倾心投入地进行交谈。是的，这正是我的梦想。一个我从未奢望能够实现，而今却变成现实的一个梦想。

对于一个不时要为生活琐事甚至一日三餐劳心费神的人来说，想要在野外建立一个观察试验室，何其不易！近四十年来我一直胸怀着这个心愿，虽然穷困潦倒，困难重重，但我总算拥有了这么一片令我朝思暮想的私人领地。尽管条件不甚理想，但这仍然是我不懈奋斗的成果。但愿我能拥有更多的自由时间与我的小精灵们相处。

看来一定是有些迟了，我真担心，我可爱的昆虫精灵们不愿亲近我！我很怕手里终于有了一个甜美的桃子时，却已经没有牙齿来咬动它。

是有点迟了。因为那原本开阔敞亮无遮拦的视野，现今已经变得十分局促。很多东西都已失去，种种不幸的遭遇使我心力交瘁，我甚至怀疑自己还有没有必要继续坚持下去。

然而却没有什么东西值得遗憾，就连那已经逝去的二十年的光阴。

纵然身陷废墟当中，但我心中有一堵石墙仍然屹立，那就是我胸中燃烧着的追求科学真理的坚定信念。啊，我亲爱的膜翅科昆虫，我到底有没有资格为你们的故事增添几页恰如其分的描述呢？我能不能做到呢？把你们遗忘了那么久，我的朋友们，你们会因此而责怪我吗？啊，我并不是有意冷落你们，也不是因为我的懒惰。我无时无刻不想念着你们，关心着你们，我相信节腹泥蜂的洞穴还有很多引人入胜的秘密有待我们去揭开，也觉得穴蜂的猎食行为还有大量令人惊异的细节等待我们去发现。然而我必须承认，我缺少的恰恰是时间。在与命运的搏斗中，我已用上了几乎全部的心力。毕竟，在追求真理之前，要先把肚子填饱。请告诉它们吧，无论在你们这里，还是它们那里，我都应该能够得到原谅。

一直有人指责我的作品语气不当，缺乏严肃性。说白了，就是没有他们那种自以为是的学究词汇。他们总觉得如果一篇文章不故作深沉，就无法表现真理。如果我按照他们的方式和你们讲话，估计你们马上就会对我敬而远之。你们这些长着翅膀、带着螯刺、身穿护甲的各科昆虫们，你们都来吧，都来这里为我辩护。请你们跟他们说说我在观察你们的时候是多么耐心细致，与你们相处时是多么其乐融融，记录你们行为的时候是多么一丝不苟。你们一定会众口一词，证明我的作品的严谨性和真实性，我的表述既没有增加什么，也从不曾妄自减少什么。谁愿意去问就去问好了，他们都将得到同样的答案。

最后，如果你们觉得自己势单力微，不足以令那些满口经纶的先生们信服，那么就由我站出来，告诉他们一些他们不能不承认的事实：

"你们把昆虫们杀死做各种实验，而我研究的是活的生命体；你们把它们制成冰冷恐怖的标本，而我却让人们感受它们的鲜活可爱；你们在解剖室和碎尸间研究，我却在蓝天下边听蝉鸣边观察；你们把细胞和原生质分离，做化学实验，我却在它们生命的巅峰期研究它们的本能；你们探索死亡，而我探索生命。我还要说清楚的一点就是：一颗老鼠屎弄坏一锅汤。博物学原本是年轻人乐于从事的天然学问，然而却被所谓的细胞研究的进步分割得面目全非，可厌可憎。我究竟是为了哪些人写作？我当然是为了那些有志于从事该方面研究的人士写作，但更重要的是，我为年轻人写作。我要把被你们弄得面目全非、令人生厌的博物学重新变得让他们易于接受和喜欢。这就是为什么我要在尽量保持作品的真实性和严谨性的基础上，避免你们那种令人生厌的文体。"

我现在并不想纠缠这些事。我要说的是我的计划中被期待已久的这块地。这一片我终于在一个偏僻的小村庄里找到的空地，我想要把它建成一座昆虫学的观察实验基地。这片土地被当地人叫做："阿尔玛斯"，意思是"只长百里香植物的多荒石的贫瘠土地"。我的这座荒石园几乎没办法耕作，不过如果花费工夫耕耘，还是可以长出东西的，但这样实在不值得。到了春天，如果碰巧下点雨，这里也会长出一些青草，吸引牧羊人赶来他们的羊群。

荒石园里有一些掺着石子的红土，据说曾经被人耕种过，长过一些葡萄。然而，这里原来的植物已经被人挖掉，现在已经没有了百里香和其他任何矮树丛。我感到十分痛惜，因为那些植物对我或许更为有用：它们可以为我养育很多昆虫。所以我不得已又把它们重新种植起来。

现在这里重新长满了各种杂草。数量最多的是犬齿草，这是所有庄稼人深恶痛绝的一种草，极难根除；数量排第二的是各种矢车菊，尤其是长满了橙黄色花朵的那种，棵棵都披满尖刺和星形戟。比它们长得高的是伊利里亚大翅蓟，它那耸然直立的枝干，有时高达六尺，而且末梢还长着大大的粉红球样的花朵和小刺，想要采集它们的人无处下手。在它们当中，还有一些穗形的矢车菊，长了好长一排钩子。（假使你不穿上高筒皮靴，就来到有这么多刺的草丛里，你就要完蛋了。）只要土壤里还留有足够的水分，这些植物便会毫不吝惜地展示它们蓬勃的生命活力。但是当干旱的夏季到来时，这里就会变成一片荒芜的景象，到处是枯枝败叶，一把火就可以把它们烧个精光。

这就是我四十年来拼命奋斗得来的乐园。打从它出现在我的计划书中的那一天起，我就把它当作我与昆虫们的伊甸园。从现实情况来看，我的这个目标将会很完美地实现。

我的这个稀奇而又冷清的王国用"伊甸园"这个词来称呼或许并不准确，因为没有人会愿意在这里撒上一把萝卜籽。然而这里却是无数蜜蜂和黄蜂的乐园。这里蓬勃生长的蓟和矢车菊把周围的膜翅目昆虫都招来了，我从来没有在其他地方看见过这么多的昆虫。这一行当的各种成员都以这块地为中心汇聚起来。这儿有充当猎手的猎蜂，有充当工程师的筑巢蜂，有充当泥水匠的涂泥蜂，还有充当纺织工人的编织蜂，甚至连充当家具制造者的切叶蜂和负责开凿隧道的矿工蜂都来了……总之，各种职能的蜂种全都汇集了。

哦，快看这个是什么？原来是只黄斑蜂。它正剥下开有黄花的矢车菊的网状叶梗，把它们推集成一个大绒球，准备带回去用它储藏蜜和卵。

那儿还有一群切叶蜂，它们的腹部带着黑的、白的或者红的花粉刷，打算到邻近的小树丛中，把叶子切割成圆形的小片，用来包裹它们的蜜和卵。

另外这一群穿着黑色丝绒衣的家伙是谁？啊，原来它们是砂泥蜂。它们负责混合水泥与铺制沙石的工作，在我的荒石园里很容易在石头上发现它们工作用的工具。

现在可以看到的是几只壁蜂。一只正把巢藏在空蜗牛壳的旋梯里，另一只正要把它的幼虫安置在干燥的覆盆子的木髓里，第三只则在利用干芦苇的茎秆做它的窝，至于第四只，则直接住进了砂泥蜂留下的空巢里，连租金都用不着付。大头蜂和长须蜂也来了。还有毛足蜂，它们的后足长有一双巨大的毛刷，用来采集花粉。种类繁多的土蜂嗡嗡地飞着，间或还可以发现几只肚子纤细的隧蜂。然而我决定对这一切不再过多赘述。要是我继续说下去，我可能要搬出整个采蜜类昆虫的族谱。

我曾经向一位住在波尔多的昆虫学家请教我捕捉到的各种昆虫的名字，这位大名鼎鼎的人士就是佩雷教授。他问我是不是有什么秘诀，以至于能抓到那么多稀有的昆虫。然而我并不是热忱的捕虫专家，我的所有昆虫都是从我长着大蓟和矢车菊的乐园里找到的。我更喜欢观察活动着的昆虫们，而不是被大头针钉在盒子里的昆虫标本。

环绕着我的荒石园的围墙建好了，曾经有一段时间，园墙下到处都是泥水匠留下的成堆的石子和细沙。这些材料一下子便被园子里的各种住户利用起来了。砂泥蜂选择石头的缝隙用来做它们的宿舍，长相凶悍的蜥蜴挑选了一个洞穴，潜伏在那里等待路过的蝗螂，黑耳朵的鹡鸟穿着白黑相间的衣裳，像是一位长衣修士，端坐在石头顶上高唱它的田园叙事小调。至于那些藏有天蓝色鸟蛋的鸟巢，会在石堆的什么地方才能找到呢？后来石头被农民搬走了，那些在石头里面生活的小黑衣修士自然也一起消失了。我对这些可爱的小邻居的离开感到十分惋惜，但对那个凶悍的蜥蜴，则没有丝毫的惋惜之情。

在沙土堆里，还隐藏了掘地蜂和猎蜂的群落。令人遗憾的是，这些可怜的小东西后来无情地被建筑工人给驱逐走了。但是仍然还有一些猎户们留了下来，它们成天忙忙碌碌，寻找小毛虫。还有一种长得很大的黄色蛛蜂，竟然胆大包天地敢去捕捉毒蜘蛛。在荒石园的泥土里，有许多相当厉害的蜘蛛居住着，没有人敢去轻易招惹它们。当然，在这里你还可以看到强悍勇猛的蚂蚁军团，在炎热的夏日午后，它们时常派遣出一个兵营的力量，排着长长的队伍，四处出征，去猎取比它们强大好几倍的奴隶。这里还有懒洋洋飞舞着的土蜂，它们被草丛中的金龟子和独角仙的幼虫吸引着，要伺机捕猎。

此外，在屋子附近的树林里面，住满了各种鸟雀。它们之中有在丁香丛中筑巢的黄莺，有在荫凉的柏树枝桠间休憩的翠鸟，还有忙着运送碎草和布片到屋檐底下的麻雀，甚至还有惯于在晚上出猎的猫头鹰。房屋前面有一个小池塘，里面住满了青蛙。每当五月到来的时候，它们就组成震耳欲聋的乐队。在池塘边的居民中，最勇敢的要数黄蜂了，它竟成功阻止了地霸霸占我们的屋子。在屋子的门栏上，还居住着白腰蜂。每次我要走进屋子的时候必须十分小心，不然就会踩到它们，破坏了它们开矿的工作。我已经很久没有见过这种捕捉蝗虫的高手了。在关闭的窗户里，砂泥蜂在软沙石的墙上建筑土巢。窗户木框上一不小心留下的小孔，被它们利用来做出口。在百叶窗的边线上，几只迷了路的切叶蜂筑起了蜂巢，还有一只黑胡蜂在半开的百叶窗内侧筑了一个圆形的蜂巢。每到午饭的时候，一些黄蜂就会翩然来访，它们的目的，当然是想看看餐桌上我的葡萄成熟了没有。

当然，以上列举的昆虫不过是我所见到的一部分，它们全都是我的朋友。我的亲爱的小伙伴们，我从前和现在所熟识的朋友们。它们住在这里，打猎建巢，养活它们的家族。而且，假如我打算转换一下观察的处所，走不多远便是一座山，到处都是野草莓树、岩蔷薇和石楠植物，黄蜂与蜜蜂都喜欢聚集在那里。

这就是我离开城市投身乡村的原因，这里可以让我找到巨大的财富。这下你们可以明白我为什么要到赛利尼昂定居，为我的萝卜除杂草，并细心灌溉我的莴苣了。

在大西洋和地中海沿岸，人们花费巨额资金建造实验室，进行海洋动物的解剖实验，我不明白他们这么做到底有什么意义。他们购买昂贵的显微镜和解剖仪，并配备强大的捕捞机器、水族饲养箱和各种捕鱼人员，以便探查某种节肢动物的卵如何分裂，却对陆地上的小昆虫如此不屑一顾。我们何时能拥有一间不是研究泡在酒精里的昆虫尸体而是活体昆虫的实验室？一间可以研究这个小世界里的动物本能、生活习性、捕食和繁殖规律的实验室？这显然是农业学家和哲学家都应该郑重考虑的事情。

　　透彻研究我们的葡萄园毁灭者的历史，可能比了解某种蔓足亚纲动物的神经末梢系统更重要。深邃的海洋底部都要被人用长长的拖网翻个底朝天了，而我们对脚下的大地却还不甚了解。鉴于人们对足下土地的漠视，我建造了我的荒石园作为一个试验场，以期改善人们漠视大地上微小物种的这一风潮。毕竟我的实验室天然自足，不需花费纳税人一分钱。

毛刺砂泥蜂

5月里的某一天，我在巡视我那荒石园实验室，想看看能否获得新的发现。法维埃正在不远处的菜地上干活。法维埃是何许人也？大家马上就会知晓的，因为他将在下面的故事中出现。

法维埃是个行伍出身。他曾经在非洲荒原的角豆树下搭建起自己的茅草屋，在君士坦丁堡捕捞过海胆，在没有军事行动时，他还在克里木捕捉过椋鸟。他经历十分丰富，见多识广。冬季里，不到下午4点，地里的活儿便收工了。冬季的漫漫长夜，无所事事，绿橡树圆木在厨房间的炉子里烧得正旺，火光熊熊，他把耙子、叉子、双轮小车收拾停当之后，便坐在炉边的高大的石头上，掏出烟斗，用大拇指沾上点口水，技术娴熟地往烟斗里塞满、压实烟丝，美滋滋地吞云吐雾开来。其实，他得把烟闷在肚里，久久地不吐出来，他几个小时之前烟瘾便上来了，只是舍不得抽，因为烟草价格昂贵，憋到现在才抽上一口。

大家便在这个时候，围着炉火闲扯瞎聊。法维埃兴致颇高，海阔天空，纵横捭阖。因为他的故事精彩动听，所以他就像是古代的说书人似的，被安排坐在最佳的位置上，成了中心人物。只不过我们的这位说书人是在兵营里练就的说书本领的。这倒无伤大雅，反正一家老小，无论大人孩子，都在聚精会神地听他讲述。即使他说的故事纯属杜撰编造的，但却总是编得合情合理，顺理成章。所以，当他干完活儿后，如果不在炉边歇上一会儿的话，我们大家全都感到有一种说不出的惆怅来。他到底跟我们讲了些什么，让我们这么如痴如醉、倾心入迷？他给我们讲述了他亲身经历的一场推翻一个专制帝国的政变中的所见所闻。他说道，他们先是把烧酒分喝光了，然后便向人群开枪射击。他信誓旦旦地对我说，他自己则只是对着墙开枪的。我对他的话十分相信，因为我感到，他是纯属无奈而参加了这场疯狂大屠杀的，而他一直在痛悔自己的这一经历，感到十分地悲哀、羞耻。

他还向我们讲述了他在塞瓦斯托波尔城外战壕中的不眠之夜。他讲述道，他曾在冰天雪地的黑夜里，孤立无援地蜷缩在雪堆旁，眼看着被他称之为"花瓶"的玩意儿落在了他的近旁，他惊恐万状，不能自已。那只"花瓶"在燃烧，在喷射，在发光，把周围照得如同白昼。那些可恶而吓人的东西随时随地地在爆炸，令人胆战心惊，毛骨悚然。他的战友们死去了，而他却侥幸地活下来。"花瓶"熄灭了。那所谓的"花瓶"，其实就是照明弹，在黑暗中发射，用以侦察围城敌军的动静与活动情况。

在讲述了残酷激烈的战斗故事之后，法维埃又给我们讲了不少的兵营中的趣闻乐事。他告诉我们军队里是如何烧菜做饭的，士兵们的饭盒里都藏了些什么秘密，以及土堡里的一些可笑可乐的琐碎事情。他肚子里真的是装着说不完的故事，而且讲述起来又眉飞色舞，生动活泼，引人入胜，不知不觉地便到了吃晚饭的时间了。

法维埃还有一手令我叹服。我的一位朋友从马赛给我捎来两只大螃蟹，那是一种被渔民们称之为"海上蜘蛛"的蜘蛛蟹。当工人们——忙于修缮破房屋的油漆工、泥瓦匠、粉刷工等——吃完晚饭回来时，我便把捆绑着那两只大螃蟹的绳子给解开来了。工人们一看，吓得直往后缩。这两只怪模怪样的动物，从甲壳四周呈辐射状地伸出它们的螯针，而且竖立在细长的腿上爪上，状如蜘蛛，看着甚是瘆人。可法维埃却根本不把它们当一回事，只见他手这么一伸，便一把按住了那个可怕的"横行霸道"的"蜘蛛"，然后说道："我知道这家伙，我在瓦尔拉吃过，味道鲜美极了。"他边说，边在用嘲讽的目光看着他周围的人，那意思像是在说："你们这帮人啊，简直是孤陋寡闻，从来就没有走出自己的窝。"

最后，再举一个他见多识广的例子。他的一位芳邻遵照医生的嘱咐，前往塞特去泡海水浴，归来时，带回来一个稀罕的东西，像是一个奇异的果实，她觉得这个果实种上后，一定会有收获的。拿起这个果实放在耳边摇动，可以听见响声，说明壳内有种子。这个果实呈圆形，壳上多刺，一端像是一朵小白花的未曾开放的花蕾，另一端则略有些凹陷，上面有几个洞孔。这位女邻居便跑到法维埃那儿去，把自己如获至宝的东西拿出来给他看，并让他转告于我。后来她把这果实给了我，并说将来必定会长出非常漂亮的小灌木的，可以为我的花园增添一景。她指着这个果实的两端对法维埃说："这儿是花，这儿是尾巴。"

法维埃听她这么一说，不禁放声大笑起来，随即便告诉她说："这是一只海胆，我在君士坦丁堡吃过。"然后，他便详尽地解释给她听，海胆是什么，是怎么回事。女邻居始终未能听明白他说的是些什么，仍抱着那是"果实"的顽固看法。而且，她心里还在想，法维埃一定是因为这么宝贵的种子，不是由他，而是由别人送给了我，因而心生嫉妒，才编出这么一套说法来欺骗他的。他俩因无法说服对方，便跑到我家里来。那位热心肠的女邻居对我又说了一遍："这儿是花，这儿是尾巴。"我看了之后，便跟她解释道，她所说的那"花"，其实是海胆的五颗聚在一起的白牙齿，而那"尾巴"则是跟海胆的嘴相对应的部位。她仍旧心存疑惑地走了。也许她的那些"种子"，那些在空壳中摇动起来发出响声的沙粒，现在正放在一个破旧的土瓮里"发芽"哩。

从这一点，我们不难看出，法维埃确实了解不少的东西，而且他是因为亲口吃过尝过才认识的。他知道獾的里脊肉非常好吃；他知道狐狸的后臀尖肉很香；他了解荆棘鳗鱼——游蛇的哪个部位的肉最佳；他曾把臭名昭著的"南方玻璃珠"——单眼蜥蜴用油煎炸而食；他曾经考虑用油来炸蚱蜢，做成一道美味。他跑遍了全世界，这种生活让他长足了见识，能够做出一般人想象不出来的菜肴来，让我看了真的是惊叹不已，自叹弗如。

我对他的仔细观察的鉴别力以及对事物的记忆力也十分地钦佩。不管我告诉他一种什么植物，只要我仔细地向他描述清楚，哪怕是一种毫不起眼的小花杂草，只要我们周围的树林里有这种植物的话，他都能替我找了回来，并且告诉我是在什么地方，什么方位寻找到的。再细小难辨的植物，他都能分辨得一清二楚。为了对我已发表的关于沃克吕兹的球菌的文章加以增添补充，在气候恶劣的季节里，昆虫们都躲起来了，我不得不拿起放大镜，采集植物标本。这时候，由于严寒使得土地变得又实又硬，或者由于大雨使得地上满是泥浆，法维埃便无法侍弄园子，我就带着他一起跑到树林里去，在荆棘丛生的杂草堆中寻找我所需要的那些又细又小的植物。球菌的一个个小黑点，使得遍地蔓生的荆棘枝枝杈杈长满了黑色斑点。我把那些最大的黑斑点称之为"黑色火药"。这些球菌中的某一种正是被植物学家们冠之以这一名称的。法维埃在寻找过程中，比我发现的要多，他对此感到颇为自豪。玫瑰茄像一团黑色的乳头，乳头上包着一层透红颜色的棉絮状绒毛，这是一种绝佳的植物，如果法维埃发现了一枝这样的植物，会高兴得什么似的，立即掏出烟斗，抽上一袋，以示庆贺。

在采集过程中，总会引来一些不识相的瞧热闹的人，而法维埃则很善于把他们打发开去。这些人都是附近的农民，出于好奇，总爱提一些像小孩子们提的问题，而且，他们的好奇中还掺杂着鄙夷和嘲讽，凡是他们不懂的东西，他们都得嘲笑几句。有什么能比一位绅士模样的人在研究捕捉来放在玻璃瓶中的一只苍蝇，或者翻来覆去地琢磨一块捡到的烂木头，更让他们觉得滑稽可笑的呢？然而，法维埃只要一句话，就能噎住他们的那些并非善意的探询。

我们弓着身弯着腰，一步一步地前行，寻找着史前时期的遗留物，什么蛇形斧啦，黑陶器碎片、燧石制箭镞和矛头啦，碎片、刮削器、燧石块啦，等等。这些东西在山的南坡多得很。一个农民见状，突然问道："您的主人要这些破玩意儿干什么呀？"法维埃便立即顶他一句："给配门窗玻璃的人做填料。"

我收集了一把兔子粪，在放大镜下一看，可以见到粪上有一种隐花植物，值得带回去加以研究。正在这时候，又来了一个好奇而饶舌的乡下人，他见我这么小心仔细地把发现的"宝物"装进一只纸袋里去，心想，那一定是很值钱的东西，定能卖个好价钱。在乡下人的眼里，一切之一切，最终都归之为一个"钱"字。在他们看来，我一定是靠着这些兔子粪发了大财。于是，他便狡猾诡谲地向法维埃打听："您的主人弄这些干什么呀？"法维埃便一本正经地回答他说："他要蒸馏这些兔子粪，好取粪汁。"那个好奇者被这个回答弄得莫名其妙，悻悻地走开了。

我们先打住吧，就别在这位脑子灵活、巧于应对，喜欢打趣的军人身上花费太多的笔墨了。我们还是回到我那荒石园昆虫实验室里引起我关注的东西上来。几只砂泥蜂用脚在扒拉着，搜寻着，不一会儿又向前飞上一小段路，时而落在有草的地方，时而又飞到寸草不生之处。时已 5 月中旬。

一天，风和日丽，我看见那几只砂泥蜂落在满地尘土的小路上，懒洋洋地沐浴在温暖的阳光中。它们全都是毛刺砂泥蜂。我曾经叙述过这种砂泥蜂是如何冬眠的，以及春天到来时，当其他的猎食膜翅目昆虫仍旧躲在它们的茧里的时候，它们就已经开始飞来飞去地寻觅食物了。我还描述了它们是如何肢解毛虫，以便利于自己的幼虫嚼食。我还叙述了它们把自己的蜇针多次地刺到毛虫的神经中枢里去。我还是头一回看到这种如此精巧的"活体解剖"，而且也就看过一次，所以我希望有机会能再亲眼目睹这种外科手术。那头一次的观察，十分地浮皮潦草，很不仔细，因为上次我有事在身，长途奔波，人很疲惫，很可能有很多的细节被我忽略掉了。而且，就算我真的是全都看得一清二楚，我也很有必要再仔细地观察一番，使自己的观察结果更加地臻于完善，真实可靠，无可置疑。我还要补充一句，即使我看过这种场面上百次，我想再看一看，读者们也不会觉得我多此一举，令人生厌的。因此，当毛刺砂泥蜂一出现，我便开始跟踪监视；而现在，它们既然来到了我的家门前，离大门只有几步路的地方，我只要稍微留意一点，就一定能够找到它们的。3月末和4月份已经过去了，我一直留心观察着，但却一无所获，这也许是尚未到毛刺砂泥蜂筑巢做窝的时间，或者，更可能是我观察监视的方法欠妥。直到5月17日，我终于有了幸运之机了。

只见几只砂泥蜂突然出现在我的眼前，它们飞来飞去，十分地忙碌。我们就先来观察其中那只最最活跃的砂泥蜂吧。我是在被踩得结结实实的小径的土里发现它们的，我当时正在对砂泥蜂耙最后的那几耙。这时候，这些捕食者把已经被它们麻醉了的毛虫暂时地弃置在离它们的窝几米远处，尚未把自己的猎获物弄进窝里去时。当砂泥蜂确定洞穴很合适，洞口较宽，足以把一个体积庞大的猎物弄进洞中去，它便飞过去寻找刚被自己麻醉了的那个猎物。那条被麻醉了的毛虫僵直地躺在那儿。身上爬满了蚂蚁。捕食者砂泥蜂对这条爬满了蚂蚁的毛虫已不感兴趣。许多捕食性膜翅目昆虫总是先把猎获物弃置在一边，以便先把自己的窝巢加以完善，或者是刚刚开始做窝，一时顾不上被自己麻醉了的猎物。不过，通常，它们总是把自己的猎获物置于高处，放在草丛中，免得遭受其他的昆虫的侵扰或掠夺。砂泥蜂是精于此道的，但这一次，不知是疏忽大意，掉以轻心了呢，还是因为这个猎物太大太重，搬运时掉落下去，反正，猎物已经成了群蚁争抢撕咬的美味了。即使想要把这帮强盗赶跑，那也是不可能的，因为你赶跑了一只，马上又有十来只攻了上来。砂泥蜂大概正是这么考虑的，因为它看到自己的猎物被蚂蚁侵占了之后，并没有上前去驱赶，而是飞到别处再寻猎物去了。砂泥蜂寻找猎物都是在自己的窝巢周围十来米范围内进行的。它用脚在土里一点一点地、不紧不慢地探查着，再用弯成弓状的触角不停地拍击着土地。无论是光秃秃的地，满是碎石的地，还是杂草丛生的地，它都要仔细地搜索个遍。烈日当空，天气闷热，预示第二天将要下雨，甚至当晚就会有雨落下。而我却在这样的闷热天气里，眼睛始终盯着寻找猎物的砂泥蜂，足足盯了有三个钟头。足见，对于极需觅食的这只膜翅目昆虫来说，要寻找到一只灰毛虫该有多么困难啊。

即使对于我这么个大活人来说，要找到一只毛虫也同样是颇费周折的。读者们知道，我曾经采取了什么办法去观察一只捕食的膜翅目昆虫的，也知道膜翅目昆虫为了给自己的幼虫提供一块动弹不了但却并未死的活物，是如何对它的猎物进行外科手术的：我把那膜翅目昆虫的猎物拿走，偷梁换柱，给了它一块一模一样的活肉。为了观察砂泥蜂，我仍旧如法炮制，为了让它重复它的那种外科手术，必须尽快找到几只灰毛虫，让它见到之后，用自己的螫针去麻醉它。

这时候，法维埃正在园子里忙碌着，我便冲他喊道："快点来，法维埃，我需要几只灰毛虫。"我已经给他介绍过这种虫子，而且，近一段时间以来，他对这种"外科手术"已经有所了解了。我便告诉他我的砂泥蜂以及它们需要觅食灰毛虫的情况。他基本上算是较为了解我所关心的昆虫的生活习性。他对我的要求十分理解。于是，他便开始寻找开来。他在莴苣叶下翻找，在鸢尾旁边查看。我对他的眼尖手快是深有体会的，我相信他一定能够替我找到的。可是，时间一分一秒地过去了，始终未听到他报捷的佳音。"怎么样，法维埃，有灰毛虫吗？""我还没有发现，先生。""唉！那么就让克莱尔、阿格拉艾和其他的人，全都齐上阵，分头去找，非要找到不可！"全家人全都聚在了一起，人人都像是准备奔赴战场似的，严阵以待，积极地行动起来。我本人则是坚守在岗位上，一直盯着那只砂泥蜂捕食者。我一只眼睛在盯着它，而另一只眼睛也没忘记在寻找灰毛虫。但是，天不遂我愿，三个小时都过去了，仍旧是一无所获，谁都未能发现灰毛虫。

砂泥蜂也没能挖到灰毛虫。只见它仍在毫不懈怠地在一些有裂隙的地方寻找着。砂泥蜂继续在清扫地面。它已经是精疲力竭，气力全无。它把一块杏核般大小的土给刨了开来，但它很快便把这地方给撇下了。我顿有所悟，不禁猜想到：虽然我们几个大活人没能找到一只灰毛虫，但这并不能说砂泥蜂也同我们四五个人一样地又蠢又笨。人办不到的事，昆虫有时却是能大功告成的。昆虫具有极其敏锐的感觉，它们是不会连续几个小时，迷失方向，瞎找一通的。也许是毛虫们预感到大雨将至，全都躲到更深的洞穴中去了。砂泥蜂一定知道毛虫躲在哪儿，只不过它无法从很深的地方把毛虫给挖出来。如果它在一处地方刨挖了几次之后，把这地方放弃了，那并不说明它缺乏敏锐的洞察力，而是它没有能力往深处挖下去。凡是砂泥蜂挖过的地方，都可能有一条灰毛虫存在；而它之所以放弃了这个地方，那只是它不得不承认自己力量有限，无法完成这项挖掘工程。我真是愚不可及，竟然未能早一点悟出这番道理来。像砂泥蜂这样的猎食灰毛虫的高手，会在没有灰毛虫的地方浪费气力，乱挖一气吗？绝对不会的！

于是，我便决定去帮它一把。此时此刻，砂泥蜂正在一处翻耕过的光秃秃的土地上搜寻着。它最终又像在其他地方那样，把这个地方也给放弃了。我便握住一把刀，往它挖过的地方继续向下挖去。我同样是一无所获，不得不放弃，走了开去。这时候，砂泥蜂却飞了回来，在我清查过的地方又刮又耙开来。我觉得这个膜翅目昆虫像是在对我说道："你滚一边去吧，你这蠢笨的人，让我来指给你看灰毛虫藏在什么地方吧。"我按照它指示的地方，用刀又挖了起来，终于挖出来一条灰毛虫。啊！我没猜错，你是不会在没有灰毛虫的地方无端地去又挖又耙的！

从这时起，我便采取了"狗鼻子捕猎法"：狗嗅出猎物的藏身地，人就去那儿找，一定能找到猎物的。因此，我就按照砂泥蜂所指示的地点，把洞穴深处的猎物挖出来。就这样，我获得了第二只，然后，又弄到了第三只，第四只，而且全都是在数日前用铁锹翻动过的光秃秃的地方挖到的。从外表上看，地面无任何迹象表明地下藏有灰毛虫。法维埃、克莱尔、阿格拉艾，还有其他人，你们觉得怎么样？你们服不服气呀？你们花了三个小时连一只灰毛虫也没见着，可我，想到助砂泥蜂一臂之力，竟然，要多少只，它就会帮我指点出多少只来。

现在，我已经拥有充足的替代品了，但我还想让砂泥蜂帮我找到第五只。下面，我将分段、按照编号顺序来叙述我眼前所发生的这出精彩的戏剧的各个场次。我是在最有利的条件下进行观察研究的。我趴在地上，与砂泥蜂离得很近，所以任何一点细节都未能逃过我的眼睛。

砂泥蜂用它那大颚上的弯钩钳子抓住毛虫的脖颈。那毛虫在拼命地挣扎，臀部扭曲着，扭过来转过去。膜翅目昆虫无动于衷，不予理会，紧守在猎物身旁，谨慎小心，不让对方碰着自己。它用蜇针刺入猎物位于腹部中线的皮肤最细嫩处把头部第一个环节分开来的那个关节中。蜇针在那关节中停留了片刻。不用说，毛虫的致命部分就在那儿，砂泥蜂完全可以制服毛虫了，使之听任它的摆布。

接着，砂泥蜂放开猎物，匍匐在地，侧身转动，肢体明显地在抽搐着，翅膀在颤抖着。我十分地担心，以为捕食者砂泥蜂在搏斗中受到了致命的攻击，就这么英勇地牺牲了，以致我期盼了那么长时间想要进行的一次实验就这么功败垂成了。但是，不一会儿，砂泥蜂便平静了下来，抖抖翅膀，弯弯触角，又敏捷地奔向那被麻醉了的毛虫。我一开始所认为的它那预示死亡将至的痉挛，实际上只不过是它捕猎成功的欣喜若狂的举动。膜翅目昆虫这是在以自己那独特的方式庆贺扑杀敌人的成功。

外科手术施行者砂泥蜂咬住猎物背部的皮层，然后，把蜇针刺入比第一针稍低一点的第二个环节，仍旧是腹部的那一面。只见它在灰毛虫身上逐渐地往后退着，每次都咬住毛虫背部稍低一点的位置。它的大颚上的弯把儿阔钳子咬住猎物，然后，再把蜇针刺入猎物腹部的下一个环节。它的动作有板有眼，有条不紊，十分精确，先后退，再咬住猎物背部稍低点的地方，像是用尺子量过似的那么准确无误。它每后退一步，蜇针就刺入毛虫的下一个环节，就这样，逐一地把毛虫真腿上的那三个胸部环节、后面的两个无足的环节以及假腿上的四个环节，全都刺了一遍，一共刺了九针。不过，毛虫身上的那最后的四个节段，砂泥蜂并没有刺。那四个节段上有三个无足环节和最后一个带假腿的环节，或者说第十三环节。施行外科手术者在手术过程中没有遇到什么大的麻烦，比较的顺利，因为毛虫被刺了第一针之后，就已经麻木了，丧失了任何的反抗能力。

最后，砂泥蜂把自己大颚上的那只锐利无比的钳子完全张开，夹住毛虫的脑袋，谨慎小心地咬住它，压它，但又不把它给压伤。它一下接一下地，不慌不忙，慢条斯理地挤压猎物，仿佛是想要了解每一次的压挤所产生的后果似的。它停下来，等了一下，然后再进行压挤。为了达到它所预期的目的，对毛虫头部的操作要慎之又慎，要掌握好分寸，操作不能过度，否则便会把毛虫弄死。毛虫一死，尸体很快就会腐烂的。因此，捕食者砂泥蜂使用大颚上的那把锐利的钳子时，用力很有节制，而大钳压挤的次数较多，大约二十来下。

砂泥蜂的外科手术做完了。灰毛虫侧着身子，呈半蜷缩状地躺在地上，一动不动，没有一点生气了。它的捕食者正在挖洞造屋，将把它运进窝巢中去，对此，它无可奈何，无一丝一毫的反抗或挣扎的能力，它也根本不可能再对将以它为食的砂泥蜂的幼虫造成任何的伤害。胜券在握的捕食者把灰毛虫撇在它对它动过手术的地方，自己回到窝里去了。我的眼睛一直在紧盯着它。它在对自己的窝巢进行修缮，以便储存食物。它那窝巢的拱顶上有一块卵石凸出来了，有碍它把那庞大的猎物运进其地下食物储存室，于是，它便想方设法地在把那块卵石给弄下来。它在拼命地工作着，翅膀摩擦，发出吱吱嘎嘎的声响。窝巢中，卧室不够宽敞，它又在努力地把它加宽加大。它在继续努力地劳动着，我因为害怕漏掉这膜翅目昆虫劳作中的一点一滴，所以没有去照看那只毛虫。不一会儿，蚂蚁们便蜂拥而至。当砂泥蜂（还有我）回到毛虫那儿的时候，只见毛虫身上黑乎乎的一片，爬满了这些撕咬拉扯的掠食者。对我而言，此情此景，让人好不遗憾，而对于砂泥蜂来说，真让它叫苦不迭，恼火不已，因为这种倒霉的事已经发生过两次了，到嘴的食物竟变成了他人的美味佳肴了。

砂泥蜂看上去非常的沮丧，泄气。我便立即用一只备用的毛虫来替换，但没能奏效，砂泥蜂对这只备用毛虫连看都不不看一眼。随后，夜幕降临，天阴沉沉的，还下了几滴雨。在这种情况之下，再观察砂泥蜂的捕猎活动已经是不可能的了，整个实验只好宣告结束。我真的很遗憾，准备好的几只毛虫竟然未能派上用场。我可是从午后 1 点一直观察到傍晚 6 点的呀，整整五个钟头，眼睛都不敢多眨一眨。

隧蜂

认识隧蜂吗？你大概是不认识。没关系：即便不知道隧蜂，一样能够品尝人生的各种甜蜜温馨。但是，只要努力地去发现，这些不起眼的昆虫便会告诉我们许多奇闻趣事，而且，如果我们想在这个纷扰的世界中开拓一下我们的知识面的话，和隧蜂打交道并不是什么见不得人的事。既然我们现在有空闲，那就去了解一下它们吧。它们非常值得我们去认识。

怎样识别它们呢？它们是一些勤劳的酿蜜工，个头一般比较纤细，比我们蜂箱中饲养的蜜蜂还要修长。它们成群地生活在一起，体色和身材却多种多样。有的比一般的胡蜂个头儿还大，有的跟家养的蜜蜂大小相近，甚至还小一些。这么多样多种，会让没经验的人无法辨认，但是，它们有一个共同的特征是永恒不变的。那种隧蜂都清晰地烙有本种类的印记。

你仔细看看隧蜂肚子背面腹尖上那最后一道肚环。如果你随便抓住的是一只隧蜂，那么它的肚环一定有一道明亮光滑的细沟。当隧蜂处在防卫状态时，细沟会上下地滚动。这看起来像出鞘兵器的标志性滚动槽沟说明它就是隧蜂家族的一员，不需要再去辨别它的体色、体形。在针管昆虫当中，其余蜂类都没有这种独特新颖的滚动槽沟。这是隧蜂的独特印记，是隧蜂家族的共同的徽章。

四月份，工程悄悄地开始了，如果不是那些小包的新土的话，从外面是怎么也看不出来的。外面工地上没有一点动静。工匠们都很少跑到地面上来，因为它们在井下的工作异常的繁忙。有时候，随处可见这样一个小土包的顶部摇晃起来，随即顺着圆锥体的坡面缓缓地滚落下去，这是一个工匠搞的鬼，它把清除的废物运出来，往土包上搬，但自己却没有露出地面。眼下，隧蜂只忙于这件事。

五月带着阳光和鲜花来临了。四月里的挖土地的工人摇身一变成了采花匠。不管什么时候我都能够看见它们待在那些开了天窗的小土包顶部，个个都浑身沾满黄花粉。个头儿最大的是斑纹蜂，我经常能看见它们在我家花园小径上建窝筑巢。让我们细细地观察一下斑纹蜂。每当储藏食物的工作干起来的时候，不知道怎么的总会冒出这么一位白吃食者。它将让我们亲眼看见强取豪夺是怎么回事。

五月里，上午十点左右，当储备粮食的工作干得正起劲时，我每天都会去察看一遍那人口稠密的昆虫小村落。在太阳地里，坐在一把小小的矮椅子上，双臂支膝，哈着腰，一动不动地观察着，一直到吃午饭才离开。引起我注意的是一个白吃食者，那是一种叫不上名字的小飞虫，但却是隧蜂的严酷的暴君。

这凶手有名字吗？我想大概是有的，但我却不想浪费时间去查找这种对读者来说没多大意义的事情。与其花大好的时光去弄明白枯燥的昆虫分类词典上的概念，还不如明白清楚地将事实叙述给读者倒好。我只想简单描述一下这个歹徒的体貌特征。它是一种身长五毫米的双翅目昆虫，眼睛深红，面部净白，胸廓是深灰色，上面有五行细小的黑点，黑点上长着后倾的纤毛，腹部显是浅灰色，肚下苍白，爪子是黑色。

在我所观察的隧蜂群中，它的数量非常庞大。它常常懒懒地蜷缩在一个地穴周围的阳光下等着。一旦隧蜂沾着花粉满载而归，它就猛的冲上前去，尾随隧蜂，左右前后转来转去，紧追不舍。最后，隧蜂突然钻进自家洞中，这双翅目食客也随即迅速地落在洞穴的入口旁。它一动不动地将头冲着洞门，等待着隧蜂完成自己的工作。终于，隧蜂出来了，头和胸廓探出洞穴，在自家门口稍稍停留片刻。那白吃食者依旧一动不动。

它们往往是面对面，间隔不足一指宽，双方都不动声色。隧蜂没有警惕趁机偷食的食客，至少，它平静的外表让人不得不这样想；而食客也一点都不担心自己的大胆举动会受到惩罚。面对一根指头就能轻易把它压扁的巨人，这个侏儒却仍然纹丝不动。

我本想看看哪一方会表现出害怕来，但却没能如愿：没有什么迹象表明隧蜂已经知道自己的家已遭打劫；而食客也没有表露出任何因害怕遭到严厉处罚而产生的不安。打劫者与受害者双方仅仅相互对视了一下。

超大宽宏大量的隧蜂只要愿意，就可以用其利爪轻易地把这个毁了自己家园的小强盗给破肚开膛了，它可以用它的大颚压碎强盗，用它的螯针扎透它，但隧蜂并没这样做，而是任由那个小强盗血红着眼睛盯着自己的宅门，一动不动地待在附近。隧蜂为什么表现出这样愚蠢的厚道呢？

隧蜂飞走了。小强盗立刻大大方方地飞进洞去，像进自己家门一样。现在，它可以随便地在储藏室里挑选，因为所有的储藏室都是敞开着的；它还趁此次机会建造了自己的产宝贝室。在隧蜂回来以前，没有谁会打扰它。让爪子沾满花粉，胃囊中饱含糖汁，是件十分费事的工作，而要私闯民宅者做坏事也必须有一定的时间。但罪犯的计时器相当精确，能精确地算出隧蜂在外面停留的时间。当隧蜂从野外飞回时，小强盗早就逃跑了。它落在离近洞穴的地方，待在一个有利的位置，等待机遇再次打劫。

如果小强盗正在打劫，被隧蜂突然撞到，会发生呢？出不了大事的。我看见过一些大胆的小强盗跟着隧蜂钻进洞里，并在里面待上一段时间，而隧蜂此时则正在调制蜜糖和花粉。当隧蜂掺加甜面团时，小强盗无法享用，于是便飞出洞外，在门口耐心地等待着。小强盗回到太阳地里，并没有害怕，步履平稳，这就足以证明它在隧蜂工作的洞穴深处并没碰到什么麻烦。

如果小强盗太讨厌，急躁地围着糕点团团转，后脖子上肯定会挨上一巴掌，这是不耐烦的糕点主人会有的动作，但也仅此而已。盗贼与被盗者之间没有太激烈的打斗。这一点，从侏儒安然无恙、步履平稳地从忙于工作的巨人的洞穴出来的样子就可以知道。

不管隧蜂是满载而归还是一无所获地回到自己家中时，它总要迟疑一会儿。它迅速地贴着地面前后左右地飞上一会儿。一看到它的这种瞎乱飞行让我就想到，它是在试图以这种凌乱的飞行轨迹迷惑凶手。它这么做的确是很有必要的，但它似乎并没有这么高的智力。

它并不是担心敌人，而是为寻找自家门口时的困难犯愁，因为周围小土包一个接一个，相互重叠，昆虫小村落的小巷很窄，再加上每天都有新的杂物被清除出来，小村落面貌天天都在变化。它的犹豫不决显而易见，因为它常常找错了门，撞到别人家门口。一看到门口的细微差别，它立马就知道自己走错了门。

于是，它又重新开始努力地绕来绕去地查看，不时飞得稍远一些。最后终于摸到自家洞穴。它欣喜地钻了进去，但是，无论它钻得有多快，小强盗还是待在其宅门周边，脸冲着门口，等隧蜂飞出来后好进去偷蜜。

当房主再次出洞门时，小强盗则稍微往后退一点，正好让出给对方通过的道路，仅此而已。它没必要要多挪地，两者相遇是如此的平安无事，所以如果不晓得其他情况的话，你无法想象这是窃贼与房主间的狭路相逢。

小强盗对隧蜂的突然出现并没有感到一丝惊慌，它只是稍加小心了点而已。同样，隧蜂也没把这个打劫它的盗贼放在心上，除非后者跟着它飞，打扰了它。这时，隧蜂就会一个急转弯飞走了。

白吃食者此时也处于两难境地。隧蜂回来时蜜汁还在其嗉囊中，花粉沾在它的爪钳里，蜜汁强盗没法吃到，花粉未定型，是粉末状的，也没法吃。再者，这一点点花粉也不够用的。为了集腋成裘制作圆蛋糕，隧蜂必须多次外出去采集花粉。必需材料采集齐全之后，隧蜂就开始用大颚尖进行搅拌，再用爪子将和好的面团做成小球。如果小强盗把可怜的宝贝产在做小球的材料上，那么经这样一番揉捏，肯定是玩完了。

所以，小强盗会将宝贝产在做好的蛋糕上面。因为蛋糕的加工是在地下完成的，白吃食者就不得不进入隧蜂的洞穴当中。小强盗贼胆包天，当真钻下去了，即使隧蜂身在洞中也全然不顾。房主要么胆小怕事，要么愚蠢宽厚，竟然任由盗贼胡作非为。

然而，小强盗悉心窥看、私闯民宅的目的并不是想不劳而获，损人利己；它自己就能轻易地在花朵上找到吃的，比这样去偷去抢要简单得多。我在想，它跑进隧蜂洞里也许只是想简单地品尝一下食品，知道一下食物的质量怎样。它真正要做的是建立自己的家庭。它窃取财富并不是为了自己，而是为了自己未来的子女。

我们把花粉蛋糕挖出来看看，就会发现这些花粉蛋糕常常是被弄成碎末状，白白地浪费了很多。散落在储藏室地板上的黄色粉末里，我们发现了有两三条蠕动着的尖嘴蛆虫。那是双翅目昆虫的孩子们。有的时候与蛆虫在一起的还有真正的房主——隧蜂的虫宝宝，但却很可怜的吃不饱而不成样子。蛆虫即使不虐待隧蜂虫宝宝，也很自然地抢食了后者最好的食品。隧蜂虫宝宝食不果腹，可怜兮兮，身体状况每况愈下，不久一命呜呼了。它瘦小的尸骸变成了微小颗粒，与其它的食物混在一起，成了蛆虫的食物。

可隧蜂妈妈在儿女遭难之时又在干什么呢？它随时都有时间去看看自己的孩子，只要探头进洞，它就可清楚地看到宝宝们的惨状。圆蛋糕散落一地，蛆虫在其中钻来钻去，稍看一眼就能完全了解是怎样回事了。那它一定会把盗贼后代弄个头破血流！用大颚把它们咬烂，扔出洞外，简直轻而易举的事。可是愚蠢的母亲竟然没有想到要这么做，反而任由鸠占鹊巢的人胡作非为。

随后，隧蜂妈妈干的事更加的愚蠢。成蛹期来到之后，隧蜂妈妈竟然像封堵其他各室一样把被洗劫一空的储藏室用泥封堵得严严实实。这加固的壁垒对于正在变形期的隧蜂虫宝宝来说无疑是相当好的防护措施，但是当小强盗入侵以后，这么一堵，简直是愚蠢透顶了。隧蜂妈咪却毫不犹豫地做出了这样的愚蠢的举动，这纯粹是本能的举动，它竟然还给这个空房贴上封条。我之所以说是空屋，是因为狡猾的蛆虫在饱餐之后，就一溜烟逃跑了，仿佛预料到日后会遇到一道无法超越的屏障似的。因此在隧蜂妈咪封门之前，它们早就已经离开了储藏室。

白吃食者既狡诈卑鄙，又谨慎小心。所有的蛆虫知道会放弃那些黏土小房，因为一旦这些小房被堵上，它们就会葬身其中的。黏土小房的内壁有波状的防水涂层，以备防潮，小强盗的虫宝宝表皮娇嫩敏感，因此觉得这种小房非常舒适，是其理想的栖身之地，然而蛆虫却并不喜欢。它们担心即使变成了小强盗，却被困在当中，所以就匆匆离开，分散在升降井周围。

我挖到的小强盗确确实实都在小屋外面，从未在小屋里面见到过它们。我发现它们一个紧挨一个地挤在黏土里一个窄小的窝中，那是它们还是蛆虫的时候移居到此时建造的。第二年春天，出土期来临时，成虫只需从碎土中破土出去就能到达地面了，并不困难。

白吃食者的这种别无他法的搬迁还有另一个也是非常重要的原因。七月里，隧蜂要进行第二次生产。而双翅目的小强盗则只生产一次，其后代那时候还只是蛹，到第二年才能变成成虫。采蜜的隧蜂妈妈正又开始在家乡小村落忙着采蜜；它直接利用了春天建筑的竖井和小房，这样就能大大地节省时间！精心构筑的竖井房舍全都完好如初。只需稍稍加工便可交付使用。

要是天生就爱干净的隧蜂在打扫屋子时发现了一只蝇蛹，它会怎么做呢？它会毫不客气地把这个碍事的东西作为建筑废料给处理掉。它会用大颚把这东西夹起，把它夹碎，挪到洞外，扔进废物堆里。蝇蛹被扔到洞外，风吹日晒的，必死无疑。

我很佩服蛆虫富有远见的明智选择，不贪图一时的欢快，只求将来的平安无事。那时候他将面临两重危险：一是被堵在死牢中，即使变成强盗也无法飞出去；二是在隧蜂修缮宅子后清除垃圾时将它一块儿扔到洞外，抛尸荒野，任其风吹雨打。为了避免遇到这双重的危险，在房门被封堵之前，在七月里隧蜂清扫洞穴以前，它便很知趣地先行离开了险境。

现在我们来看一看白吃食者后来的状况。在整个六月里，当隧蜂休息的时候，我对我那住满昆虫的昆虫小村落进行了全方位的搜索，总共有五十多个洞穴。地下发生的惨案没有一件逃过了我的眼睛的。我们一行四个人，用手筛过洞里挖出的土，让土从手指缝中缓缓地流下去。一个人检查完了，另一个人再检查一次，接着第三个人、第四个人再进行两次复检。结果令人心寒——我们竟然也没有找到一只隧蜂的虫蛹，一只也没有。这隧蜂密集的街道，居民全都丧生，取而代之的是双翅目昆虫。后者呈蛹状，多得无法计算，我将它们收集起来，以便追踪它的进化过程。

昆虫的生活时期结束了，原先的蛆虫已经在蛹壳内缩小，变硬，而那些深红色的圆筒却始终保持静止不动的状态。它们是一些具有顽强生命力的种子。似火一般的七月骄阳也无法把它们从沉睡中烤醒。在这个隧蜂第二代出生的月份里，老天好像颁发了一道休战书：白吃食者停工休息，隧蜂和平地劳动。如果敌对行动一直进行，夏天重复春天的故事，那么受害极深的隧蜂也许就要面临灭绝的危险了。第二代隧蜂有了这么大一段休养生息的时期，生态的平衡才能得到保持。

四月里，当斑纹隧蜂在围墙内的小径中来回飞着，寻找一个适宜的地点挖洞建房时，白吃食者也正在忙着化蛹成虫。呀！我不得不惊叹迫害者与受迫害者的日历竟如此的准确，令人难以相信呀！隧蜂开始建巢之时，小强盗也已准备就绪：它那用饥饿之法消灭对方的手段又要故伎重演了。

如果这只是一个特例的话，我们就用不着去注意它了：多一只少一只隧蜂并不足以破坏生态平衡。可是，不然！以各种方法进行抢掠杀戮已经在各种生物中肆无忌惮地蔓延了。从最低等到最高等的生物，只要是生产者都将受到非生产者的剥夺。以其特殊位置本应逃脱这些灾难的人类本身，却也是这种弱肉强食的残忍表现的最合适的解释者。人们心中总是这样想："做生意就是挣别人的钱。"正如小强盗心里所想："干活就是抢隧蜂的蜜。"为了给抢夺制造借口，人类创造了以战争这种大型屠杀和绞刑这种小型屠杀为荣的野蛮文化。

人们每个星期天在村中小教堂里虔诚地诵唱的那个崇高的梦想："荣耀属于至高无上的上帝，和平属于人间凡世的善良百姓们！"我们永远也不会看到它的实现。如果战争仅仅牵扯到人类本身，那么将来那些信条也许还会帮助我们保护和平，因为总有大度慷慨的人在致力于和平。但是，战争在动物界也同样肆虐，而动物是不懂也是永远不会讲道理的。既然这种灾难是普遍存在的，那可能就是永远无法根治的绝症了。未来的生活让人毛骨悚然，正如今天的生活一样，是一场永无停止的充满血腥的屠杀。

于是，人们费尽心思，终于想象出了一个巨人，能将各个星球把握于手掌之中。他是无坚不摧的力量的化身，他也是权利和正义的象征。他知道我们在杀戮，在打仗，在放火，野蛮人在战争中不断地取得胜利；他知道我们拥有坚挺的炮弹、炸药、装甲车、鱼雷艇以及各式各样的高级杀人武器；他还知道包括百姓在内的因贪欲而引发的恐怖的战争。那么，这位正义化身，这位强有力的精神巨人，如果他用拇指按住地球的话，他会思忖着对地球手下留情吗？

他不会考虑的……但他会让事物自然而然地进展下去的。他心中也许会认为："古老的信仰是有它的道理的；地球就像一个长了虫的梨子，在被邪恶这只蛀虫不断地啃咬。这是野蛮的开始，是一个向着更加宽容的命运发展的艰难时期。我们就顺其自然吧，相信正义和秩序总是会排在最后的。"

隧蜂门卫

初春季节由隧蜂单独挖好的住处，到了夏季就成了全家人的共同财产。地下有将近一打的蜂箱。可这些蜂箱里住的都是雌蜂。这是我饲养的那三种隧蜂的共有现象。它们每年繁殖两代：在春天出生的那一代全都是雌蜂；而夏季出生的一代才有雌有雄，并且雌雄数量相当。

隧蜂家庭成员的锐减，并不是事故所造成，而是由食不果腹的小强盗们造成的。隧蜂全家共有十二个姐妹（只是姐妹），个个勤劳，人人都能不需要性伴侣繁殖后代。另外，隧蜂妈妈的住处不是一间简单破室，其住宅的主要部分是出入通道，清理一点瓦砾之后就可以进出。这就节省了隧蜂宝贵的时间。洞底的蜂房是一些黏土小屋，也几乎是完美无损的，如要加以利用，只需稍微整理一下便可。

那么，在有相同特权的雌蜂中，谁能继承这所住宅呢？根据死亡的机率，继承者大概有六七只或更多。隧蜂妈咪的住宅将属于谁的呢？它们根本不会为这事吵架，因为妈咪的宅子被认为是共有财产。隧蜂姐妹们从同一个通道和平地钻进钻出，去忙各自的工作，从不我夺你争。

每个隧蜂姐妹都在井底有属于自己的一小块领土，那是一些最近才挖好的蜂房，因为旧的蜂房已被占用，现在数量已经不够用了。在这些属于私人财产的凹室里，每个隧蜂妈咪都在各自认真地工作着，并守护自己的财产，严守自己的隐私。其他的地方便都是可以自由行走的。

隧蜂工作时忙碌地进进出出的景象真是壮观。一只采完花粉的雌蜂从田野回来，毛茸茸的爪子上沾满了花粉。假如洞门没有蜂进出，它便马上钻进地下去，因为在门口稍等一下都会浪费时间，而工作不等人。有时候，有好几只相继而来，这下通道太狭窄，容不下两只一起进出，特别是要避免相互摩擦，蹭掉了各自爪子上的花粉。于是离洞口最近的那个就赶快钻进。其它的隧蜂便在门口依次排好队，不拥不挤，听话地等着轮到自己进入。第一只钻入地下，第二只便紧跟其后，紧接着第三只、第四只，一只只地快速地跟着钻入地下。

有时候可能会碰到一只要进而一只要出来的情况。这时候，要进去的就稍往后退，礼让要出来的先出来。但是礼让是相互间的。我就看见过有一只隧蜂正要钻出地面，又返回去，将通道让给刚飞回来的隧蜂。通过大家的相互礼让，大家出出进进相当地顺畅。

我们再仔细地观察，还有比这种良好秩序更好的呢。当一只隧蜂在花间采集回来时，我看见一个活门突然降了下去，让通道可以通畅。当到来的隧蜂一钻进门里，活门就又升到原来的地方，几乎与地表持平，最后关上了。有隧蜂出来，活门也执行相同的操作。活门从后面推顶，往下降去，门就会开启，隧蜂就能从中飞出。一旦隧蜂一飞出来，门又会再次关上。

这个在隧蜂每次飞进飞出时在井坑圆柱体内像活塞似的时升时降，这时开时闭的活门到底是什么种东西呢？这是一只隧蜂，它俨然成了宅子的看门者。它用自己的大脑袋在前厅上面形成一道障碍。如果宅子里有隧蜂要出去或进来，它就会拉动绳子，也就是说，它将退到通道的一处较宽的可以容下两只隧蜂的位置。对方通过之后，它就马上回到洞口，用脑袋把口堵住。它一动不动，并用目光观察着，只有在抓捕那些不识趣的家伙时它才会不得不脱离自己的岗位。

我们趁它飞出来抓捕的这一短暂时刻仔细勘察一番。它看上去与正忙着采集花粉的隧蜂并没有什么不同，不过，它已经秃顶，衣裤破旧，没有了光泽。在它半脱毛的背部，美丽的棕红与褐色相间的斑马纹腰带几乎已经看不出来了。它的这身因长期辛苦工作而破损的衣服准确无误地告诉了我们这一切。

在洞口站岗放哨的这只隧蜂比其它的隧蜂年龄大。它是这个住宅的建筑者，是现在帮着采集花粉的勤劳的隧蜂姐妹们的妈妈，是现在仍是虫宝宝的隧蜂们的姥姥。三年前，当它还是个少女时，它只身一人拼命地工作着，累得精疲力竭；现在，它的宝贝巢已经萎缩，它该休息了。但是，她没有休息。它还在工作，它还在为这个家尽自己的绵薄之力。它已经不能再繁殖后代了，于是便当上了看门人。它为自己家人关门开门，把陌生人挡在门外。

小心谨慎的山羊从门缝悄悄地望出去，对狼说道："让我瞅瞅你的爪子，不然我不会开门的。"隧蜂姥姥也一样小心谨慎，它也会对来者说道："让我瞅瞅你的隧蜂黄爪子，不然就不让你进来。"① 如果被认为并不是自家人，那谁也别想进洞。

我们就来看看。一只蚂蚁偶尔经过洞穴周围。蚂蚁是个脸皮很厚的亡命徒，它很想知道洞底下为什么有蜜的香甜味道飘上来。隧蜂看门人脖子一扭，意思是说："快滚，不然你小命不保！通常，这种威胁的动作就足够了。蚂蚁见状就会立刻走开。如果它赖着不动，隧蜂看门人就会飞出洞来，向那胆大的家伙扑过去，推搡它，驱赶它。把它赶跑之后，隧蜂看门人便马上回到岗位，继续站岗放哨。

现在我们来聊聊切叶蜂。切叶蜂不懂挖洞技巧，便运用一些别的蜂留下的旧通道。当春天的小强盗把隧蜂的地下通道掏得所剩无几的时候，这通道对于切叶蜂来说就很适合了。切叶蜂为了寻找一个可以堆放其用刺槐叶加工的牛皮纸似的住所，常常会绕着我的隧蜂小村落一遍遍地飞来飞去，觅觅寻寻。它发现有一个洞穴挺适合的；但是，在它落地以前，它清晰的嗡嗡声已经被隧蜂看门人觉察到了，只见后者突然飞出，在它门口做了几个不友好的手势。这就足够了，切叶蜂马上就明白了，赶紧离开。

有时候，切叶蜂迅速落下，将头探进井口。但是隧蜂看门人马上出现，脑袋稍微抬起，把洞口堵住。随即就是对峙。外来者很快就清楚这个洞穴是有主的，不可侵犯，也就不再坚持，到别处寻找住处去了。

我曾亲眼见到一个老窃贼——寄生切叶蜂的媚态尖腹蜂，被剧烈地推搡了一会儿。这个冒失鬼还以为自己钻入的是切叶蜂的住处。但是它弄错了；它遇上了隧蜂看门人，遭到了严厉防守。它赶紧溜之大吉。其它的那些或因忙中出错，或雄心勃勃地想闯入隧蜂洞穴的昆虫也遭到了类似的下场。

---

① 这个故事来自法国寓言诗人拉·封丹的《寓言诗》中《狼、山羊和山羊羔》一篇。

在隧蜂姥姥们之间，同样的也是互不相容。将近七月中旬，当隧蜂小村落开始繁忙热闹的时候，有两种隧蜂是很容易辨认的：年轻的隧蜂妈妈和老隧蜂。隧蜂妈妈数量更多，身健体轻，衣着鲜艳，不停地从洞穴到田野，再从田野到洞穴飞来飞去。而隧蜂姥姥则面容憔悴，无精打采，闲淡懒散地从一个洞穴逛到另一个洞穴，看起来好像是迷路了。它们这么游来荡去的是为什么呢？我看见它们一个个都一副痛苦伤心的样子，由于春天讨厌的小强盗做的好事，可怜的它们已经无家可归了。很多洞穴都被清扫一空。夏季来临，隧蜂妈咪孤零零的一个人，只好离开自己那已空空的家，去寻找一个需要看护摇篮，需要站岗守卫的住宅。可是，这些和睦的家庭已经有了自己的卫兵，也就是其创建者，它们紧握着自己的权利，对于自己无业的邻居十分冷漠。一个哨兵足够；两个哨兵的话，哨位又如此小，无法容纳下。

有时候我还能看到两位隧蜂姥姥吵架。当寻找职业的游荡者突然光临大门口的时候，那位合法的看守者依然坚守在岗位上，不像见到自己的后代从田野回来那样，自然地退回到过道里去。它坚决不让出通道，并不断用爪子和大颚进行恐吓。对方也不甘示弱，执着地想要闯进。双方便推搡起来。斗争以外来者的失败而告终；失败者只好去别地儿找碴儿了。

这些小场面让我们隐约看到斑马纹隧蜂的某些相当有意思的细节。春天做窝筑巢的隧蜂妈咪的工程一完成了，就不再走出家门。它要么藏于肮脏狭小的洞穴深处，专心地干些细碎繁杂的家务工作，要么懒洋洋地等待着蜂宝宝们的出世。炎炎夏日，当隧蜂小村落又出现一片热闹繁忙的景象时，外面采集的工作不用它去干，它只好在前厅进门处站岗放哨，只许自己外出劳动的儿女们随意进出，却不许歹徒有任何的非分之想。没有隧蜂姥姥的允许，谁也无法。

没有任何迹象告诉我们，这个警惕的守卫曾经擅离职守过。我从没见过它离开家门半步，随意地去花间大饱口福，以恢复体力。它年岁已高，而且看家护院的工作也不很累，大概就不需要吃什么东西。也许儿女们采集回来，不时地会从自己的胃囊中慷慨地吐出一些儿来给它。无论吃不吃，反正隧蜂姥姥不用再出门了。

但是，它却需要天伦之乐。它们当中有不少没有家庭欢乐。双翅目小强盗把它们的家抢得一无所有。被洗劫者们只好丢弃那已空空荡荡的老家，衣衫破旧忧心重重地在隧蜂小村落四处游荡。它们并不走远，而是经常待在原地纹丝不动。因此它们的脾气常常十分暴躁，总会粗暴地对待别人，竭力撵走别人。它们就这样再坏心情下一天天地变老，最后死亡。然而它们的下场又会是什么呢？小灰蜥蜴一直在窥视着它们，想拿它们饱口福。

那些安于自己领土中、看护着自己的后代们正劳作的制蜜作坊的守卫隧蜂，一直保持着高度的警觉，一丝不苟。和它们接触越多，我就越钦佩它们。早晨凉爽的时候，因为找不到被太阳晒熟的花粉，采集花粉的隧蜂们闭不出门的时候，我看见隧蜂守卫依然待在通道上部自己的岗位上。它们动也动地待在那儿，用脑袋堵住入口，与地面持平，以随时防止外来者侵入。如果我离它们太近地观察，它们就会警觉地稍微后退，在暗处等待着我这个不受欢迎的人离开。

上午八点至十二点，采集高峰时，我又来观看。由于采集女工们时进时出，繁忙一片，我就看见那扇门一会儿关一会儿开的，不停地忙碌着。这个时候是隧蜂守卫最累最紧张的时候。

午后，天气非常热，花粉采集工们已经不去田间野地里了。它们就钻进住处底部，忙着油漆新建的蜂房，和加工供虫宝宝所需的圆蛋糕。但是隧蜂姥姥还是留在上面，用自己那光溜溜的脑袋堵住大门。哪怕天气再热，守卫也不能午休，因为必须保证全家人的安全。

夜幕降临或者更晚一些，我再次回来观察。我凭着提灯的光亮又看到隧蜂守卫依旧像白天那样忠于职守。其它的隧蜂都休息了，而守卫却没有，它明显是担心夜里会出现危险，而这些危险只有它才能提防。那么它最后会不会回到下一层的安静的地方去呢？完全有这种可能，因为这样长时间的全神贯注看家护院是很累人的，必须休息一下才行。

很明显，像这样守卫着的洞穴就可以避免类似于五月那使家人大量减员的灾难的发生。让盗窃和夺取隧蜂蛋糕的窃贼小强盗们现在来试试看！它大胆妄为，冥顽不化的行为绝逃不过时刻高度警惕着的守卫的，后者稍加恐吓就能吓退来犯者，要是来犯者无意要走，那它就非用大钳把来犯者夹碎不可。窃贼小强盗将不会来了，其中原因我们很明白，因为到春回大地以前，隧蜂都待在地下，处于蛹的状态。

虽然小强盗没了，但是在蝇科这种低档次中，还有其他一些攫掠他人财富者。这些家伙什么坏事都做得出来。可是，七月里，我在各个洞穴周围查看时一个都没有碰到。这帮混蛋真是偷盗的高人！它们明白隧蜂门口有守卫在把守着！对于它们来说，今天是没有机会了，所以一只蝇科昆虫都没出现，春天的那种灾难没有再发生。

隧蜂姥姥因年龄大而免除了做妈妈的职务，改为专职大门守卫、保护全家老小安全，这告诉我们在本能起源里突然出现的一些事。隧蜂姥姥向我们展示了一种突然而至的才智。而这种才智，无论是在它自己过去的言行举止中还是在它后代们的一举一动中都没有任何迹象能让我们猜测出来的。

从前，当凶残的小强盗当着它的面闯入家中时，或者更经常的是，当小强盗待在入口，与它面面相对时，愚蠢的隧蜂竟然一动不动，甚至连恐吓一下这个红眼强盗的想法都没有，而它本可以轻松地就把这个小侏儒制服的。它这是被吓怕了吗？不是，因为它仍然像没发生过什么事一样的忙着自己的事。因为强者不会就这么轻易被弱者吓倒。但是这是为什么呢？因为它对大祸临头一概不知，这是因为它愚昧无知。

可是今天，这个三个月前还愚不可及的隧蜂竟十分了解危险之所在了。任何外来的，一旦出现，无论个头多么小，无论是属于哪一种科的，一概被拒之门外。如果肢体的恐吓没用的话，隧蜂守卫就会主动跑出洞外，向赖着不走者扑过去。原来的胆小者现在已然无所畏惧了。

怎么会有这样一百八十度的大转变呢？开始我认为这可能是因为隧蜂吸取了春天灾难的教训，从今往后便开始提高警惕了；也可能它是受到经验教训的启发转而学会担当守卫的重任。但是，我觉得这种想法是错误的。如果说隧蜂是由于一点点小小的进步，最终学会了安排一个守卫来护院看家的话，那又怎么会对窃贼的担心时有时无呢？五月时节，它单独一人，确实无法长期把守大门：干家务工作是首要工作。但是，自它的家族受迫害时起，它至少是应该知道这种寄生虫——小强盗的，而且当后者几乎时时刻刻都在自己的面前转悠时，甚至跑到自己的家中来时，它至少应该把窃贼赶走才对，但它并没有这么干。

　　所以，祖辈的苦难并没有让子孙产生任何本质的变化；而它亲身经历过的苦难与它七月里突然的警觉丝毫没有关系。动物和我们人一样，既有自己的快乐，也有自己的不幸。但是它疯狂地享受着快乐，却很少去关心不幸的事，但是这无论怎么说，也是动物享受生活的最好办法。为了保护家族和减少苦难，动物有本能，用不着有什么教训或经验，隧蜂也知道设立一个守卫之职。

　　粮食准备足够之后，隧蜂就不再外出采集花粉，可这时候，隧蜂姥姥仍一如既往地保持着警觉，坚守自己的岗位。最后的准备工作就在地下洞穴中进行，那关系到这一窝小隧蜂。直至所有的一切全都结束之前，洞口大门将一直被严密地看守着。然后，隧蜂姥姥将离开家巢。它们一生忠于职守，而且它们会去往我不知道的地方悄悄地死去。

　　从九月起，第二代隧蜂便产生了，有雌蜂，也有雄蜂。

圣甲虫的爱好

我们一共五六个人，我的年纪最大，是他们的老师，也是他们的同伴和朋友。他们都是一群朝气蓬勃的年轻人。不过，我们都有着了解自然万物的热切渴望。我们这些对动物怀有狂热喜爱的人，在春天万物复苏的时候，将度过一个美好的上午。正如我们所料，刺鱼已经梳妆完毕；扁卷螺、瓶螺、椎实螺这些软体动物都浮到水面呼吸空气；水龟虫和它丑陋的幼虫是池塘里的海盗，它们在池塘里扭动着脖子，不时地四处袭击。

动物们做窝筑巢、爱护家，这些都体现了生物最高的本能。这灵巧的建筑师鸟儿告诉了我们这些，在本能方面更加多元化的昆虫也让我们认识到这一点。昆虫告诉我们："母爱是本能的崇高灵感。"母爱旨在维护族类长期繁殖和种族的延续，与保护个体相比，这是更加利害攸关的大事，因此母爱总是在唤醒反应最慢的智力，使之高瞻远瞩。母爱远在神圣的源泉之上，不可想象的心智圣光便在当中孕育，并会突然迸射而出，使我们顿悟一种避免出错的理性。母爱越坚，本能越优。

在这方面最吸引我们目光的是膜翅目昆虫，它们的身上凝聚着最饱满的母爱。它们将自己毕生的经验和聪明才智都给了自己的子孙后代，让它们学会觅食谋屋，虽然它的复眼永远也看不到家族的繁衍，但是它通过母爱之预见性深深了解到了这一点。它们是拥有各种独到的天赋和才能的高手：它们有的是编织棉织品和许多絮状物品的高手；有的是编制细叶片篓筐的能工巧匠；有的是能干的泥瓦匠，善于制造搭房筑瓦；有的是陶瓷专家，用黏土做出精美高档的尖底瓮、坛罐和大肚瓶；有的擅长挖掘，在潮湿闷热的地下暗层建造神秘的华丽宫殿。

它们掌握着各种各样的技艺，与我们人类所掌握的相似，甚至有些连我们都不知道，而它们却娴熟地用于房屋的建造。随后还得考虑储备的食品：一堆堆的诱人的蜂蜜，一块块的花粉糕，还有细心制作的风味罐头……这样的工程是专门以家庭的美好未来为目标的，母爱的鼓励之下的本能的各种最高表现在其中闪耀着。

而对于昆虫学范围内的另外一些昆虫，它们母爱一般来说都是敷衍了事一般浮浅。很多昆虫，在产下宝贝以后就不管不顾了，狠心地任由虫宝宝冒着受伤甚至死亡的危险去寻找住所和食物。如果扶养子女都如此大意，那么有没有才能也就无所谓了。莱喀库斯①把多种艺术都从其共和国驱赶出去，他斥责这些艺术都是使人们委靡不振、意志消退的浮华。同样，这些斯巴达方式养育的昆虫，它们的这些本能的高超灵感也就会被去除得消失殆尽。母亲如果离开了温柔甜美的育婴，那么一切特性中最最优秀的智能特性也随之逐渐减弱，直至消亡。因为对于动物也好对于人类也好，家庭永远都是至善至美的源泉。

如果说对子孙后代关怀备至、体贴入微的膜翅目昆虫令我们啧啧称赞，那么那些不顾后代死活，任其存活的昆虫相形之下就显得很不像话。而这里所说的其他昆虫则几乎包括了所有的昆虫，起码据我了解，在世界各地的各种动物中，这是我见过的仅有的两个例子，这些昆虫为自己的家人准备生活必需品，比如采蜜的昆虫和埋野味篓的昆虫。

而令人诧异的是，在细腻的母爱方面，能与这类以花为食的蜂类相比美的昆虫，竟然是被人们所不齿的以垃圾为对象，以净化被牲畜弄脏的草地为职责的食粪虫类。如果以后再想到那些既不忘母亲职责同时又有着丰富的母性本能的昆虫妈妈，请你务必将目光移开芳香四溢的花坛，转向街道上随处可见的被骡马随意拉下的肮脏粪堆。大自然中相似的两个极端随处可见。对于大自然来说，我们的美和丑，我们的干净与龌龊又算得了什么？大自然以脏孕育出鲜花，用一点点粪便它就能给我们创造出供我们生存的优良麦粒。

这些食粪虫们虽然天天与臭烘烘粪便打交道，但却享有同一种美称。它们一般都身材小巧穿戴庄重而且无可挑剔的光亮，身子圆乎乎的，呈短

---

① 传说中公元前九世纪斯巴达的立法者。

壮体形，额头和胸廓上都佩带着闪亮的新奇饰物，因此在收藏家的标本盒里，它们总是最突出的，显得光亮熠熠，特别是我国的那些种类，有为的乌黑油亮，还有一些热带的品种，也是金光闪耀，闪闪发亮。

它们是畜群中随处可见的常客，但它们身上却自然地散发出一种苯甲酸的淡淡香气，可以用来清化羊圈里污浊的空气。它们那田园诗歌般的美好秉性震撼了昆虫分类词典的编辑者们，因此这些以前不怎么关心其死活的学者们，这一次却齐刷刷地颠覆了以往的看法，对它们进行介绍时也用上了一些悦耳易记的名字，如梅丽贝、迪蒂尔、阿媪达、科利冬、阿莱克西丝、莫普絮斯等①。这些名字都是被古代田园诗人们用烂了的且叫红了的名字。维吉尔式的田园诗中的词汇也被用来歌颂食粪虫了。

瞧它们在一坨牛粪堆上你争我抢的劲儿呀！从全球各地四面八方蜂拥而至加利福尼亚的淘金者们也未曾有它们的那股狂热劲儿。在太阳高照之前，它们成千成千地跑来，大大小小，形状各异，品种齐全，全都乱糟糟地滚来爬去，准备在这个"大蛋糕"上为自己大大的占上一份儿。有的在白天干活儿，在表层搜刮；有的一头钻进厚厚的牛粪堆里，挖出地道，猎取好的矿脉；有的从底层下手，将挖好的财宝立即埋进地里；那些小而无力的则只能待在一旁可怜兮兮的捡捡那些身强力壮的伙伴们掉下的渣渣屑屑的了。有几个新来的想必是饿得受不了，边干边吃上了，但大多数都是想大捞一把，藏在安全之处，以备不时之需。当你置身于遍地飘香的原野时，一点新鲜牛粪的影子都没有，突然来到这里，碰见这么大堆大堆的宝贝，那真是天赐之福呀，只有幸运的才有这个福分。因此，它们当然要把今天这些来之不易的宝贵财富小心翼翼地收藏起来。粪香四溢，方圆一公里都能闻到，食粪虫们寻着味道纷至沓来，抢夺、瓜分这些美味的食物。有几个落在后面的连跑带飞地正慌忙地往前赶呢。

看，那个怕到得太晚而向着粪堆一路小跑的是哪一个？它那长长的爪子僵硬而笨拙地倒腾着，好像它的肚腹下面装着一个永动机在不停推动着似的；它的那对棕红色小触角肆意地张开着，透着垂涎欲滴的焦躁不安。它在拼命地往前赶，它赶到了，还不凑巧地撞倒了几位美食家。它就是圣

---

① 为古罗马诗人维吉尔著名诗篇"牧歌"中的人名。

甲虫，一身墨黑，是食粪虫中个头儿最大最有名气的一种。古埃及对它尊重备至，把它奉为长生不老的象征①。它已入席，与其同桌的食客并肩作战，食客们正在用自己宽大有力的前爪心轻重有度地打拍粪球，进行最后的制作，或者再执着地往粪球上加上大功告成前的最后一层，然后转身离去，回家惬意地慢慢享用自己的劳动成果。让我们来瞅一瞅那有名的粪球精细的制作程序。

圣甲虫头部一圈是个帽子，扁平宽大，上上长有六个细尖齿，围成半圆。这就是它的切割和挖掘工具，是它的叉耙，可以用来撬起和抛撒无养分的植物纤维，把筛选的好东西垄在一起积聚起来。食物的挑选就是这样进行的，因为对于这些细致的专家来说，好与坏它们是分得十分清楚的。如果圣甲虫是为自己寻找食物，它们往往选个差不多的就行了，但如果是为了自己的儿女着想的，那它们就一定会严格筛选，细致入微。

在挑选自己的食物的时候，圣甲虫并不挑剔，粗略地选一选就行了。它用带齿的头盔略略地挑一挑，拱一拱，去除那些没用的，然后整理一下其它的就可以了。两条前腿也一起用力地忙乎。它的前腿是呈扁平的弓状，上有粗壮的花纹脉络，外侧备有五个硬齿。如果需要用力，推开障碍物，在粪堆中的最厚实的地方开辟出一条道来，圣甲虫便用肘力——也就是说用它带齿的有力的前腿右拨左扫，再用齿耙用力一把，便轻轻松松地扫出一个半圆形的空地来。场地清理好之后，前腿要继续它的另一个工作：把顶耙耙到的东西聚在一起，弄到自己的腹部下的后爪之间去。这后面四只爪子天生就是做镟工工作的。这些足爪，尤其是那最后的一对，细长地微微弯曲成弓形，顶端有一个很锋利的尖爪。它们看起来很像圆规，在它的弧形支脚之间，环成球状，可以测量球面，制作球体。它们是制作粪球的工具。

食物一把一把地被耙到肚子下面的四条腿中间，后腿再稍微一用力，按照腿部的线条，粪球的大体轮廓就挤压成了。然后，这粪球的雏形不断地在四条后腿形成的两副圆规中摇动，挤压，逐渐变小变实，再由肚子加工，粪球的形状才慢慢地趋于完善。如果粪球表面层太硬，有脱落的危

① 古埃及人认为此昆虫造福人类，是自然的奇迹，故称其"圣甲虫"，并为之树立雕像。

险，或者某一部分纤维太多，无法镟的话，前腿就会对不合适的地方再进行改造。它们用宽大的拍子轻轻拍打粪球，使新增加的东西与拍实的部分合在一起，并把那些黏性不太好的东西拍实在粪球上。

制造工作在炎炎烈日下紧张地进行着，你可以看到镟工的工作干得多么的利索，让人敬佩。它们如此飞快地进行着：一开始只是个小小的弹丸，现在变得像一粒核桃，不一会儿就会有苹果那样大小了。我曾经见过食量大的圣甲虫竟镟出一个拳头般大小的粪球。那肯定花了好几天的工夫。

储备的食物制作完之后，就得撤出危险的战场，把食物搬到合适的储藏地了。圣甲虫最令人惊奇的习性就会在这时候表现出来。圣甲虫急急忙忙地上路了：它用两条长后腿搂住粪球，将后腿尖端利爪插入球体当中，作为旋转轴，中间的两条腿被当作支点，而以前腿带护臂甲的齿足则作为杠杆，双足交替着按压，弓身，低头，翘臀，倒退着护送粪球。后腿是这台机器的主要部件，它们不停地运转，一来一回地变换着足爪，通过调整轴心让负载品保持平衡，并在它们一右一左地交替推动之下，将粪球平衡地将地往前滚动。这样一来，粪球表面各点都轮流地接触地面，使它的形状在不停地碾压中趋于完善，而球面硬度也因均匀地受压而变得一致。

加把劲儿呀！好了，它滚动了，它一定会被运到家的，当然这段行程中少不了遭到困难。这困难说来即来，但还能应付：一个斜坡横在圣甲虫眼前，沉重的粪球不得不顺着斜坡滚下去的，但是圣甲虫认定了自己的理儿，偏要横穿这条大道，这可够有胆量的，一旦失足，稍踩到一点碍事的沙子，就会立刻失去平衡，前功尽弃。不出所料，它脚下一滑，粪球便很不幸地滚到沟里去了，圣甲虫被滑落的粪球一甩，摔了个肚皮朝天，手脚挣扎着乱蹬乱踢。终于，它挣扎着转过身来，执着地追赶粪球。它的机器更加卖力地工作起来。该小心点儿了，可怜的小笨蛋，沿着沟底走，既省力又安全。沟底平坦，路好走，不用费太多的力气，粪球就能向前滚动的。可是圣甲虫偏不听，它非要再挑战那个对它来说非常危险的斜坡。可能它适合走在高处。对此我只能保持沉默，从身居高处的优越性而言，圣甲虫的想法总是比我的要高明。可你至少该走这条路呀，这是个可以很轻易地从这儿爬到顶上的。可是它根本就听不进去，那个不听话的家伙非要选择很陡的、没办法攀登的斜坡。于是，西齐弗斯①的工作开始了。它艰难而又小心翼翼地一步一步往上滚动那巨大的粪球。它一直是倒退着在推动。我一直在琢磨，它是运用什么样的定力把这么个庞然大物稳定在斜坡上的。啊！稍一有点儿协调不好，它便前功尽弃了：粪球滚落下去，把它也连带着重重地摔了下去。然后，它又开始继续往上爬，不一会儿又摔了下去。随后又往上爬，所幸的是这一次走得很好，艰险道路好不容易通过了，原来是一个禾本植物的根在作弄它，害得它摔下去好几次，这一次它很谨慎地绕开了这个该死的根。再用一把力就到顶了，但还是要谨慎再谨慎。道艰坡陡，稍有不慎便功亏一篑。你瞧，脚踩在滑滑的宝贝石上，一滑，粪球和圣甲虫又一次一起连滚带爬地滑下去了。可圣甲虫又开始执着地往上爬，仍旧顽强，没有什么能使它退缩的。十几次，二十几次地尝试着这怎么也到不了顶端的攀登，最后，它可能是以顽强的意志战胜了千难万阻，也可能是经过更加慎密地思考，它承认自己之前所做的无谓的努力，选择了平坦的道路，最终如愿以偿，完成了任务。

圣甲虫并非总是单独地运送那贵重的粪球，它常常会向伙伴求助，准确地说，是朋友主动跑来帮忙。一般情况下是这样的：一个圣甲虫的粪球完成之后，便爬出扰乱的群体，倒退着推动自己的胜利品离开嘈杂的工地，最晚赶来的那些圣甲虫中有一个在它的身边，刚刚还在制作自己的粪球，见到它便突然放下手中的工作，奔向缓慢滚动着的粪球，助那个幸运的拥有者一臂之力，后者似乎也很愿意接受它的帮助。这之后，这两个伙伴便一起工作起来。它俩争先恐后地把粪球往安全的地方搬去。难道在工地上真有过协议，双方默许平分这块丰盛的蛋糕？是不是在一个制作粪球时，另一个也在挖掘富矿脉以提取原料，补充到共同的财富上去呢？我从来没看到这种合作，一直以来，我看到的都是每只圣甲虫都独自地在开采地点专注于自己的工作。所以，后来者是没有任何既定利益的。

那么，是不是异性间的一种合作，也就是成对的圣甲虫在忙着成家立业？有一段时间，我也这么认为过。两只圣甲虫，一后一前，热情饱满地

① 希腊神话中受到惩罚，在死后堕入地狱，推巨石上山，但巨石每到山顶便从另一侧滚落，于是便需重新向山上推，如此周而复始，永不得息。

一起推动着那沉重的粪球，这让我想起了曾经有手摇风琴的人唱着的歌儿：为了营造家园，咱们怎么办呀？我们一起推酒桶，你在前来我在后。可是通过剖析，我渐渐丢失了对这种夫妻恩爱的场景的猜想。因为从外表看去圣甲虫是分不出公母来的。为了验证我的看法，我把两只一起搬运粪球的圣甲虫拿来解剖，结果发现它们常常是相同性别的。

既没有家庭共同体，也没有劳动共同体。那这种表面上的合作存在的理由是什么呢？很简单，那就是想打劫。那个热心的伙伴假借着帮忙的名号，其实是心怀鬼胎，一有机会就趁机抢走粪球。把粪粒做成球是项既累人又要有耐心的工作，如果能抢个现成，或者能强行入列，当然就合算得多。如果主人没有警觉，帮忙者可直接抢了粪球逃之夭夭；如果主人的警觉性相当强，那就以自己也出了一份力而两个人同席。无论如何，这一办法都可获得不薄的利益，因此抢夺就成了收益最好的一种手段。有的就阴险狡诈地这么去做了，就像我刚才说的那样。它们兴冲冲地去帮一位伙伴，其实它根本用不着它们帮忙，而且它们外表看起来很热心，实际上心里暗藏刺刀。还有一些更加大胆的圣甲虫，它们坚信自己的实力，干脆直奔主题，野蛮地抢走别人的粪球。

这种抢劫的办法无处不在。一只圣甲虫独自推动着自己经过千辛万苦的努力劳动所获得的合法收益静静地离去了。另外一只，不知是从哪里钻出来的，窜出来抢夺，身子重重地落下，迅速地把被煤熏了似的油黑的翅膀收在鞘翅下面，然后举起带锯齿的臂甲的背面狠狠地拍倒粪球的主人，后者正忙着推动粪球，哪里有招架之力。当受袭者挣扎着重新站稳脚跟的时候，攻击者已经得意洋洋地站在粪球高处，那是助它打败对手的最有利的位置。它把臂甲谨慎地收回胸前，准备应战，以备不测。而此时，失窃者围着粪球来回转，寻找有利的出击点，盗窃者则站在城堡顶上骄傲地不停地转动，一直面对着失窃者。一旦失窃者立起身来攀登，盗窃者就朝对方的背部狠狠地一击。如果进攻者不改变策略来收回丢失物的话，那防守者因占据城堡高处的有利位置，必定一次又一次地挫败对手的进攻。这个时候，进攻者应该企图把城堡及其守卫一起推翻。粪球底部被摇晃着缓缓滚动起来，盗窃者也跟着粪球滚动，但它想尽一切办法确保它立于粪球的上面。它做到了，但并不能一直保持住。它在灵活地急速跟着转动，让自己保持平稳。可一旦脚下一滑，优势没了，就只能与对手短兵相接，两者身体对身体，胸部对胸部，搏斗起来。它们的爪子抠在一起，节肢缠绕，角盔相碰，发出金属碰撞般的尖厉之声。之后，掀翻对方，挣脱出来的那位便快速地爬上粪球顶上，抢占有利位置。新一轮的围困开始了，有时抢掠者被包围，有时被抢者受包围，这全凭肉搏时的胜败来决定。抢劫者无疑无所畏惧而且敢于冒险，所以常常占据上风。而被抢劫者经过两次失败之后，斗志消退，所以只能默默地回到粪堆去重新制作一个新的粪球。而那个抢劫得手者担心已经解除的险情会再次出现，便把抢夺来的粪球，迅速往自己认为安全的地方推去。有时候，我甚至还看见有第二个抢劫者突然横在道前，抢夺前一个窃贼的赃物。说句心里话，我并不讨厌它。

我徒劳无功地在琢磨着，那个把"财产就是赃物"这个胆大的论断运用到圣甲虫的习俗中的普鲁东①是何方神圣？那个将"武力胜过权力"的野蛮的游戏规则在食粪虫当中加以发扬光大的外交家是谁？因为手头没有详细的资料，我无法追本溯源地探清这些人们习以为常的抢掠手段，无法弄清楚这种为了抢掠粪团而滥用武力的理由，我所能明白的只是骗取抢劫是圣甲虫的一种惯用伎俩。这些运送粪球的昆虫互相之间你争我夺，毫无顾忌，我还真没见过别的昆虫做这么厚颜无耻的事情。索性还是把这种昆虫心理方面的高深问题留给以后的探索者们去探索吧，我还是回过头来聊聊那两个合伙运粪球的小东西。

尽管用词不是很贴切，我还是暂时称那两个家伙为合伙运送者。它们中一个是强行入伙，而另一个则可能是怕遇到更大的不测，迫于无奈接受的。它俩的相遇倒还比较友好。合伙者到来的时候，物主正专心致志地在干自己的工作，新来者似乎怀着相当大的友好和善意，立刻投入帮忙。二人一拉一推，相互配合。但物主还是占有主导位置，担当主角：它后腿冲上脑袋朝下，从粪球的后边儿往前推。那个帮手则在前面，姿势正好与前者相反，脑袋朝上，带齿的双臂按在粪球上，长长的后腿用力撑着地。它俩一前一后正好把粪球夹在中间，粪球就这样滚动着。

---

① 蒲鲁东，十九世纪法国社会主义者，在其代表作《什么是财产》中提出"财产即赃物"这个说法。

它俩的配合并不总是很协调的，尤其是因为帮手背对着道路，而物主的视线又被粪球遮住。因此，事故频频，摔个狗吃屎是常发生事，好在它们也十分坦然，摔倒了立刻爬起来，仍是各就各位，各司其职。即便是在平地上，这种运输方法也同样事倍功半，因为两人无法配合得天衣无缝，其实只需要粪球后面的一个圣甲虫去干，就能干得很快，而且干得更利落。那个帮手虽然险些弄得没法运送，但在表现出自己的善意之后，它决定休息一会儿，当然，它是不会轻易放弃它已视为是自己的财产的那个宝贵粪球。在它看来，摸过的粪球就是自己的粪球。但它也不会不经大脑贸然从事的，否则对方肯定会把它晾在一边。

它把腿收到腹部下面，身子紧紧贴在（可以说是镶在）粪球上，几乎与它合为一体。在合法主人的推动下，粪球和这个贴在它表面的帮手一起往前滚动着。粪球在它的身下，随着粪球的滚动，它时而在上，时而在下，时而在左，时而在右，不过它不在乎。它就是要帮忙帮到底，而且是默默无闻的。这种帮手真是少见，让别人用车推着自己，还要领取一份儿报酬！这时，如果前方遇见一个比较艰难的大斜坡，它只好帮一把了。运到陡坡上时，它当上了排头兵，只见它用自己那带齿的有力的双臂猛拽住沉重的大粪球，而它的同伴，那个物主则在下面拼命地抵住，一点点艰难地往上顶着。两个合作伙伴，就这样在我的注视下一个在上方拽着，一个在下方顶着，配合相当默契地往坡上挪动着，如果没有二人的合力作战，只靠一个人的力量是无法把粪球推上去的。但是，并不是所有的小东西都会在这一艰难时刻表现出同样的热情的。有一些圣甲虫在攀爬斜坡这种必须并肩作战才能完成的时刻，看起来就像根本没有看见有困难要克服似的。当倒霉的西齐弗斯在拼了小命尝试着越过障碍时，另一位则高高在上，懒懒的稳坐宝座，与粪球一同滚上滚下。

我们假设那只圣甲虫很幸运地找到了一个忠实的伙伴，或者情况更好，在途中没有碰上这类不请自来的同类。那么，一切照旧，可以开始下一步的工作。地窖早已挖好，是一个在松土地上挖的洞，常常是分布在沙地，洞不深，大小如拳头一般，留有一条细道与外界相通，细道的大小恰好够让粪球顺利地进入。粮食一入地窖，圣甲虫就躲进家里，用角落里的杂物把地窖细小的入口堵住。大门一关，外面根本无法知道这里面有个盛大的宴会厅。大功告成，它万分高兴，宴会厅里的东西全都登峰造极！餐桌上摆满了奢侈的食物；天花板遮挡住当头的烈日，只让一点温馨湿润的热气透进来，一片和气，环境幽雅，外面的一阵阵蟋蟀的合唱声，这一切都有助于肠胃功能的发挥。我神情恍惚，猛然发觉自己在地窖门口低头端详，只觉得隐约传来海洋神女该拉忒亚的歌剧中的那著名唱段："啊！当周围的一切都在忙忙碌碌时，无所事事是显得美好。"

谁忍心去打扰这样的一个盛宴上的那种悠然自得呀？但是，在想探个究竟的渴望的触动下，是什么都做得出来的，而这样的胆量，我也曾有过。在这里，我把我独闯民宅的事情记录在此。我看到光这一个粪球似乎就把宴会厅塞满了，这奢侈的美餐下触地板上顶天花板。一条狭窄的通道分开粪球与墙体。食者就在这狭小的通道上就餐，它们常常是独自一人，最多不过两位。肚子贴在餐桌上，背顶着墙壁。座位一经选好，就不再改变位置了，接着就放开嘴吃起来，没有一丁点儿小的争吵，因为那样会少吃上一口，也没有挑食的，否则就会浪费食物。一切都得按先后顺序，一丝不苟地穿肠而过。看到它们如此尽心尽力地吃着粪球，你一定会认为它们意识到了自己在完成大地净化的伟大工作，知道它们自己投身的是那种以粪便培育鲜花的精密化学工程，鲜花无疑让人赏心悦目，而圣甲虫的鞘翅亦能点缀春意盎然的草坪。尽管羊牛马的消化系统很完善，但它们的排泄物中仍留有未消化的残留物，而圣甲虫则把它们剩下的那些残留物品加以利用，为此，圣甲虫就必须具备一套完善而又特殊的工具。果然不出我所料，通过解剖我惊奇地发现它的肠道相当地长，盘绕在腹部，使得进入的食物得以慢慢地被吸收，直到最后一个有利用价值的颗粒被消化掉为止。因此，对于那些食草动物不能吸收的东西，食粪虫类昆虫却可以用高效蒸馏器从中提炼一些财富，而这些财富悄悄地就变成了圣甲虫墨黑油亮的铠甲和其它食粪虫类昆虫金黄色和赤红色的漂亮胸甲。

不过，在卫生环境的限定下，这种令人惊叹不已的垃圾处理工作得在最短的时间里完成。而圣甲虫就具有这种绝大部分昆虫所不具备的强大的消化功能。一旦食物进入地窖里，圣甲虫就昼夜不停地吃着，直到把食物消灭干净才肯罢休。当你有了很多的实践经验的时候，把圣甲虫关在笼子里养是相当容易的。我就是通过这种办法获得了这些资料，这对著名的圣甲虫的高效消化功能的了解有很大的帮助。

整个粪球就这么一点点地依次通过长长的消化道，之后，圣甲虫隐士又爬出地面，寻找新的机会，找到之后，便再做粪球，一切就这样又重新开始了。

无风的一天天气很闷，这种环境很适合我喂养的圣甲虫们饱餐一顿的。于是，我手里攥着表，守在一个露天进食者的面前仔细观察着，从早上八点一直到晚上八点。这只小家伙好像遇上了一块颇对胃口的食物，整整十二个小时，它都没停过嘴，始终一动不动地待在餐桌前的同一个地点一直在吃。晚上八点钟的时候，我看了它最后一次。却发现它的胃口始终没减，那样子像刚开始吃时一样带劲儿。这宴席还持续了一段时间，直到整个大餐被全部消灭为止。次日，那只圣甲虫真就没再出现在那儿了，前一天大嚼个没完的那块食物只剩下点零星的残余了。

时针转了一圈多，这么长的一幕就是只是进食，狼吞虎咽，精彩倍至，但是，那消化的那一出则更是妙不可言。圣甲虫的嘴不停地吃着，后头则不断地排泄，那些已不再含营养成分的排泄物连成一条细细的黑线，宛如鞋匠的细蜡绳。边吃边排泄，可见它消化速度之快。刚一开始咀嚼，它那拔丝机就迅速运转起来，直到最后几口吃完之后，这机器才停止它的工作。那根细蜡绳从头连到尾，没有出现一丝断裂，一直挂在排泄口上，先排出的部分则都盘成一堆，只要没有干透，便可以轻易地展开来成为一条细长绳。

排泄的过程精确竟可以精确到秒。每到一分钟，更准确地说是四十五秒，一小节三四毫米的排泄物就出来了，细绳便增长三四毫米。等细绳长到一定长度，我就将它剪断，用刻度尺测量其长度。测量的结果，总长度是十二小时两米八八。晚上八时，我提着提灯去做最后一次观察。这之后，圣甲虫便开始吃宵夜，所以进餐与制绳工作又持续了一段时间，因此加起来圣甲虫拉成的那根没有断头的细长绳总长大约为三米。

知道了绳长和直径，排泄物的体积便能很容易地测算出来。而要计算出圣甲虫的精确体积也不难，只要把它浸入一个盛水的量筒，比较一下水位线就知道了。所获得的数据并不是没有意义的：这些数据让我们知道了，圣甲虫的一次连续十二个小时的进食竟然消化掉几乎与自己的等体积食物。多么强健的胃啊！消化如此之强，消化速度如此之快！一开始咀嚼，排泄物便立刻被消化成细绳型，然后不停地拉长，一直到进餐结束。在这台也许永不失业的强大蒸馏器里（除非制作的原料出现短缺），原料一旦进入，立刻由胃囊进行加工，完全吸收，之后排出。这使我突然想到，这么一座如此高效地的垃圾清除实验室在净化环境方面是可以起到一定作用的。

圣甲虫的造型术

一位年轻的牧羊人负责帮我抽空观察圣甲虫的活动情况。六月下旬的一个星期日，他兴致勃勃地跑来告诉我说，他觉得现在正是研究圣甲虫的好时机，他说他突然看见圣甲虫从地下钻出来，便好奇地在它爬出来的地方翻找，在不是很深的地方发现了一个奇怪的东西，就带给我了。

那东西的确很奇怪，它彻底地推翻了我原以为相当了解的那点情况。从外形上看，它就像个小小的梨，有些熟过了头，颜色不新鲜，变成了褐紫色。这个古怪的东西，这个就像车工车间做出来的漂亮玩具，它是什么呢？是人工塑造的？是给儿女玩的一个仿梨子制品？我确实是这么认为的。儿女们围了过来，盯着这个漂亮宝贝，都想拿走放进自己的玩具盒里。这东西的质地比玛瑙漂亮，比杨木陀螺和象牙球更招人喜爱。实际上，这东西的材质显得并不上乘，但感觉很结实，且带有具有很高艺术性的曲线。不过，无论如何，在对它进行深入了解以前，我是不会轻易地把这个从地下找到的小梨给孩子们做玩具的。

它真的是圣甲虫的作品吗？难道它里面会有一个宝贝、一条虫宝宝？牧羊青年很确定地告诉我说有。他说他在挖的时候一不小心把一只一模一样的小梨弄碎了，里面就藏着一粒白色的宝贝，像麦粒那样大。我不怎么相信他说的话，因为他给我带来的小梨与我所期待的粪球相差很甚远。

剖开这个令人好奇的东西，看看它里面究竟藏着什么也许是冒失的：如果正如牧羊青年认定的那样里面有虫宝宝，我这样把它剖开很可能会影响胚胎的存活。再说，梨形与所有之前知道的情况是矛盾的，它们很有可能只是偶然形成的。谁知道以后会不会再遇上这样偶然的情况给提供给我相同的东西呢？所以，我最好将它维持原状，静观其变，特别是应该去现场看个究竟。

次日天微亮，牧羊青年就早早地在那儿放羊了。我爬上山坡看到了他。最近山坡上的树木都被人砍光了，夏季的毒太阳晒得人后脖子疼，好在我们还得两三个小时之后才会被晒到。早晨，凉风习习，羊群在牧羊犬的看管下静静地吃着草，我和牧羊青年便一同搜寻起来。

不一会儿就找到了一个圣甲虫的洞穴，上面新堆成了一个鼹鼠丘，一眼便可辨认出来。我的伙伴卖力地挖起来。我把我的小铲子递给他，那把小铲子轻而结实，我每次外出都不会忘记带上它，因为我总是见土就想挖一挖。我趴在地上，目不转睛地仔细观察被挖开的洞穴内部的结构。牧羊青年用小铲子挖着，用没拿铲子的手拔掉浮土。

我们终于成功了：我们打开了一个洞穴，只见那半开着的潮湿闷热的地洞里一只完好的梨形粪球静静地躺在那儿。是呀，说真的，第一次看到圣甲虫妈妈的杰作的印象非常深刻，永远也无法抹去。即便我是挖掘古埃及圣骨的考古学家，当我在某个法老的地下坟墓中挖到雕刻成绿宝石的圣虫时，也不会比这更激动。啊！金光四射的真理突然被发现的愉快呀，什么愉快可与你相比美！牧羊青年也十分高兴；他见我笑自己也笑了，他看见我欢快的样子自己也喜形于色。

偶然的事不会重现，同件事不会同样地再现，古老的格言告诉我们的这个道理。我已是第二次见到这种奇特精致的梨形粪球了。这种形状是正常的，还是特例？圣甲虫在地上滚动的那个类似这种球体东西是不是并不存在？我们继续挖下去，想看看究竟是怎么一回事。接着我们又找到了第二个洞穴。和之前的那个一样，里面也躺着一只梨形粪球。这两个东西简直就像一个模子里刻出来的。有一个细节颇有价值：在第二个洞里，在梨形粪球旁边，圣甲虫妈妈正怜爱地紧搂着梨形粪球，想必是在一心一意地对它进行最后的制作，然后自己就永远地离开洞穴。一切疑虑都解开了：我认识了这个雕塑家，我明白了它的杰作。

在上午剩下的时间里，我开始对已知的这些情况进行充分的认证：在阳光把我晒得只能逃离挖掘现场之前，我已拥有了很多大小相似形状相同的梨形粪球。很多次我都发现有圣甲虫妈妈在洞穴深处的车间里工作。

最后，再说一下之后我所了解到的情况。在六月底到九月份的整个大热天里，我几乎每天会光顾圣甲虫经常出没的地方，我用小铲子挖开一个又一个洞穴，得到一些超乎我期盼得到的资料。从笼子里的饲养中我又获得了另一些资料，这些资料也很珍贵，但却无法与在田野里的自由空间中所得到的资料相比。无论怎么说，少说我挖掘也挖掘了不下百十个洞穴，而且每次都能见到那种梨形粪球，却从来没有见到过圆圆的粪球，一次也没看到过书本上所说的那种浑圆体的粪球。

这个错误以前我也犯过，因为过分相信大师们的话。我曾经在安格尔高原的研究没有任何结果，在实验室里的饲养也悲哀地以失败告终，但我又总是想告诉青年读者们圣甲虫是怎样筑巢做窝的，所以就盲目地接受了传统的浑圆粪球的荒谬说法，而且还通过荒谬的对比推理，用其它食粪虫的一些情况试图勾画圣甲虫宝宝的外形，造成了不可原谅的错误。

现在，我们来还原一下真实的故事，用我亲眼所见并且经常不止一次见到的事实作为根据。圣甲虫的地下窝巢从地面上一看就知，因为洞外有一堆浮土，像一个鼹鼠丘，那是圣甲虫妈咪把洞中挖出的土搬到洞外堆积而成的，为了留出一个洞来。这个鼹鼠丘下开着一个大约一分米的不太深的小洞，一条时直时曲的水平通道从洞底通到拳头般大小的敞亮大厅。这就是地下室，虫宝宝被食物包附着，在距离地面几寸的地下，在炎热的太阳的烘烤下慢慢孵化；这也是圣甲虫妈妈宽敞的车间，它可以在里面自如地把未来宝贝的蛋糕揉制成梨形。

这个粪球蛋糕躺倒时长轴线是水平方向的。其形状和大小让人不禁联想到圣诞节时的小梨子，色泽光鲜，香气扑面，让孩子们爱不释手。梨形粪球的大小几乎都相差不多。最大的长四十五毫米，宽三十五毫米；最小的长三十五毫米，宽二十八毫米。

梨形粪球的表面虽然没有大理石那样光滑，但却相当规则匀称，看得出来是经过很小的红土颗粒精细打磨过的。刚刚做好的粪球原是十分松软的，类似于可塑性黏土，但很快便因风干的缘故在表层结起一层硬皮，手指按都按不碎，比木头还硬。这层硬皮是一个很好的保护膜，使得身在其中者避开外界的打扰，安静地享受自己的美食。但是，如果连中间也被风干了，那就非常危险了。在此不展开，我们以后将有机会聊聊被迫面对太硬的蛋糕的虫宝宝的可怜处境的。

圣甲虫蛋糕铺生产的是什么样的蛋糕呢？它的供货商是牛马骡吗？肯定不是。不过，我此前也一直这样认为是，并且每个看见它在一大堆普通牛粪中玩命搜刮，为己所用的人，也都会这么想的。它常常就在那儿制作粪球，然后再弄到沙土地下的某个隐蔽所美美地享受一顿。

倘若那种沾满草梗的粗糙蛋糕只是为了自食用吃的话，倒是没什么问题，但如果它是为它们的小宝贝们准备的囤积食品，就不行了。它必须进行精细的加工，使它营养丰富并且好消化。它需要的是绵羊赐给的美味，而不是干巴的牛拉下的一地黑蛋蛋。绵羊留下的美味是在它湿润的肠子中逐渐形成的单层硬糕点。这才是圣甲虫所要的材料、专门用于制作蛋糕的面粉。那不同于马的那种无脂肪的粗纤维材料，而是有黏性的腻滑均匀的物质，饱含着营养丰富的汁液。这种材料因其黏性和腻滑的特性而非常适于制作梨形艺术品，而且它柔软可口，很适合新生宝宝的嫩弱的胃。在这么一个小小的梨形体中，虫宝宝将获得充分的营养。

这就是梨形食物为什么如此袖珍的原因所在。它这么小，以致在让我看到圣甲虫妈妈揉制梨形粪球之前，一直怀疑这新奇的东西究竟是什么尤物。我一直都没能看出这么小的梨形粪球是圣甲虫宝宝的食粮，因为圣甲虫既馋嘴且块头儿挺大，而这个梨形食物实在是很小。

在这个形状新颖独特的大蛋糕团里，虫宝宝在哪呢？大家自然就会想到那圆圆的梨肚子的中间部位。中间点是最安全的地方，不受外界的任何干扰，而且还是常温的。而且，不管新生虫宝宝从哪儿下口都能咬到厚厚的食物层，不会咬上几口就没了。因为在它的周围全是一样的，它也就不费神去挑选了，随便把它那嫩牙咬到什么地方，都可以无忧无虑津津有味地吃下去。

这种看法好似很有道理，甚至导致我也跟着上当了。然而在我用小刀的刀锋一层一层地拨开梨肚子，深信虫宝宝会藏在中间点时，结果却大出我所料，那儿根本就没有虫宝宝。梨肚子中心不但没有虫宝宝，而且是实心的。那儿还是一堆质地均匀的食品。

我的推断看上去似乎合情合理，换了别人也会与我有相同的看法，但是圣甲虫却有自己独特的看法。我们有我们的道理，而且还颇引以为荣，可圣甲虫也有自己的道理，而且在这一点上还远比我们明智。圣甲虫很有远见，它能预知可能会发生什么事情，所以便把宝贝下到别的地方去了。

到底下在哪了呢？下到梨形粪球最脆弱的部分，最顶端的梨颈那儿。把梨颈纵向剖开必须非常小心，一不小心就会弄坏里面的东西。那儿挖有一洞，四壁整洁光亮。这就是胚胎所在的地方——孵化室。相对于圣甲虫妈咪的体积来说，虫宝宝算是很大的了，它是白白的长椭圆形，长约十毫米，宽有五毫米多，和四壁之间有一层狭小的缝隙，与四壁都不紧贴，只是虫宝宝的头顶粘在梨颈顶部而已。梨形粪球常常是水平躺放着的，除了头顶黏着的那一点，虫宝宝实际上是悬浮在空中，安详地睡在这张富有弹性而且热乎乎的空气床上。

现在，我们都了解清楚了。可圣甲虫这么做的原因是什么。它又为何做成梨形，这在昆虫的制作工艺当中可是一种很奇特的形状。让我们来看看将虫宝宝放在这样奇怪的地方究竟有什么好处。我明白，探索事情的来龙去脉是非常艰辛的。你可能会像踏入流沙里一样，因为那是个神秘的领土，变化多端，稍不留意你就会陷下去无法自拔。难道因为危险就放弃这种探究吗？为什么要放弃呢？

与我们手段之缺乏相形之下，科学更显得伟大辉煌，但是在无穷的未知数面前又显得如此的可怜。对于绝对的真理它都知道哪些？一无所知。世界只有在我们认识了它之后才会使我们对它感兴趣。不认识，一切都变得枯燥无趣，混沌虚无。很多事实并非科学，它们只是一些索然无味的目录而已。必须用心灵之光去解读这篇目录，一定要发挥思想和理想之光的作用，一定要诠释。

让我们去攀登这座高峰，以解释圣甲虫所做的一切吧。或许我们可以试着把我们的推测运用到圣甲虫身上去。无论如何，能看到理性对我们的利用与本能对动物的利用如此绝妙地结合，是件非常有意思的事情。

圣甲虫处在虫宝宝的状态时有一个致命的危险在威胁着它，那就是食物变干燥。虫宝宝生活的地下洞穴的天花板是一层大约一分米厚的土层。这极薄的一层土如何挡得住能把土烤焦的酷热大太阳的呢？那酷热甚至都可以把砖坯烧硬了。因此虫宝宝的居室温度相当高，当我把手伸进去时，可以很明显地感到有股子热气在往外窜。

食品至少得储存三到四个星期，因此极可能在宝贝孵化之前变干，甚至变得让虫宝宝无法食用。当虫宝宝那嫩牙咬不着原本松软的蛋糕却咬到硬如钢铁般的硬皮时，可怜的虫宝宝很快就会饿死，而且确实有因饥饿而死亡的虫宝宝。我就发现过有很多八月烈日下的牺牲者，它们早已把松软的食物啃了个大洞，剩下的过硬的食物啃不动了，就饿死在吃出的那个大洞中了。粪球剩下的是一个硬硬的壳，宛如一只没有口的球状锅子，可怜的虫宝宝就在里面被烤干了。

关在那个硬得像石头似的厚皮中，虫宝宝就算幸运地长成了成虫也同样会被饿死，因为它无法冲破城墙逃出来。对于虫宝宝的彻底释放我待会儿还要讲述，在此就不再在这点上细述了。我们就只关心一下虫宝宝的悲惨情境吧。

我说了，食物变干燥对于虫宝宝来说是致命的。我们见到的在硬壳中干死的虫宝宝就足以证实这一点；下面我要用实验更加明确地证明这一点。在七月份那筑巢建窝的季节里，我将当天上午从产地挖到的梨形粪球放在一些杉木盒或硬纸盒里。这些被封存起来的盒子被放在我实验室的黑暗处，那儿的气温正好与外面的气温相同。结果，没有一只盒子见到我想要的效果：要么就是干巴了，要么就是虫宝宝孵化出来之后不久便死去了。而相反，在一些玻璃笼或白铁盒中，情况却很乐观，全部存活下来。

造成这种差别的原因在哪？很简单，在七月份的高温气候里，硬纸板或杉木板隔热效果较差，水分很快就蒸发干净，梨形粪球变干，虫宝宝就饿死了。而玻璃笼或白铁盒则不同，它们的隔热功效好，水分不易蒸发，食物能长久保持松软，所以虫宝宝就像在出生地的洞穴里一样可以很好地成长。

对此，圣甲虫有两种独特的方法避免食物过快地干燥。第一，它用它那宽臂的铠甲用力地压实梨形粪球的外表，弄出一层比中心更均匀厚实的保护性外表。假使我将一个采用这种方法制作的食品罐头掐碎，那层外皮往往会马上脱落，露出中间的内核来。这让我自然地联想到一个核桃的核儿和仁儿来。圣甲虫妈妈在按压时只按压到几毫米的表皮，所以就出现了一个天然的外壳。它并没往深处按压，这样中间的那个大内核同样也就被分出来了。夏季最炎热的时候，为了保鲜食品，家庭主妇通常会把蛋糕放在密封的坛子里，而圣甲虫妈妈的做法非常巧妙，它通过轻重适宜的按压，制成外壳，以保护里面儿女们的粮食。

圣甲虫所做的一切远不止如此：它变成一位几何学者，有能力解决最小值的难题。在其他条件全部相同的情况之下，蒸发量显然与蒸发面的大小成正比。所以，为了避免水分的流失，就必须让食物的面积缩到最小，但同时又必须让这个最小的地方盛满最大数量的营养物质，以便虫宝宝能吃好喝好。如此看来，什么样的形状才能使面积最小的同时体积又能达到最大呢？从几何学的推断，一定是球形。

为此圣甲虫把虫宝宝的粮食制作成球形，而梨颈暂且搁置一边；这种球形并不是强加给圣甲虫一个必要的外形而盲目地工作下造成的后果；更不是因为在地上滚动而突然获得的结果。我们已经看到，为了更加便捷地将收集到的食品弄到别处去享用，圣甲虫选择了把食物做成球形，但又不搬动它的位置。总之，我们已经默认这个球形在滚动之前就已经完成了。

同样，我们也可以立刻确定，为虫宝宝备好的梨形很可能是在洞底深处制成的。它没有移动过，它甚至都没有挪过地儿。圣甲虫完全按照需要对它的外形进行了加工，正如泥塑家用拇指捏泥人一般。

圣甲虫用自己佩带的工具也做出曲形没有梨形柔和的其它形状。比如，它能制出较粗糙的圆柱体，那是粪金龟常制作的腊肠蛋糕，当然它也能草率行事，让粪块想什么样就什么样，没有固定的形状。如果草率行事，工作速度能飞快，它就能有更多的闲暇享受阳光下的快乐。但圣甲虫却不是这样，它非要选择制作梨形粪球，而这种形状要做得精细是相当困难的。它能制作这种复杂的梨形粪球，就如它深知蒸发的规律和几何学的规律一样自然。

现在剩下的就是弄清楚梨颈的事了。它究竟有哪些功能、作用究竟？不出意料是——有很大的作用。孵化室就在梨颈部位，宝贝就在其中。而所有的胚胎，无论是植物还是动物，都无法离开空气这个生命的原动力。为了让激发生机的空气渗透进去，鸟的蛋皮上布满了气孔。圣甲虫的梨形粪球正与鸟蛋类似。

为了避免太快失去水分，梨形粪球的外表被压成一层很硬的外壳；它的营养核，也就是蛋黄、宝贝黄，是藏于外皮内的松软的球；而顶部的那个小屋就是它的透气室，也就是梨颈上的那个小窝，里面的空气围绕着胚胎。哪里能比孵化室更利于呼吸呢？那儿位于尖角上，沐浴在空气中，气体可以透过薄薄的壁自由地渗透。

高温和空气是最重要的条件，因此在这两方面谁也不敢怠慢。往后我们会有机会看到，食粪虫的形状怪异的食物块，除了梨形而外，根据制作者的不同种类，还有鸟蛋形、圆柱形、尖顶形、球形等等。但是，就算是形状不一，最重要的一点也是永远不会变的：宝贝总是待在紧靠表皮的一间孵化室里，这是享受新鲜空气及吸热的最好的地方。而在这种精巧艺术方面，圣甲虫制作的梨形粪球当之无愧的独占榜首。

我在前面刚说起过，圣甲虫这位技艺高超的揉制工在揉制粪球时所表现出的逻辑性可与我们人类相媲美。据我们现在所了解，我所做的实验就很好的证实了这一点。当然，还有更好的证明。我们把下面的这个问题用科学加以解释吧。胚胎是被包围在大块的食物中的，而由于干燥，这大块食物可能会很快变得无法食用。要怎样制作这种食物块才好呢？为了让宝宝能轻松地吸收热量和呼吸到新鲜空气，把它们产在哪里好呢？

以上的两个问题中第一个问题已经解答过了。我们从已有的知识中了解到，蒸发速度与蒸发表面的面积大小成正比关系，因此球状是最佳的选择，因为球状体包括的物质最多而表面面积却最小。关于虫宝宝，既然需要一个保护套给以保护，以免有任何伤害性的接触，就一定要把它套在一个薄薄的圆柱形套子里，再让套子立在球体之上。

这样，必备的条件都具备了，制作成球状的食品就可以保持新鲜了。由一个圆柱形薄套保护着的宝贝可以让它自由地吸收热量和呼吸新鲜空气。可是，这必备的条件虽然满足了，但那形状却很难看，这时候，讲实用就顾不得美了。

一个艺术家把我们推理出来的粗糙作品进行了制作。它把圆柱改变成半椭圆形，就显得雅致优美得多了；进而又在这个球体上滑出一个精细的曲面，仍与球体连接在一块，这就变成了一个梨形，一个带颈的葫芦。这样一件美观的艺术品就完成。

圣甲虫所做的正是美学要求我们做的。这样看来，它是不是也具有一种独特的审美观呢？它知道自己加工的梨形很好看吗？它肯定是不知道它的梨形之美的，因为它是在黑漆漆一片的地下创作的。但是它摸得出来。虽然它的触觉不足挂齿，而且还身穿粗糙的角质外皮，但无论如何，对自己精心制做出来的作品的外形轮廓应该是不会没有感觉的！

西班牙蜣螂

为了虫宝宝，昆虫会本能地去做一些事情，而这些事情正是人经过经验和研究以后所得的理性会让昆虫去做的，这一点并不是哲学的不起眼儿的道理所产生的结论。所以，受到科学的严谨精神的启发，对待什么事情我都务必要谨慎。我这并不是要故意给科学一副让人憎恶的嘴脸，因为我相信人们能够不使用那些粗俗的语言也能讲出美妙的事情来。清晰透彻是玩笔杆子的人的高明手段。我要尽力做到这一点。因此，让我停笔思索的那种小心是属于另一个范围的。

我总是问自己，我这样是不是受到了一种想象的欺骗。我一直在想："圣甲虫和其余一些甲虫都是粪球制作师。那是它们的工作，不知它们是从哪里学到的这门技术，大概是机体结构导致的，尤其是因为它们有长而尖利的爪子，并且有的爪子还稍稍弯曲。如果它们是为自己的孩子而忙碌的话，那它们在地下继续发挥自己那加工粪球的一技之长又有什么可惊讶的呢？

如果暂且放开那些无法细致详细的描述的蛋形和梨颈粪球突出的一边不说的话，剩下的就是最大的食物团，也就是昆虫之前在洞外加工的食物球团；再剩下的是圣甲虫在太阳地里玩弄的而不得不做他用的小粪球。

那么，这种被认为在酷热夏季中最有效地防止干燥的球形物是用来做什么的呢？就物理学来说，粪球类似粪蛋的这种特性是不用怀疑的，只是，这两种形状和已经克服的困难只有一种偶然的联系。机体结构导致它在田野里加工粪球的这种昆虫仍在地下加工粪球。如果说为了虫宝宝直到最后都有嫩软的食物放在嘴边而让自己悠闲自得的话，那我们也别为此就对其母性的本能大加赞赏。

为了有充足的理由说服自己，我必须找一只长得较好看的食粪虫，它在日常生活中压根就不了解粪球加工工艺，但当产宝宝时刻到来的时候，它却会一反常态，把收集到的材料加工成粪球。我家周围有没有这样的食粪虫呢？当然。它甚至是除圣甲虫以外最美最大中的一种，它就是西班牙蜣螂，它的前胸截成一个陡坡，头上也长着一个怪角，特别引人注目。

西班牙蜣螂体型矮胖，缩成一团，又厚又圆，行动迟缓，必然对圣甲虫的体操技能一概不知。它的爪子很短，只要有一点声响，爪子就会警觉地缩回肚子下面，与粪球加工师们的长腿根本无法相比。只要看看它那矮小的身材、笨拙的模样，就能很容易地猜想得到它是一点儿也不喜欢推着一个硕大粪球去远行的。

西班牙蜣螂确实是喜静不喜动。一旦找够了食物，晚间或者傍晚时分，它就在粪堆下挖洞。它挖的是个粗糙的洞，足够放下一只大鸭梨。之后，它三两下地一扒拉，粪料就做成了屋顶，或者至少拦在它的门口；体积超大的食物以不规则的形状掉进洞中，这也正是它贪吃的明证。只要还有食物没有吃完，西班牙蜣螂就不会返到地面，一门心思地大饱口福。直到弹尽粮绝，这种隐居生活才会结束。于是，夜间，它便又开始寻觅、收获、挖洞，再造一个临时居所。

有了这种不用事先准备就能吞食垃圾的本领，很显然西班牙蜣螂是不会有兴趣去熟知揉捏粪球的工艺。再说，它爪子短小，笨拙，几乎干不了这种工艺工作。

五月中旬，最晚六月份，产宝宝期到了。西班牙蜣螂已经习惯了用最脏的粪料填饱自己的肚子，这下要考虑自己的后代了，难题来了。和圣甲虫一样，这时候它也不得不弄到绵羊的柔软的粪便做成一个软蛋糕。而且还得和圣甲虫的一样，这个软蛋糕必须要营养丰富，整个儿地埋入地底下，地面上不能留任何痕迹，为了节约材料，一丁点也不能浪费。

只见它并没有远走，没有搬运，也没有任何的准备工作，那个软蛋糕就不知不觉地被它扒到洞里去，就在它自己栖身的地方。为了自己的孩子们，它在重复着以前为自己所做的事情。至于地洞，足足有一个鼹鼠洞那么大，是个宽大的洞穴，离地有将近二十厘米深。我发现它比西班牙蜣螂独自享受时住的那种临时地要宽敞得多。

不过，我们还是不要打扰他，让西班牙蟋螂自由地工作吧。偶然发现的情况所提供的资料很可能是片断的，内在的关系也不明显。笼中的喂养对观察非常有利，而且蟋螂也非常配合。我们还是先瞧瞧它是如何储放食物的吧。

在黄昏那迷迷茫茫的光线下，它出现在了洞门口。它是从地下深处爬上来寻觅食物的。没怎么花工夫它就找到了：洞口周围就有很多的食物，是我放的，而且我还细心地时常更换。它生性胆小，一有声响就吓得随时准备缩回去，所以它走路很迟缓，不灵活。它用头盔扒拉，翻找，用前爪拖拉，很小的一包食物被它弄了出来，但却被不小心拖散开了，摔成碎末。蟋螂把食物倒退地拖着，消失在地下。还不到两分钟的时间，它又爬到地面上来了。它仍旧是小心翼翼地，用展开的触角瓣查探周围，然后才敢走出门槛。

粪堆与它之间相距两三寸。闯到粪堆那里，对它而言可是一件很了不起的大事。它希望食物恰好位于它洞口旁边，构成住宅的屋顶。这样它就用不着出门，以免担惊受怕。可我却另有打算。为了方便观察，我把食物放在门边，但离洞口不是很远。渐渐地，胆小的蟋螂心里踏实了，来到露天的地上，来到了我的跟前，但我还是尽量避免它发现我。现在它在又没完没了地一遍一遍地搬运食物了，但它搬送的总是一些不成形的小碎屑和碎块，就是用小镊子夹住的那种。

我对它储藏食物的办法已经有较充分的了解，所以任由它自己继续这样干了大半夜。天亮的时候，地面上干干净净的一片，蟋螂也就不再出来。只一晚上工夫，那么多的宝藏就被它堆积起来了。我们先等上一些时间，让它有空闲把自己的战利品如愿以偿地整理存放好。在这个周末以前，我一直在笼子里翻挖，企图将我以前见过它存放部分粮食的那个洞挖开。

正如野外的洞中一样，那是个屋顶不是很平的宽敞大厅，屋顶低矮，但地面却是平坦的。在大厅一处，有一个张开着的圆洞，像是一个瓶口。那是它的平安门，通往一条地道，向上可以直通地面。这个新土上挖成的住宅四壁都被精心地压实，压紧，虽然我挖掘的时候有所震动，但都没有坍塌。看得出来，蟋螂为了后代，用尽了全身的本领，费尽了所有的挖掘力气，制造了现在这个坚固耐用的住房。如果说那个只为了在其中填饱肚子的陋室是匆忙挖成的，既不坚固又不好看，那么现在的这座房屋则是面积庞大而且建筑精美的宫殿。

我怀疑是雄雌蜣螂同心合力地完成了这项伟大的工程；至少，我总是会在用于产宝宝的地洞发现一对蜣螂。这豪华而宽敞的房子想必以前曾是婚礼的大厅；甜蜜的婚礼就是在这个大拱顶下举行的，而新郎可能帮忙盖了这座大厅，以此来表达自己那份不寻常的爱情的忠诚。我猜想新郎还帮着新娘收集和储存过粮食。在我看来，新郎是如此强壮的一包一包地把粮食运往地宫。两人齐心合力，很快这份儿精致的工作就干完了。只是，一旦屋内存粮已满，新郎就会悄悄地离去，回到地面，另找地方安家立业，让蜣螂妈妈独自去完成一个母亲的职责。雄蜣螂在这个家里的职责也就完成了。

在这个有很多的小粒粮食运进来的地宫中能找到什么呢？是一大堆乱七八糟的颗粒吗？肯定不是。在里面我发现的是一个整块的大圆蛋糕，几乎占满了整个屋子，只在周围留下一条狭小的通道，只能够让蜣螂妈咪自由活动。

这块巨大的面包并没有固定的形状。我见过蛋形的，看起来像火鸡蛋；也见过扁平椭圆形的，像一个洋葱头；我还见过几乎浑圆的，就像荷兰奶酪一样；还曾见过向上的一面圆圆的，稍稍鼓起，就像普罗旺斯甜美的乡村蛋糕，更像复活节时吃到的蒙古包状的烤馍。不管是什么形状的，表面看起来都很光滑，曲线也很匀称。

这回我明白了：蜣螂妈咪是将运送进洞的散碎食物集合起来，揉成一整块；之后，再把这一整块食物混合、搅拌、压实成颗粒匀称的食品。我不止一次看到这位女蛋糕师站在那个大大的蛋糕上，与她相比，圣甲虫做的那个小粪球根本就算不上什么。在这个有时有一厘米宽的粪球凸面上，西班牙蜣螂安闲地踱着步，走动着，它轻轻地拍打这个硕大的蛋糕，让它变得密度均匀，瓷实。我只能悄悄地瞅上一眼这个有意思的场面，因为发现有人，胆小的女蛋糕师就会顺着弯曲的斜坡滑下来，藏在蛋糕下面。

因此为了深入调查，研究细节，就必须使点手段。可以说，这不是很困难。或许是因为长时间与圣甲虫打交道让我的研究办法变得更加灵活了，也或许是西班牙蜣螂比较粗心，更能忍受狭小屋室的烦闷，因此我便能够随心所欲、毫无阻碍地观察筑巢每个阶段的变化情况。我使用了两种办法，两个办法都让我了解到一些别的东西。

在笼子里已经做成了几个大蛋糕之后，我便把蜣螂妈妈与这几个大蛋糕一块儿搬出来，放到我的实验室里。容器分两种，根据我的意愿让它们忽明忽暗。如果我希望容器里面敞亮，就用大口玻璃瓶，直径几乎和蜣螂大小一样，也就是十二厘米左右。每只瓶子底层都铺了一层薄薄的新沙子，薄得让蜣螂无法钻进去，却足以让它不至于在玻璃地上来回滑动，而且它还会认为这是和我刚让它搬离的地方一样的沙地。蜣螂妈咪及其大蛋糕就被我放在这层沙子上。

无须说明，即使是在光线相当微弱的状态下，蜣螂因惊吓也是什么都不会做的。它需要完全无光的环境，于是我就用一个硬纸板盒将大口瓶给罩起来了。我只要小心谨慎地稍微将这个硬纸板盒掀起一点，就可以在我所想要的时间随时借着室内的弱光，偷看女囚在做什么，甚至可以观察上好长一段时间。这个办法比我当时观察圣甲虫加工梨形粪球时所使用的方法简便多了。西班牙蜣螂性格好一些，因此适合使用这种办法，要是圣甲虫可能就行不通了。因此，我在实验室的大桌子上放了很多这样的可以随时调节明暗的容器。要是不了解的人见到这一排瓶子，肯定会误认为灰纸盒套下面盖着的是异国的珍稀食品调料呢。

如果要一点光都不透，我便用花盆，里面放上新沙子。在花盆下面整成一个窝，用硬纸板在上面架个屋顶，挡住上面的沙子，蜣螂妈妈和它的大蛋糕就可以躺在窝里。或者干脆就将它和它的大蛋糕搁在沙子上面。它会自觉地挖洞做窝，把蛋糕存进去，跟平常一样。不管采用什么方法，都必须用一块玻璃片盖住，避免俘虏逃跑。我等待着这些各色不透亮的容器能帮助我证明一个棘手的问题，这个问题我以后会说明。

这些被不透光的纸盒罩住的大口瓶能告诉我们什么呢？太多了，都是些很有意思的东西。它们让我们明白，这个大蛋糕虽然形状多变，但它始终是规则的，它的曲线并不是由于滚动造成的。我们在观察天然洞穴时已经很明白，这样硕大的一个圆球几乎充满了整个屋子，所以是根本无法挪动的。再说，蜣螂也没有这么大的力量去推动这样大的一个粪球。

经常查看大口瓶总会得到同一个结果。我看见蜣螂妈妈站于蛋糕上，仔细地这儿敲敲那儿摸摸，小心地拍打，抹平突出来的地方，把粪球修整得尽乎完美。我还从未见过它尝试着把那个大东西翻转过来。这就十分明了了：圆蛋糕的形状并不是滚动形成的。

蜣螂妈妈的耐心细致与勤奋让我情不自禁地联想到一个以前我从未想到的问题：加工的时间是不是太长了。为什么要对这块大家伙翻来覆去地补补修修呢？为什么在吃它以前要等待这么长的时间呢？确实，要经过一个星期甚至更多的时间以后，蜣螂将蛋糕打磨得无比光鲜之后才决定开始享用它。

当蛋糕师把面团和好搅拌均匀之后，就把它聚在一起，放进和面槽的一个角落里。体积大的面团，蛋糕发酵的温度可以调整得更好。蜣螂深知蛋糕加工的这一诀窍。它把收集到的食物堆在一块，细心揉制，做成粗坯，之后再让它进行内部发酵，让粪团的味道变鲜美，并让它保持一定的硬度，以利于日后的制作。只要这道化学程序没有完成，女蛋糕师和她的小伙伴就会静静地等待。对蜣螂来说，这个等待十分漫长，大约要一个星期。

发酵完成后小伙计便开始把大面团分成小面团。女蛋糕师也在做着同样的工作。它用头盔上的大刀和前爪上的锯齿切开一个合适大小的圆槽口，随即切下一小块体积规则的面团来。切割动作干净利索，一刀即成，不需要多余的补补修修，完全符合要求。

现在就要加工这个小面团了。于是，蜣螂就用它那看上去并不适合做这种工作的爪子尽可能地抱住小面团，用它唯一可以使用的办法加以挤压。它非常认真而执着地在还未定型的粪球上不停地挪动着，上上下下，左绕右转，一板一眼地这里多压几下那里少压几下，之后便一直耐心细致地加以装饰。就这样干了二十四小时以后，凹凸不平的粪团终于变成了像梨子般大小的完美的球形蛋糕。在它那简陋的车间的一处，矮胖的艺术师几乎原地不动地完成了自己的创作，并且也一次都没动那个面团。经过精心细致的长时间工作之后，它终于完成了那个相当浑圆的球形的加工，而这是人们认为它不可能做成的事，因为它那不具天赋的道具以及局促的空间。

它还需要花很长的时间去细细改善、抹光那个球形，用爪子不断地温柔地抹，直到所有的突兀都给抹掉才行。看上去它那细心的涂抹好像永无止境。但是，将近次日的傍晚时分，它觉得这个圆球已经很合适了。蜣螂妈妈爬上这个建筑物的圆顶，开始在上面挤压，压出一个不太深的火山口来。最后它就宝宝产在这个小盆里。

随后，它用它粗糙的工具和极大的谨慎与惊人的细密将火山口周围聚拢，做出一个拱顶，盖在宝宝的上面。蜣螂妈妈缓缓地转动，一点点地聚拢，推向高处，把顶封好。这是所有工序中最棘手的。稍微压重一点，或者把拉得不到位，都可能危及薄薄的天花板下的虫宝宝。蜣螂妈咪有时停下封顶的工作，低着头，纹丝不动，屏息聆听洞内有何反常。

如果安然无事，耐心的女仆又干起来。她们一点点地从两侧往屋顶扒肥料，就这样屋顶渐渐变尖，变长。顶端的那个蛋形就这样代替了变成了球形。虫宝宝的孵化室就在有点凹凸的蛋形下方。这项精细的工作常常要花上一整天的时间。然后制作粪球，在粪球上挖出个小盆，在盆内产宝宝，把圆盆封顶盖住虫宝宝，加上这些工作一共需要四十八小时，有时还要更长一点。

蜣螂妈妈又回到了那个大蛋糕旁。它又切下了一小块，用相同的作法把它变成一个蛋形粪球，在另一个小盆中产下宝宝。剩下的粪球蛋糕还能做第三个，甚至第四个蛋形粪球。蜣螂妈妈在洞穴只堆积了一个肥料堆，根据我所看到的，最多也只够做四个蛋形粪球的。

宝宝产下后，蜣螂妈妈就待在自己那小窝里——里面满满当当地挤放着三四只摇篮，一个个紧紧地挨在一起，尖的一头朝上。它现在要去做什么呢？是不是要出去转转？是不是这么长时间没有进食，得恢复一下体力了呢？谁要是这样想那就大错特错了。它依旧待在窝里，自从它下到洞中，它就什么也没有吃过，更没有去碰那个大蛋糕——大蛋糕已经被均匀地分成几等份，将是它的后代们的食粮。在为后代着想方面，西班牙蜣螂牺牲自己的精神着实很感人，宁愿自己挨饿也一定不让后代缺吃少喝。

它这样坚持不懈地忍受饥饿还有另一个原因：它需要时时守护在摇篮周围。从六月末开始，由于大风雷雨以及行人的踩踏，洞就没有了。我所见到的几个洞穴里，蜣螂妈妈总是在一堆粪球边上打瞌睡，而在每个粪球里都有一条胖乎乎的虫宝宝在酣畅地大吃大喝着。

我的那些装满新沙子，做的不透光的花盆里的情况证明了我从田野上所见到的。蜣螂妈妈们从五月初一起和食物被埋进沙里开始就再没有在玻璃罩下的地面上出现。产完宝宝后，它们就在洞里隐居了；它们和那些粪球一起度过闷热的伏天，不容置疑，它们是在保护着那些摇篮，我把大口玻璃瓶盖子掀开亲眼目睹了这种场景。

直到九月份下过几场秋雨之后，它们才陆陆续续地爬到外面来。而在这时，下一代都已经成形了。蜣螂妈妈很开心地看到后代们长大了，这在昆虫界是罕见的天伦之乐。它听到自己的儿女们刮着茧子即将破壳而出；看见它如此精心地制作的保险箱被打破。要是地面的湿气没有让温室变得柔一些的话，它会走上前去帮那些出不来的儿女爬出来。然后妈妈和儿女们一同离开地洞，上来迎接秋高气爽的季节。

南美潘帕斯草原的食粪虫

跨越地球的每个角落，飞跃五湖四海，自北极到南极，见证生命在各种不同气候条件下的多姿多彩的变化，对于愿意考察研究自然奥秘的人来讲这无非是最美好的运气。我曾对鲁滨孙的充满刺激的漂流让我歆羡不已，曾经，我也怀着他那样的美好的幻想。然而，与周游世界那个美丽梦想相对立的却是日复一日的无聊的蛰居和郁闷的现实。巴西的原始森林、印度的热带丛林、南美大兀鹰喜爱的安的列斯山脉的崇山峻岭，统统缩成了一块块作为查探场的荒石地。

但幸运的是，我从不啧啧地抱怨这些让人无奈的事情。思想上的充实并不一定要经历长途跋涉。让·雅克①在他那金丝鸟生活的葱郁的树丛中采取植物；贝尔纳丹②·在德·圣皮埃尔的窗边，他偶然的在一棵草莓上看到了另一个世界；萨维埃·德·梅斯特尔③硬是用一把扶手椅作为马车在自己狭小的屋里做了一次相当闻名世界的旅游。

其实我也可以作这样的旅行，只是没有马车，因为在高茂的荆棘草丛中驾车实在是太困难了。我在荒石的周围上百次地一次次地绕行；又在一家又一家门前驻足，耐心地询问。无奈的是，隔这么长时间，我只能获得一丁点儿的答案。

不管多小的昆虫小村落我都非常的熟悉。这个小村落里，我了解到了螳螂休息的各种细枝，熟知了苍白的意大利蟋蟀在静谧的夏夜轻声歌唱的

---

① 即让·雅克：即卢梭，十八世纪法国思想家、文学家。
② 贝尔纳丹，十八世纪法国作家。
③ 梅斯特尔，十八、十九世纪间法国作家，代表作为《围绕我的房间旅行》等。

所有荆棘草丛；我认识了所有的小草，那些被蜜蜂这个棉花小袋编织师耙平的棉絮，我走遍了切叶蜂这个树叶的裁剪师随进随出的所有丁香矮树丛。

如果说踏遍荒石地的各个角落还不够的话，那我就跑得远一点，还能得到更丰盛的贡品。我绕过旁边的篱笆，在大约一百米处，我同埃及天牛、圣甲虫、蜣螂、粪金龟、蟋蟀、螽斯、绿蚱蜢等有了接触，总之我接触了很大一群昆虫部落，要一个人必须用尽他的一生才能了解它们的进化历程。当然，我很满足于与自己的邻居接触，非常的满足，用不着大费周折地跑到那么远的地方去。

况且，周游世界，把时间分散在研究这么多的对象上，根本就不是在研究观察。到处旅游的昆虫学者们可以将自己所搜集到的很多的标本钉在标本盒里，这是专业词汇分类学者和昆虫采集者喜欢干的事情。但是收集详细的资料却应另当别论。他们是在科学的世界里流浪的菲律宾人，没有功夫驻足停留。当他们为了研究更详尽得多的事实时，就可能要长时间地在一处停留，然而，他们必须立刻奔赴下一站上路。我们就不要再在这种状态下过多地去难为他们了。就将他们放在软地板上钉吧，就让他们浸泡在用塔菲亚酒①的大口短颈瓶中吧，就让他们把需时费力、需要耐心观察的工作留给有足够耐心的人吧。

这就是为什么除了了解一些专业分类词汇学者列出的乏味枯燥的关于昆虫体貌特征的知识以外，人类对于昆虫的历史的了解为何如此匮乏的原因。外国的昆虫数量繁多，无法计算，它们的生活我们无从知道。但是我们可以把我们自己亲眼见到的东西与其他地方同时发生的情况加以比较；看一看同一种昆虫在不同的气候条件下，它是怎样本能地变化的，这会是非常有意义的。

这时候，无法远行的遗憾再一次涌上心头，让我比以前任何时候都感到更加的渴望和无奈，除非我能拥有《一千零一夜》的那张魔毯，带我飞到我想去的地方。啊！神奇的魔毯啊，你一定比萨维埃·德·梅斯特尔的马车舒服得多。希望我能拿着一张往返机票，坐上你的身躯！

---

① 西印度群岛出产的一种甘蔗酒。

　　果然有这么一个位置是属于我的。这个令人意外而又惊喜的好运是基督教会学校的修士、布宜诺斯艾利斯市尔萨中学的朱迪利安教友为我带来的。他虚怀若谷，受他恩惠的人如果对他表示感激会让他很不高兴的。在这儿我只想说，按照我想要的，他的双眼替代了我的眼睛。他寻找，观察，发现，之后将他的笔记以及发现的资料全都邮寄给我。我们用通信的方法一同寻找，观察，发现。

　　幸亏有这么厉害的伙伴，我终于胜利了，让我在那张魔毯上有一席之地。我现在飞到了阿根廷共和国的潘帕斯大草原，期待着把塞里昂的食粪虫同另一个半球的竞争者的本领比较一番。

　　事情有了个非常好的开始！偶然间的相遇竟然让我无意间得到了法那斯米隆那美丽的周身黑中带蓝的昆虫。

　　雄性法那斯米隆的胸前是一个往下凹的半月亮形凹槽，肩部有锋利的翼端，额上长有一个可同西班牙蜣螂媲美的扁角，它的尾端呈三叉形。雌性却没有这一美丽的饰物，它只有普通的褶皱。雌性与雄性的头罩前部都有一个双头尖，定然是一个挖掘道具，同时也是用于割切的解剖刀。这种昆虫粗短、结实、显四角形，让人不禁联想到蒙彼利埃周围十分罕见的一种昆虫——奥氏宽胸蜣螂。

　　如果外形类似则也相应地具有类似的本领的话，那我们就该争分夺秒地把那个如同奥氏宽胸蜣螂加工的那件又短又粗的腊肠蛋糕归还给法那斯米隆。可是，每当考虑到本能的问题时，昆虫的体形结构就难以避免地会将人带入误区。这种爪子短小、脊背正方的食粪虫在加工葫芦的时候技艺超群。连圣甲虫都无法加工得这么像样，特别是大块头儿的葫芦。

　　这种短小粗壮的昆虫加工的制品之精美不得不让人拍案叫绝。这种葫芦加工得如此符合几何学标准，简直是无可挑剔：葫芦颈并不细长，然而却把优雅同力量完美地结合在一起。它可能是以印第安人按照葫芦的样子进行加工的，尤其是它的细颈半开，鼓凸部分刻有优美的格子纹络，那是这种昆虫的复骨的印记。它仿佛是一只大小超过鸭蛋的，用藤条嵌着的一只铜壶。

　　这真是一件非常奇特而稀有的极品，特别是这竟然是出自一位外形笨拙、粗短的"工人"的手。这再一次说明了艺术家并不是优良的道具造就的，不管是人还是虫，全是这么个道理。诱导加工工匠完成这完美作品的有比工具更重要的东西：那就是"头脑"——昆虫的聪明才智。

法那斯米隆不仅对困难不屑一顾，它还对我们的分类学嗤之以鼻。一提食粪虫，人们都会把它看做牛粪的疯狂追求者。可法那斯米隆之所以如此狂热地热爱牛粪并不是为自己食用也并非为了自己的后代们享用。我们经常会看到它潜伏在家禽、猫、狗一类的尸骨底下，那里有它需要的尸骸的血液。我刚才所说那只葫芦就是在一只小狗的尸骸下面发现的。

这种埋葬虫的胃口和圣甲虫才能的组合任凭人们如何看待吧。而我，不愿去解释这种现象，因为昆虫的一些喜好让我疑惑不解，谁也没办法仅仅依据其外貌就判断出他们的喜好。

我知道在我家周围就有住着一种食粪虫，它也是尸骨残骸的唯一的享用者。它就是粪金龟，是死兔子和死鼹鼠的常客。只是，这种侏儒殡葬工并不会为此而歧视粪便，它和其它的金龟子一样照吃不误。可能对饮食它有着两套标准：香甜的球形奶油蛋糕是提供给成虫的，而稍微发臭的腐肉这带有浓浓味道的食品则是为虫宝宝准备的。

在口味方面，同样的情况在其它的昆虫中也一样存在。捕食性膜翅目昆虫用花朵底部的蜜填饱肚子，但它却用野味的肉喂饱自己的儿女。同一个胃，先吃野味肉，后吸取糖汁。这种胃囊的变化一定会在发育过程中产生吗？然而不管怎么说，这种胃和我们人的胃相似，年轻时喜欢吃的食物到了晚年就对它厌恶了。

让我们细细地了解一下法那斯米隆的艺术品。我弄到的那些葫芦全部干透了，坚硬得就如石头一般，颜色也变成了浅褐色。用放大镜细细观察，不管是里面还是外面，都没有发现一点儿木质碎屑的遗留，这些木质碎屑是青草的一个见证。这样看来，这奇怪的食粪虫既没有利用牛屎饼，也没有利用任何类似的肥料。它是用其它的材料加工自己的作品的。是什么材料呢？让人捉摸不透。

我把葫芦放在耳边轻轻摇晃，有轻微的声响，好像是一个干果壳里的果仁晃动时发出的响声一般。葫芦里是不是有一只因干燥而萎缩了的虫宝宝呢？我以前一直是这样认为的，可我猜错了。那里面有比这更好的东西，着实让我开了眼界。

我小心翼翼地用刀尖挑破葫芦。我的三个标本中最大一个的内壁竟厚到两厘米，在一个同质的匀称内壁当中，镶着一个圆圆的仁儿，不大不小正好填充在内壁洞孔里，但却可以随意地摇动，与内壁丝毫不粘连，这就是我晃动时就听见的声响。

就外形与颜色而言，外壳与内核看起来并没有不同。但是，把内核砸碎，仔细观察碎屑，从中细细地搜寻到一些绒毛絮、碎骨、细肉块、皮肤片等等，它们全部淹没在像可可奶一样的土质糊状物里。

我将这种糊状物放在放大镜下进行筛选，将尸骸的残骸去除了以后，放在红红的木炭上一烤，它立刻就变成黝黑的了，一层胀鼓的亮光物附着在表面，并散发出一阵令人窒息的烟，很轻易就能闻出那是烧焦的动物骨肉的味道。这个仁儿浸透了腐尸的血液。

外壳被我进行了相同处理后，也变成了黑色，但颜色没有仁儿那样深，也不怎么放出呛人的烟。外表也没有覆盖一层发亮乌黑的鼓胀物。而且它不含有内核所含有的那些腐尸的碎片之类的东西。内核与外壳经过烧烤后剩下的残留物都变成一种细细的红黏土。

在分析观察之后，我们知道了法那斯米隆是怎样进行蒸煮的。它们喂给虫宝宝的食品是一种特殊的酥油饼……肉馅是用它头罩上的两把解剖刀和前爪的齿状大刀把尸骸上能剔出来的所有东西全都剔出来做成的，有下脚毛、捣碎的骨头、绒毛、细条的皮和肉等等。一开始，这种烤野味的作料拌稠的馅呈细黏土冻状，浸透着尸骸的肉汁，而现在硬得像砖头。在风干以后，酥油饼的糊状外表变成了黏土硬壳。

最后，这位蛋糕师傅对它的作品进行了包装，用圆花饰、甜瓜筋囊、流苏加以简单却别致的修饰。法那斯米隆在厨艺美学方面显然很在行。它把酥油饼的外表做成完美的葫芦状，并修以指纹状的纹饰。

这种外壳在肉汁中浸泡的时间太短，没办法食用，因此并不受法那斯米隆的偏爱。随着虫宝宝长大，胃变得结实的时候，它们就能消化粗糙的食物了，那时候它倒是可能会刮点内壁上的东西解饿。只是，总的来看，直到虫宝宝长大能出走以前，这个葫芦会一直完好无缺。它不但在最初是保护油饼新鲜的守护神，并且始终是栖身其中的虫宝宝的安全襁褓。

紧挨着葫芦的颈部的糊状物上部，被修理成了一个黏土内壁的小圆房，这是整个内壁的延伸部位。一块相同材料制成的相当厚的地板将它同粮食隔开。这就是孵化室，宝贝就产在那里，在那里我发现了虫宝贝，可惜已经干了。虫宝宝就在这个孵化室里诞生，它们首先必须打开一扇阻隔在孵化室和食物之间的活动门，才能顺利地爬到那个储存食物的地方。

虫宝宝就在那块食物上端并与它并不相通的狭小的小保险箱里诞生了。新生虫宝宝必须很快地通过自己的努力钻开那罐头食品盒盖。之后，当虫宝宝待在那罐头食品上部时，我果然在地板上发现了一个大小正好能让它钻过去的洞。

在这块美味的牛肉片上，裹着很厚的一层陶质覆盖层，以确保这份食物根据长时间孵化的需求，能够长时间地保持新鲜。它们是怎样做到的呢？我仍弄不明白。宝贝在同是黏土质的小房里安然无恙地待着，毫发无伤；到此时为止，一切都很完美。聪明的法那斯米隆深谙构建防御工事的秘密，它深知如果食物过早地发干会有什么样的危险。接下来要解决的是胚胎呼吸的需要问题了。

在呼吸这个难题的解决上，法那斯米隆也是匠心独运，智慧超凡的。葫芦颈部沿着轴线打通了一条通道，这条通道顶多只能插进一根细麦管。在里面这个闸口开在孵化室顶部最高的地方，在外面则开在葫芦把的末端，呈喇叭状微微张开着。这便是通风管道，它相当狭窄，常落灰却阻而不塞，恰好阻止了外来的侵略者。我敢说这绝对是最简单且绝妙的精品。如果说这样的一个建筑会带来一定的结果的话，那就是让人们不得不承认盲目的偶然有时候却具有一种超凡的卓识远见。

这种反应慢的低智商昆虫是怎样建好这项在人类看来都相当困难、相当复杂的工程的呢？当我以一个局外人的视角观察这南美潘帕斯草原的昆虫时，只有上面讲的这个工程结构在指引着我。从这个工程构造可以比较精确地推测出这个建筑师所运用的办法。所以，我就这样对它工作的进度情况进行了大胆的假设。

想象它先是碰巧遇到了一具小昆虫尸骸，尸骸的渗液使下边的黏土变软。于是，它依据软黏土的大小多多少少地收集起来。收集的多少并没有明确的限制。如果这种软黏土非常多，收集者就扩大消费，粮库也就更加的坚固。如此一来，造好的葫芦就相当的大，大得甚至超过鸭蛋的大小，并且还有一个两厘米厚的外套。可是，模型师却无法驾驭这样一堆超出它的能力范围的材料，所以制作得不是很好，一看就是出自非常笨拙艰苦的劳动。如果软黏土十分稀少，它就非常精打细算，这样它动作也会自然很多，做出来的葫芦反倒齐整匀称。

从它的形状推测，那黏土可能先是用前爪的按压和头罩的加工变成球形，再挖出一个又宽又厚的盆形。蜣螂和圣甲虫也都是这样做的，它们在圆粪球的顶端挖出一个小盆，在最后给蛋形或梨形打光以前，把宝贝产在小盆里。

在这第一道工序中，法那斯米隆仅仅是一个陶瓷家。无论黏土被尸骸渗液浸润地有多不充分，只要具有可塑性，无论什么黏土对它来讲都是可塑的。

接下来，它将要化身为肉类制作师了。它用它那带锯齿的大刀又撕又拽地把尸体上的一些碎细小块锯下来，把它认为最符合虫宝宝口味的部位弄下来。之后，它把这些碎片全部收集到一块儿，然后把它们和脓血最多的黏土搅和在一起。这一切搅拌得相当均匀，就地做好了一只圆粪球，不须挪动，就同其它食粪虫加工自己的小粪球一样。补充一点，这只粪球是依据虫宝宝的需求量身定作的，不管最后那个葫芦有多大，它的体积都不会有太大的改变。

现在酥油饼大功告成了。它被小心地放入大张开口的黏土盆里藏好。它没有受到挤压，不会和它的外表有一点粘连，可以自由运动。这时候，陶瓷加工的工作又开始了。

为给肉食做好模具，昆虫使劲挤压黏土盆超厚的边缘，最后用一层很薄的内壁将肉食的顶部包裹住，而剩下的部分则由一层超厚的内壁裹着。在顶部的内壁上，特意地留了一个环状软垫；这儿内壁的厚度与将来从顶部钻洞进粮库的虫宝宝的个头成正比。随之，它们将这个环状软垫压模成一个半圆形的窟窿，以后宝贝就产在里面。

最后，通过挤压黏土盆的周围，使它慢慢封口，形成孵化屋，葫芦就基本做好了。高超技术对这道程序来说尤为重要。在做葫芦把的时候，一定要一边紧压肥料，一边沿着轴线留出细小的通道作为通风处。

我觉得建造这个通风口非常困难，因为计算稍稍有点误差，这个狭小的口子就会马上被堵住。如果缺少一根针的帮助，即使是我们最厉害的陶瓷师中最最手巧的师傅，也是无法完成这件作品的，它把针先插在里边，完工后，再把这根针取出来。这种昆虫是用关节连着的活的机器木偶，在它自己都未曾预料到的情况之下，就不经意地挖出了一条穿过大葫芦把的通道。如果它预料到了，或许就不会这么做了。

加工完葫芦之后，就得对它进行装饰了。这是一件既费时又费力的工作，要使曲线流畅完美，并在软黏土上留下深浅均匀的记号，就像以前陶瓷匠的拇指尖在它大肚双耳坛上留下的记号一样。

装饰完成，这件作品就算完工了。接着，它就要将爬到另一具尸骸下面开始又一次的施工，因为一个洞穴只能放得下一个葫芦，多了不成，就像圣甲虫加工它的梨形小粪球一般。

粪金龟的贡献

食粪虫以成虫的形态完成一年的轮回，这在昆虫世界里非常少见。在第二年欢乐的春天中由自己的后代们簇拥在跟前，此时家里添了人口，家人的数量翻了一两倍。一个娄唇下面，就能看见成千上万的屎蜣螂和蜉龟。那么多的小家伙，几乎可以用小铲子来收集了。

现在，我还是忍不住要为这群家伙们惊叹，正如从前，食粪虫家族之兴旺与其他昆虫之稀少令我惊叹一样。如果重新背上捕昆虫的皮袋，进行曾带给我欢乐的研究的话，那么，在发现其他昆虫之前，我一定会把圣甲虫、西班牙蜣螂、粪金龟、屎蜣螂等昆虫装满我的皮袋。五月到来之后，处理垃圾的昆虫就占了主导地位；炎热的七八月到来后，田野里的生命活动经受不住高温的考验都停止了，许多昆虫一动不动地待在地下。但是，这些开发、处理肮脏粪料的家伙们，却一直一刻不停地忙碌着。和同时期的蝉一样，在炎热的夏天里，它们几乎是生命活力的象征。

除了某些群居的昆虫以外，其它昆虫也是这样。群居昆虫的母亲能够独立或在仆人陪伴下存活下来。规律是具有普遍性的：昆虫生来就是失去双亲的孤儿。可我们要说的这种状况却是一种让人意外的反常情况：一文不值的滚粪球匠却逃过了那种扼杀高贵者的残忍规律。年长的食粪虫得以安享晚年，成了长寿老，而且鉴于它所做的贡献，它也的确当之无愧。

公共卫生要求在短时间里把所有腐烂物全部清理干净。法国到现在为止依然没有解决它那严峻的垃圾问题，这早晚会变成关系到这座巨大城市生死存亡的大问题。大家在担心着，这城市之光会不会有一天被土壤里包含的腐烂物散发出的恶气给熏得熄灭了。居住着庞大人口的大城市虽拥有不尽的智力财富却也有无法解决的问题，而这些问题一个小小的村落却不用花钱不用费力操心就能解决了。

大自然对乡村的卫生清洁注入关爱，但对城市的安逸却漠不关心，虽说还算不上是带有敌意。神奇的大自然为田野乡间创造了两种清洁工，什么也不能让它们为之倦怠厌烦、懒散疲劳。第一种是葬尸虫、苍蝇、食尸虫类、皮蠹、阎虫科，它们专门负责解剖尸骸，把尸骨分离切碎，然后在自己的胃里把烂肉碎尸消化掉再还给大自然。

一只鼹鼠不小心被农具划破肚皮，它已经发紫的内脏把干净的田间小径弄脏；路人将一条休息在草地上的蛇踩死，这个傻蛋还以为自己是兴利除害；一只还没长毛的鸟宝宝从窝里重重地摔下，落在托着它的窝的大树下边，可怜兮兮地摔成了肉饼。成百上千的这种碎肉残尸到处都是，如果不尽快加以清除，那么臭气将会成为巨大的公害。但我们也不用恐惧：这种尸骸一旦在某地出现，勤劳的小收尸工们就会立刻赶到。它们随时对尸骸进行处理，掏空残肉内脏，吃得只剩下骨架子，或者至少把尸骸弄得像一具干尸。要不了一天，死去的鼹鼠、游蛇、鸟宝宝们就消失地无影无踪了，美丽的环境又恢复了。

第二种清洁工也同样热情高涨。为了清理卫生，城市里往往在卫生间里用氨水消毒，气味刺鼻，而农村里的卫生间就用不着洒氨水。农民想独自一人时，一丛荆棘、一道藩篱、一堵矮墙便可将自己隐藏起来。不用多说，你都知道这人在那里做什么。当你在那一缕缕长生草、很厚的青色苔藓以及其他美丽的东西装扮的旧瓦陈砖的吸引下，走近一堵看起来像为葡萄培土的矮墙角时，天啊！在这漂亮的隐蔽处跟前，是一大堆什么东西呀！你撒腿就跑，青苔、长生草、苔藓等等都吸引不了你了。当你有兴趣次日再去原地瞅一瞅时，那堆东西神奇般地消失了，那块地方变得干干净净：一定是食粪虫路过这里。

防止常出现的那些有碍视线的东西被人看到，是这些勇士们最不起眼的责任了，它们肩扛的是一项远比这高尚的使命。科学向我们证明，人类遭遇的最恐怖的各种灾难都能在微生物中找到罪魁祸首。微生物和霉菌类似，属于植物界的超边缘的生物。在可怕的流行病暴发时期，这些恐怖的病原菌在各种动物的排泄物中大量地加速繁殖。空气和水这两种生命的重要元素被它们不断地污染着；它们散布在我们的食物、衣物上，把疾病传播开。只要是被这些病原菌污染了的东西通通都要用土深埋，用消毒杀死，用火烧掉。

为了保险起见，绝不能让垃圾堆积在地面上。虽然我们不清楚垃圾是否无害是否危险，但最好还是把它们消灭掉。早在微生物让我们懂得这种警惕性是多么必要以前，聪明的古人似乎就已经清楚了这一点。东方民族比我们更容易受到传染病的危害，因此在这方面他们早就掌握了一些确切的规律。虽然摩西①是古埃及这方面科学的传播者，但当他在自己的国度在阿拉伯沙漠中流浪的时候，就已经在法典中明确了处理的办法。他说道："为了解决自己的内急，你便走出营地，拿上一根尖头棍子，在沙地上挖个小坑，最后用挖出的沙子把你的污秽物掩埋藏起来。"②

这种简单的处理办法当中透着重大的意义。不可否认，假如在大规模朝觐克尔白圣庙③期间，伊斯兰教能够采用这种办法以及其他一些类似的办法处理废弃物的话，麦加就不会年年都成为霍乱的源头，欧洲在红海两岸设以防止瘟疫蔓延的做法也会显得多余。

普罗旺斯农民也同自己祖先中的阿拉伯人一样不讲卫生，根本不考虑这方面的危险。幸好，摩西训诫的忠实执行者——食粪虫一直为此不懈地辛苦耕作着。掩埋、消灭带菌物质全都是它的工作。以色列人一有内急要解决就在腰里别着一根尖头棍跑出营地，而食粪虫也同时赶到，带着比以色列人的尖头棍更先进的挖掘道具。解手的人一撒，它就迅速挖出一个井坑，把脏物埋掉，让它不再产生危害。

这帮掩埋工所作的工作对于野外的环境卫生意义非凡。而我们——这种净化工作的主要受益人——反而有点看不起这些小勇士，还用难听的话说它们。做了好事，不被人理解，反遭坏名，被石头打死，被人用脚碾死。看来这已经成习惯了。刺猬、蟾蜍、蝙蝠、猫头鹰，以及其它一些为我们服务的动物便是明证，它们对我们没什么要求，只是希望我们多少有

---

① 《圣经·旧约·出埃及记》记载摩西为古代以色列先知，他率领埃及的希伯莱人离开埃及。

② 参见《圣经·旧约·出埃及记》。

③ 位于麦加城大群陵庙中心的克尔白圣庙：的建筑，为穆斯林教徒的圣地，一生中必须至少来此祈祷一次。

点善心。

那些污秽物肆无忌惮地暴露在阳光下，而在我们这一带，保护我们不受伤害的，最英勇顽强的勇士就是粪金龟。这并不是因为它们比其它的埋粪工勤快，而是因为它们有一副好的身板，能干苦活累活。再说，当它们需要稍稍恢复一下体力时，便喜欢对我们的脏物下手。

我们周围有四种粪金龟在做这种工作。有两种（野生粪金龟和突变粪金龟）比较罕见，我们也就不费时去研究、观察它们了；反之，另外两种（伪善粪金龟和粪生粪金龟）倒是很常见。后两种粪金龟背部油黑，胸前都穿着华美的礼服。看到专门掏粪的工人竟穿得如此美丽，我失语诧异了。粪生粪金龟面部的下边像宝石般闪亮，而伪善粪金龟的面部下边则闪耀着金灿灿的光芒。我养的就是这两种粪金龟。

首先，我们来看看它们作为掩埋工都有哪些厉害的技术。笼中一共有十二只粪金龟，两种混在一块。笼子里原来就放了很多食物，这一次我事先把所剩的食品全都清理掉了。想算算一只粪金龟一次能掩埋多少东西。落日时分，我把骡子刚堆在我家门前的一堆粪便放进笼子里去给那十二个囚犯。那堆粪便不算少，够装上一篮子的。

第二天清晨，那堆骡粪全都被埋在地下了。地上基本上什么也没有了，最多剩下些碎渣渣什么的。因此我可以大概估算出：按每只粪金龟都做了相同的工作量来计算，它们平均每人掩埋了大概有一立方分米的粪便。凭借它们那瘦小的身躯，又得挖洞又得搬运，真是叫人惊叹：这可真像泰坦做的工作呀。而且，仅仅用了一个晚上就完成了。

它们存粮如此丰富，是否就守着财富待在地下不动了？绝不是这样的！现在正是时光大好。黄昏来临，宁静温馨，正是心情舒畅、精神振奋的时刻，正是去大道上觅宝寻物的时候，因为此时路上正有牛羊群放牧归去。我的住客们告别了地窖，返身回到地上。我听见它们簌簌地在爬栏杆，莽撞地撞到壁板上，傍晚时的这番热闹气氛我是早知晓的。我白天已经收集好了与前一天一样丰富的食物，正好拿来给它们喂食。到了夜间，这一大坨食物又都不见了踪迹。次日，地面上又清清爽爽的了。只要夜色美好，只要我有充足的东西满足这帮永远不知满足的敛财奴，这种情况就永远会持续下去的。

尽管它的食品已经相当丰富，粪金龟还是会在日落时候离开已储藏的食物，在太阳的余晖中游玩，并去寻找新的开发工地。对于它来讲，好像那些已经得到的并不算什么，只有还没得到的才最有价值。那么，在每个傍晚的美好时刻它更新的粮食仓库，它到底用来做什么呢？很显然，粪金龟一夜是无法享受完这样丰盛的食物的。它储存的食物多得已经不知道如何处理了；它只知道不停地累积，却没有完全利用好；而且，它还总不能满足自己那满仓的粮，每晚还在忙着往储藏室里不断地运送粮食。

它随处都能建造仓库，每天只要遇到一座仓库就能在那里弄点吃的吃上一顿，吃不了的就剩在那儿。从笼子里喂养的那几只粪金龟来看，它们那种掩埋的本领的需要要比作为消费者的食欲更加紧迫。笼子里的地面在上升，我必须随时把它整平。把土堆挖开，便发现坑井中堆满了厚厚的粪便，一点都没动。原来的泥土已经成了土和粪的结块，难以分开。如果我要继续观察而不造成太大偏差，就得大加清理才行。

想要把结块中的粪便分离出来，总免不了失误，要么分出来多了，要么分出来少了，很难与定量一样，但从我的观察中，明白有一点是没错的：粪金龟是充满热情的掩埋工，它们往地下运送的食物远远大于它们日常的需要。这样的一种掩埋工作是在很大一群出力大小不同的合作伙伴的劳动大军的合作下完成的，所以很显然，土壤的净化在相当大的程度上可以得到实现，而且只有有这么一支义务劳动的劳动大军默默地做着贡献，公共卫生的保持才能有希望，这是值得欣慰的。

此外，植物及它的连锁反应下连带的很大一批生物也能于这种掩埋工作中得益。粪金龟掩埋到地下并于次日抛弃的那些东西并没有消失，更没有丧失其利用价值。在世界的结算中是什么都不会丢失的，清单的总数是不会改变的。粪金龟埋起来的小块软粪便会滋养周边的一小簇禾本植物。一只绵羊路过这儿，吃掉这丛青草。羊儿长得又肥又壮，人也就有了可以享用的美味羊腿。粪金龟的辛勤劳动为我们带来了一块鲜嫩美味的肉块。

九十月份，当前几场秋雨浸透了土壤时，圣甲虫好容易打破出生的牢笼，而此时伪善粪金龟和粪生粪金龟也开始建设自己的家园，这住宅建造得十分简陋，有辱这些挖土工功臣们的美誉。如果仅仅是挖掘一个避难场所以预防冬季的严寒，粪金龟倒也没有辜负挖土工之美誉：在井的深度、工程的速度和完美方面，无人能与它匹敌。在沙土地和易挖掘的土地上，我曾经发现一些洞深竟达一米的洞坑，有的挖得更深。因为我没有耐心，而且工具也不合手，也就没有去挖挖看究竟有多深。这就是粪金龟，熟练的挖井工，无人能及的打洞者。如果地冻天寒，它就可以躲到不用担心霜冻的地底下。

但是，建造后代的住宅又是另一回事了。美好季节转瞬即逝；如果要给每只宝贝准备一个这样的地堡，时间是不够的。想要挖掘一个深洞，粪金龟就不得不用上冬天来临之前的所有空余时间，别无他法。要使避难所非常安全，它就得全身心地投入到建造房屋上，暂时放下别的事情。可在产宝贝期间，是不可能这么辛勤地工作的。时间过得非常快。它必须在四五个星期内给那么多的后代住的吃的，因此没法长时间地去挖深井。

粪金龟给它的虫宝宝挖的地洞并不比西班牙蜣螂和圣甲虫挖的深太多，虽然季节不一样。从我在野地里所发现的那些地洞来看，也不过三十厘米左右，尽管那里土质松软，挖多深都可以。

这种简陋的住处看起来就像一段长度不超过二十厘米的腊肠或血肠。这段腊肠差不过都是不规则的，有时候弯曲，有时又有些凹凸不平。这种不完美的情况是由于石头地的起伏高低导致的，即使粪金龟是直线的挖掘工，也没办法总是按照自己的艺术准则去挖掘。于是，紧贴着地道的食品也就很诚实地凸现了其模具的不规则性。腊肠底部是圆的，和地洞底部一样。这圆圆的底部就是孵化室，大概可以放下一只小开心果。因胚胎的需要，室的侧壁非常薄，空气能轻易地透进。在孵化室里，我看到一种发亮的带点绿的黏液，那是疏松多孔的粪核的半流质状物体，是粪金龟妈妈喂给新生宝宝的第一口食物。

宝贝就睡在这个圆圆的封闭小屋里，与四周没有任何接触。宝贝是白色加长椭圆形状的，和成虫的体积相比，宝贝的体积已经很大了。粪生粪金龟的宝贝宽四毫米多，长七八毫米，比粪金龟宝贝的体积稍微小一些。

朗格多克蝎的生活

在解决生活中的问题时，求助科学书籍往往是不会有太大的收获的。这时候，应不知疲倦地与事实进行讨论，这比翻阅书籍有用得多。更多情况下，无知反而更好，脑子可以自由思考，没有先入为主，不致于陷入书本所给的困境。我刚刚再一次地体会到这一点。

曾经有一篇出自高人之手的解剖学文献，告诉我说，朗格多克蝎在九月份有家庭之累。哎！如果我没阅读这篇文章多好！至少在我们地区的季候下，朗格多克蝎的繁殖期是远远地早于文章中所说的月份。不过，好在我没太受这篇文章的影响，要不然如果我傻傻地等到九月份，就什么也见不到了。我苦苦地观察了三年，等得疲惫不堪，心灰意冷，却还是没有看到我所期待的非常有趣的那个场景。环境并没有任何反常，可我却莫名其妙地错失良机，白白地浪费了一年光景，甚至我都想放弃对这个问题的探究。

没错儿，无知也许有益，抛开老路，可能会有新的发现。一位著名大师他曾这样教导过我就不要太相信已知的书本知识。有一天，巴斯德①没有事先通知，突然按响我家的门铃，就是那位很快就远近闻名的巴斯德。我当时早就听说过他，拜读过这位学家有关酒石酸不对称结构的著作了，也怀着浓厚的兴趣关注着他对纤毛虫纲生育问题的研究。

每个时代都有它的科学的奇思妙想。比如我们当今有进化论，而在那个年代却有自生论。巴斯德硬是凭着自己人为决定它有菌无菌的烧瓶，按照自己那简单而严谨的精妙实验，彻底打败了一个无理的谬论，根据这一

---

① 十九世纪法国生物学家、化学家，他是现代微生物学的奠基者。

谬论，腐败物内部的某种冲突性化学反应能诱发出生命来。

我知道那个被巴斯德成功地澄清的有争议的问题，所以我十分热情地欢迎了这位有名大师的到来。他跑来找我主要是想请教我几个问题。我幸运地能享有这份不敢当的荣幸，应归功于我在化学和物理上的同行身份。哎！只可惜我只不过是他的一个小而无闻的同行罢了！

巴斯德巡视阿维尼翁地区的目标是为了了解养蚕业。多年来，养蚕场一片恐慌，被一些莫名的灾害弄得凌乱不堪。蚕宝贝们没来由地发生溃烂，然后变硬，变成一些像石灰膏壳一样的蚕仁硬皮豆了。蚕农们没办法，眼看着自己的一项主要收成都没了，付出那么多钱财和心血，却落得个心痛地把一屋屋的蚕扔进粪料堆里去。

我们就猖獗的灾难进行了一番交流，谈话开门见山：

"我想看看蚕茧，"来访者说，"我还从来没有见过蚕茧，只是听说过它的名而已。您能帮我弄一些来瞧瞧吗？"

"这很简单。我的房东就是做蚕茧生意的，就住我们对门。请您稍等一下，我去帮您要一些来。"

我飞快地跑到邻居家里。我将衣兜里装满了蚕茧后回来，把蚕茧拿出来给大学者看。他轻轻地拿起一个，在手指间翻来覆去地观察，那个好奇劲儿，就像我们在看一件来自海角天涯的异物一样。他放在耳畔晃了晃。

"还响呢！"他特别惊诧地说，"里面还有东西。"

"当然。"

"什么东西呀？"

"蚕蛹。"

"啊，蚕蛹？"他疑惑地问。

"对，是一种木乃伊样的东西，虫宝宝在里面悄悄地变化，直到变成蝴蝶。"

"所有的蚕茧里面都有这个东西吗？"

"当然，蚕吐丝做茧的目的就是为了保护蛹的。"

"哦！"他会意的点了点头。

他没再说什么，就把蚕茧揣进衣袋里了，大概是留着等有空的时候去研究蚕蛹这个重大的新生事物。他这种胸有成竹的自信让我惊讶。巴斯德不了解一丝蚕、茧、蛹变形的知识，却前来为蚕企求新生。古代的体育老师们出场表演时往往是什么都不穿的。我们的这位勇敢地与养蚕业的灾难斗争的神奇勇士们也一样，赤裸着跑向角斗场，也就是说他对要救助的那种昆虫连最基本的了解都没有。我为之惊叹不已，而且远不止如此，我为之征服。

所以对下面的问题我就不感到那么奇怪了。巴斯德当时还关注另一个问题，就是通过加热增大酒的质量的问题。他突然转换到这个话题，说道：

"带我瞧瞧您的酒房，好吗？"

带他看我的酒房？我那寒酸的酒房？凭我那一点点当老师的微薄工资我连酒都喝不起，所以我常常自己抓把苹果和红糖丝放进一只坛子里发酵，给自己弄点酸了吧唧的劣质苹果酒解解馋！我的酒房！竟然要看我的酒房！为什么不看看我的一桶桶陈年佳酿呀！我的酒房！那还能被称作酒房吗？！

我感到特别的狼狈，支支吾吾地躲闪，试图转换话题。但是他却不肯罢休，说道：

"请您带我看看您的酒房吧。"

他一直这么坚持着，我无法拒绝了。我用手指指厨房角落里那一把没有椅垫的凳子，上面蹲着一只容量有十二斤左右的破旧的大肚坛子。

"那就是我的酒房，先生。"

"这就是您的酒房？"他很诧异。

"是的，我没别的酒房了。"

"都在这里了？"

"嗯！是的，都在这里了。"我能想象自己当时窘迫的样子。

"噢！"

他没再说什么。学者没有发表任何意见。看得出来，巴斯德并不了解这种被老百姓称为"疯奶牛"口味的菜肴。虽说我的酒房——那把可怜兮兮的旧凳子和拍着空空响的大肚坛子——没有就利用加热来抑制发酵的问题发表意见的话，但它却强辩地触及到了我那位相当有名的来访者貌似并不了解另一件事情。一种微生物逃过了他的眼睛，而且是微生物中最恐怖的一种：这种微生物专杀意志坚强的厄运。

尽管出现了酒房这一让人扫兴的插曲，但我仍对他那镇定自如的自信深深折服。他一点儿也不了解昆虫的蜕变，这是他平生第一次看到一只蚕茧，并知道这只茧里有东西，那是将来蝴蝶的雏形。这些我们南方农村小学一年级的小朋友都知道的事他却全然不知。然而，这个问了一些稀奇古怪的问题的大专家，不久却让养蚕场的卫生状况发生了令人震惊的变化；同样，他也将推动医药和公共卫生的历史性变化。

他的武器就是思想，不拘于细枝末节而凌驾于全局之上的宏大思想。对他来说，变形、宝贝、若虫、蛹虫、蚕茧、蛹壳等等这些昆虫学的数万种小秘密没什么要紧的！在他思考问题的过程中，不知道这些或许还更好一些。这样，他能更好地保持其独到见解，乃至大胆地超越；其行动摆脱了已知东西的牵绊，变得更加自由。

受到巴斯德晃动蚕茧细听后的惊讶表情这一绝好范例的鼓励，我便为自己立下了一个信条，将无知的这种办法运用在我对昆虫本能的研究上。我很少看书。与其用查阅书本这种我力不从心又消时费力的方法，或向别人请教，还不如自己坚持不懈地与自己的研究对象亲密地接触，直到让它们乖乖地开口讲话为止。我什么都不知道，这反而更好。我的探寻将更加的自由，可以根据已知的启迪，今天从这个方面去研究，明天又从反向去推断。但是如果我偶然翻开一本书，便有心地在自己的思绪中留下一个向质疑敞开的大门，因为我所走的道路上长满了荆棘和蒿草。

因为一直没这么去做，我差点儿浪费了一年的光景。就是因为太相信书本，在九月以前，我从没想过朗格多克蝎的家庭会出现，而在七月里我却无意间发现了这个家庭。实际日期与预知日期之间的差距，我把它归咎于气候的差异：我现在是在普罗旺斯进行观察，而曾经为我提供资料的雷翁·迪弗尔①则是在西班牙观察的。尽管这位大师是有很大的威望，我还是应该多留个疑问的。而我却没有这么做，以致差点儿错失良机。幸好，那普通的黑蝎子之前并没有这样告诉我有关它的家庭的事的。看！巴斯德不认识蚕蛹真是好极了！

①　瑞士的一名博物学家。

　　一般的黑蝎子比朗格多克蝎块头儿小，而且比后者安静，我一直把它们安置在一些小的大口瓶里，放在我工作室的桌子上，用于参考。这些瓶子不占地方，也便于观察，所以我每天都会瞅瞅它们。每天清晨，在往记录本上记录情况之前，我总要轻轻掀起为它们遮蔽身体用的硬纸板，看看前一晚夜里发生了什么事。这样的观察在大玻璃笼子里就很难做到，因为大玻璃笼子里有很多的小格间，必须大费周折才能一一地进行检查，而且完成检查后再恢复原状也很困难。而用小的大口瓶装黑蝎，检查起来就方便得多了。

　　有一天，突然我眼前一亮，看到母蝎背着一群小蝎。那是七月二十二日早上六点钟左右的事了。当我掀开硬纸板遮盖物时，竟然看见一只黑蝎妈妈背上背着一群小蝎，好像脊背上披着一件厚厚的白色短大衣。顿时我感到一种温馨、满足和甜蜜，而这种时刻是观察者很难遇上的。这是我平生第一次亲眼看见黑蝎妈妈背着自己小宝贝们的珍贵画面。黑蝎妈妈是刚生产的，大约是前一天晚上的事，因为前一天它身上还是油光滑亮的。

　　接连不断的好事在等待着我：次日，又有一只黑蝎妈妈披上了相同的白色短大衣；第三天，又出现了两只披着白色短上衣的黑蝎妈妈。总共有四只。这比我所期望的要多。有四个黑蝎家庭的陪伴，再加上几天安静的日子，可以说我是颇感生活的美好。

　　特别是好运还总是接连不断。当我发现了小的大口瓶中的巨大收获之后，便马上想到大玻璃笼子。我在思考朗格多克蝎是不是和黑蝎一样早熟。我顿时醒悟，赶快跑去查看。

　　笼中的二十五片瓦都被掀开了。果然大有收获！虽然我都一副老骨头了，但我此刻却突然觉着硬化的血管里有二十岁的青年的热血在沸腾。在二十五块瓦片中的三块下面，我发现了蝎妈妈带着她的孩子们。有一只的儿女们已经长大了，大概有六七天大了，这是我后来继续密切观察才弄清楚的；另外两只则是刚生产不久，大概就在前一天的夜里，从蝎妈妈的大肚皮下面还精心地存留着的一些残留物不难看出来。我们一会儿就要瞧瞧这些残留物是怎么一回事。

　　七月、八月、九月都过去了，我没有更多的收获。因此，可以认定两种蝎子的生育期都在七月末。七月份过去以后，一切就都结束了。然而，大玻璃笼子里养的那些蝎子中，还有一些母蝎同已经为我生过蝎宝贝的母蝎一样大肚子。我原渴望它们还能给我添人进口，因为种种迹象都给我无限的期望。冬天来了，它们中没有一个满足了我的愿望。看上去立刻就要实现的事情却硬是拖到了来年：这再次证明它的妊娠期很漫长，而在低等生物中，这种情况是非常罕见的。

我把每只母蝎及其蝎宝贝移到方便我细细察看的狭小的容器里。上午去查看的时候，我发现前一天夜里刚分娩的那些蝎妈妈肚子下面又藏着一些小宝贝。我用一根草尖小心地把蝎妈妈拨开，在那堆还没爬上母亲脊背的小宝贝中我发现了一件事，把我从书本上学到的关于这一问题的那仅有的知识彻底地推翻了。据说，蝎子属于胎生，这种说法虽听起来很有学问但却缺乏准确性。实际上蝎子宝贝并不是一生下来就是我们所看到的那个样子。

而这一点是很合情合理的。如果小宝贝伸着钳子，蜷起尾巴，张开爪子，你让它怎样从母蝎的通道出来呢？这种碍事的小宝贝永远也无法通过母亲那狭小通道的。因此它出生时必须被紧裹着，少占空间才好。

在母蝎肚子下发现的残留物的确是一些幼蝎，与解剖妊娠相当长时间的宝贝巢所见到的宝贝一样的蝎宝贝。为节省空间，小宝贝紧缩成米粒状，尾巴紧贴在肚皮上，双钳收到胸前，爪足紧紧地贴于腰两边，这样一来，这蜷缩成椭圆形的小宝贝就可以顺利地滑出来了。它额头上有墨黑色的点，那是它的眼睛。小宝贝静静地悬浮于一滴透明的液体里，此刻那滴液体就是它的天堂，它的保护伞，外面由一层精致的薄膜包裹着。

那些残留物果真是一些蝎宝贝。生产刚结束时，朗格多克蝎大概有三四十个宝贝，而黑蝎的宝贝则稍微少一些。我很晚才去查看，只赶上个结尾。但是，所剩不多的宝贝也足够坚定我的想法：蝎子实际上是宝贝孵出来的。只不过其宝贝孵化得十分快，母蝎刚刚产下宝贝来，小宝贝迫不及待地就破宝贝而出了。

那么，小宝贝是怎么孵出来的呢？我有优越的权利亲眼观看这整个过程。我看见蝎妈妈用她的大颚尖小心翼翼地挑起宝贝的薄膜，将它扯下，撕破，然后吞下。在帮小宝贝剥胎衣时蝎妈妈倍加小心，像母猫和母羊一样温柔地舔食胎衣。尽管工具很粗糙，但宝贝的细皮嫩肉上却未有任何划痕，更没伤筋动骨。

我惊呆了：原来蝎子是最早把近乎于我们人类的母爱传递给自己的儿女的生物。远在植物区系的远古时期，当第一只蝎子出现时，生育后代的那份爱心就已经酝酿于其中了。如同休眠状态时的种子的宝贝，就像当年鱼类和爬行动物拥有的、而不久之后又为鸟类和几乎所有的昆虫所拥有的宝贝一样，已经成为一种相当微妙的有机体的等同体，也已成为之后的高等动物胎生现象的预兆。生命的孵化已不在内部或外部的各种事物的层层威胁下进行，而是在母亲的腰间腹下完成。

生命的进化并不总是循序渐进的，不是从低级到高级，再从高级往更高级。是在时而退化时而进步的交替中，跳跃式的进化的。大海有潮起潮落。生命也是一种大海，比起大海的水它更加深不可测，也会有潮起潮落。它还会再有潮起潮落吗？谁能知道它有没有呢？

如果母猫不设法用嘴唇把胎衣剥下并吃掉它，小猫就永远无法从胎盘中出来。同样，蝎宝贝也需要母亲的帮助。我就看见过一些蝎宝贝不幸被黏膜粘住，在已经撕破了的宝贝囊中挣扎着扭来扭去，却怎么也挣脱不出来。而只有母亲的那一下牙咬才能让宝贝彻底解脱。因此认为宝贝在自己的解脱过程中也起着作用也是不对的。宝贝软弱无力，尽管它的出生袋子只有洋葱片内壁的皮膜那样薄，但它就是无法从这层细薄的薄膜中挣脱出来。

幼鸡的喙尖上有一个临时的硬茧，是供它破壳时啄壳用的。而蝎宝贝为了节约空间，是蜷缩成米粒状地出来的，它只能死死地等待着救援。一切都得靠蝎妈妈去完成。蝎妈妈卖力地完成着自己的工作，就连生产中附带排出的东西也全都被它清除得干干净净，甚至那些随即排出的未受精的宝贝也被清除掉了。一点碎衣破片都不剩了，全都回到了蝎妈妈的胃里，而产宝贝时占用的那块地方也都很干净。

蝎宝贝现在一个个被清理得干干净净，活蹦乱跳的。它们从头到尾全身雪白。朗格多克蝎长九毫米，黑蝎长四毫米。随着产后清理工作完毕，蝎宝贝们一个个争先恐后地往蝎妈妈的背脊上爬去。它们沿着妈咪的双钳缓缓地往上爬。蝎妈咪把双钳贴地，以便于宝贝们攀登。宝贝们一个连着一个紧紧地挨在一起，并没有队形，但却在妈妈的背上留下了一个均匀的覆盖层。它们将自己的小细爪子牢牢地吸附在上面。我不想划伤这些细皮嫩肉的小东西而用毛笔头把它们扫下来，还真的费了些工夫呢。蝎妈妈背着小宝贝们时，双方都一动不动，这正是进行实验的好时机。

穿着蝎宝贝们组成的白色短大衣的蝎妈妈是值得关注的一景。蝎妈妈一动不动，尾巴高高地翘卷起来。如果我将一根麦秆靠近蝎子一家，蝎妈咪总是十分警觉地凶巴巴地竖起双钳，这种凶相通常只有在自卫时才表现出来。它竖起双臂做拳击状，大张着钳子，做好随时出击的准备。它的尾巴翘着，挥动着，这在平时是很难见到的。她不能将尾巴突然放平，否则会带动背脊，这样会把背上的小宝贝们甩下来一些。拳头竖起就足够吓跑敌人的了，那架势既勇猛威武，又让人猝不及防。

对此我不觉得好奇。拨弄下一个小宝贝，把它移到它的母亲面前，相距一指宽。奇怪的是蝎妈妈好像并不关心这个惊奇事故；它原先纹丝不动，现在依旧一动不动。掉下去几个小东西有什么可惊奇？它会自己想法让自己摆脱困境的。掉下去的小蝎子焦急万分，举手蹬腿，然后，猛然发现妈咪的一只钳子就在自己面前，于是，便迅速地爬上去，重新回到兄弟姐妹们的当中，爬到妈咪身上，只是动作笨拙得要命，与狼蛛的儿女们相差甚远，后者一个个都是高空作业的高手。

实验又开始了，这次的规模超大。我拨弄下来一些小蝎子，小东西们散落一地，只是相距并不很远。它们迟疑了很长一段时间。正当它们转来转去不知如何是好的时候，蝎妈咪终于害怕会有危险了。它将我称之为胳膊的两只钳式触角合抱成半圆，揽住自己面前的沙子，将迷路的可怜的儿女们搂到自己的跟前。干这种工作时它总是笨手笨脚，做得很鲁莽粗糙，根本不考虑会不会一不小心把宝贝们给碰碎了。母鸡轻轻一声叫唤，跑开的鸡宝宝们就马上乖乖地回到自己的怀前膝下；母蝎却是野蛮地用耙子一扒，把儿女们给扒回身边来。令人惊奇的是掉下去的小蝎子们全部安然无恙。它们一回到母亲面前，便立刻往它身上爬去，再次聚集在母亲的脊背上。

就算不是自己的儿女，蝎妈妈也会像是对待自己亲生后代一样的对待它们。如果我用毛笔尖扫下一只蝎妈咪背上的全部或部分蝎宝贝，将它们弄到另一只蝎妈咪伸手可及的地方，后者依然会把它们扒到自己面前，就像对待自己的亲生儿女一样，而且大方地让这些新来的小宝贝爬到自己的背上去。就像把它们"收养"下来了，如果用"收养"一词不算过分的话。而对狼蛛来说，"收养"都说不上因为它压根就分不清别人家的儿女和自己的儿女，所以只要是在自己爪子前面爬动的小狼蛛它全都会接纳下来。

我在地中海一带的常绿灌木丛中常看到母狼蛛背着孩子们在溜达，也一直期盼着看到母蝎也这样驮着小蝎子们悠闲地散步。然而，母蝎并不知道这种消遣方式。一旦做了母亲，母蝎就会有一段时间不再外出了，即使是晚上，其他人都外出玩耍的时候，它也乖乖地呆着。它把自己禁闭在自己的小屋里，不吃不喝，一门心思想着抚育后代的事。

小宝贝们也的确是弱不禁风：所以它们必须经历第二次出生才能壮大自己。这时候，它们正纹丝不动地在准备着第二次诞生，对此它们好像非常熟悉，过程就像虫宝宝蜕变成成虫一样。尽管成年小蝎与蝎外貌看起来很相似，但轮廓线条却不够清晰，就像是透过雾气看到的似的。我猜想它们得脱去身上的外衣才能变得威武矫健。

在这第二次出生的过程中，它们必须纹丝不动地待在母蝎背上整整七天。这时，"脱皮"（我不敢妄自将它称之为"蜕皮"）完成了。之所以称之为"脱皮"，是因为这与真正的蜕皮有很大不同，真正的蜕皮在此之后还要经历很多次的。真正意义上的蜕皮，是在胸廓上裂开一条缝，成虫从这条唯唯一的裂缝中破壳而出，把原先的空壳扔掉。这空壳的形状与刚从中爬出来的蝎子几乎一样，二者难分你我。

现在我们所看到的则完全是另外一回事。我将几只正在脱皮的小蝎子放在一块玻璃片上。它们纹丝不动地待着，看起来颇受煎熬，好像就要坚持不住了。外皮破裂，却没有特殊的破裂线，是在前后左右同时破裂的。爪足渐渐从护腿套中伸出，双钳扔开护手甲，尾巴从尾鞘抽出。满身的碎皮几乎同时落下，像一堆破烂不堪衣衫。这是一种斑驳的脱落。这之后，小蝎才有了成年蝎子那样的正常体貌。与此同时，它们的活动也更加灵活敏捷了。尽管仍然显得很苍白，但它们已蹦跳自如，匆忙下地，蹦到蝎妈妈跟前玩耍。最让人惊奇的变化是它们就这样突然间长大了。朗格多克蝎的小蝎子一般身长0.9厘米，可现在它们已经有十四毫米长了。黑蝎的小蝎身长从四毫米长到现在的六七毫米。身长竟增加了一倍，体积也增加了将近两倍。

除了对这种突然增长感到惊讶之外，我一直在琢磨这种突然增长的原因是什么，因为小蝎子还未进食。更奇怪的是它的体重却并没增长，反而下降了，大概是因为丢掉了一层外皮。体积增大，重量却没有相应的增大。因此，这应该是产生的一定程度的膨胀，类似于热处理的毛坯物体的膨胀。体内产生了一种变化，将生命分子扩散成空间更大的结构体，所以虽没有新的物质加入，却增大了体积。我想，如果谁有足够的耐心并配有一套适合的器具，一定能够观察到这种结构的迅速变化，从而得到一些有价值的资料。我才疏学浅，没有这个能力，就把这道难题留给别人吧。

被小蝎丢掉的外皮是一些细碎的白色条状物，一些好像上了光的碎布片，它们并没有落地上，而是紧粘在蝎妈咪的背部，主要是附着在足爪根部周围，揉一块柔软的小毯子，刚脱皮的小蝎子就可以在上面栖息。坐骑现在已披上坚固的马服，骑手们坐在马上就不用再害怕身体的摇晃。这破衣旧衫做成的结实马鞍成为骑手们的足镫把手，它们任意地下上，动作灵活敏捷。

每当我用毛笔轻轻一拨，小蝎子们都纷纷落马，有意思的是它们又非常快速而从容地翻身上马，稳坐在上面。它们抓住马服垂条，将尾巴做杆，纵身一跃，就轻松地上马了。这种奇异的马服是真正的攀爬绳梯，为小蝎们快速上马提供了方便。它很结实，不会破裂，能使用近一个周，也就是说用到小蝎可以离开蝎妈妈的保护为止。

再过一段时间，小蝎体色显现：腹部和尾巴染上了金黄，钳子呈现出半透明的琥珀色。青春使一切变得美丽。小朗格多克蝎确实长得十分俊俏。如果它们一直像现在这样，不立即配备上那令人畏惧的毒刺的话，它们肯定会是罕见的宠物，大家都会愿意豢养它们的。长大的小蝎心中很快就燃起了摆脱母亲保护的强烈愿望。它们很乐意爬下母亲的脊背，在母亲身边疯玩。要是它们跑得太远，蝎妈妈便要教训它们，用双臂耙在沙土上扒拉，将它们聚拢。

蝎妈咪与宝贝们小憩的样子就像母鸡带着鸡雏们休息一样。大部分小蝎子都在地上，紧挨着蝎妈妈只有几只特立独行地坐在白马服那舒适的坐垫上。有大胆小蝎子在蝎妈妈尾巴上爬高，攀上螺旋峰的顶处，很有兴致地居高临下观看脚下的同胞们。突然间，又有新的更厉害的杂技演员登场，把它们赶下舞台，取而代之。小蝎子们都想瞧瞧这观景台到底是什么样子。

大部分家庭成员都围在蝎妈咪的旁边，一个个钻在妈妈肚皮底下不停地拱动着，蜷缩着，只将脑袋露在外面，两只小黑眼睛眨巴着。最好动的小东西则最喜欢妈咪的足爪，那是它们的健身器，它们大胆地在上面做着高空杂技训练。歇下来时，大家便又乖乖地往妈咪背脊上爬去，找好座位，坐定下来，便不再动了，妈妈和儿女们都不动了。

小蝎子成熟到可以离开妈咪的守护的这个时期要持续七天，正好是不吃食体积却扩大两倍的奇怪增长期。一窝小蝎子待在蝎妈妈背上近半个多月。母狼蛛却不一样，她驮着自己的小宝贝们长达六七个月，虽然小宝贝们不进食，却精力旺盛，动个不停。蝎妈妈的小宝贝们在获得灵活与新生的蜕变之后，要吃些什么呢？蝎妈妈会不会邀请它们与它一起用餐？它是否为它们留着自己的食物中最软嫩的饭菜？遗憾的是，蝎妈妈谁没有邀请，它什么也没留着。

我给蝎妈妈放进一只蚂蚱，是从我认为合适小蝎子们脆弱的胃的小野味中精心挑选出来的。当母蝎毫不关心自己的宝贝们，自己独自享受那只蚱蜢的时候，一只小蝎子从它的背上爬下来，好奇地伸出头往下探看，想知道妈妈到底在做什么。它用爪尖触到妈咪的下颌，突然，它吓得慌忙后退。它走开了，它很聪明。正在津津有味地进食的妈咪是不会给它留下一点儿剩饭的，甚至反而会一把抓住它，毫不心疼地把它也吞吃掉。

蝎妈咪这时候正在吃蚱蜢脑袋，又一只好奇的小蝎子吊在了蚱蜢的尾部。小蝎子在轻咬轻拽蚱蜢，企图吃上一点。但最终它未能如愿，因为这个部位实在是很硬。

我也见过一些这样的场景：如果蝎妈咪稍加关心，喂给小宝贝们一些吃的，小宝贝们会很高兴享受一番，尤其是如果给的食物很合适它们那稚嫩的胃，可是，蝎妈咪只顾自己吃，对其它的事漠不关心。

唉，那让我度过美妙时光的漂亮的小宝贝们呀，你们可怎么办呢？你们一定很想离开家，去远方寻找一些很不起眼的小虫子吧。从你们焦急地乱蹿便能看出来。你们想要逃离自己的妈妈，而它也不再需要你们。你们已长得足够健壮，是该各奔东西了。

如果我清楚你们适合吃什么样的小活物，或者我有宽裕的时间为你们去寻找，我一定会很高兴地继续饲养你们的，而不是把你们继续关在你们出生的玻璃笼子里的瓦片下，跟那些无情的大人们混在一块。我了解那些可恶的老东西，它们无法容下别人。那些老东西会连你们也一块儿吃掉的，我可怜的小宝贝们。甚至你们的妈妈们也不会手下留情。从今以后，在你们母亲们的眼里，你们就是陌生人了。来年，婚配季节，你们嫉妒成性的可怕的母亲们在做完好事之后，就会把你们都吃掉。该离开了，三十六计走为上计。要不然，我能让你们住在何处？如何饲养你们？我们最好还是分开吧！尽管我心中很舍不得。过几天，我就把你们撒放到你们的领土上去，那是个多石的山坡地，那里的太阳可温暖啦。你们在那儿会找到一些新的伙伴的，它们和你们一样才刚刚开始成长，但却已经能够在自己的小石块下独立生活了，那些小石块有的只有指甲盖儿那么大。在那里，比在我家里更能学会怎样为生存而进行艰苦的斗争。

原始的老象虫

　　冬季，当昆虫们都沉寂了时，古币学的探究让我度过了一段难忘而又美好的时光。我兴致勃勃地反复思考那古币金属小圆块，那可是人们称之为历史灾难的来源。在普罗旺斯的这片土地上，希腊人种植了油橄榄，拉丁人制定了法律。当农民们在这片土地上耕耘时，发现了这些散落的金属小圆块。他们把这些金属小圆块拿给我看，问我它们价值多少，但却没有问我它们有什么样的意义。

　　农民们发现的这些小圆块上的文字跟他们又有什么关系呢？人们以前受苦受难，今天还在受苦受难，将来仍会是受苦受难，对他们来说，这就是对历史的最好概述，其余的全是瞎话，纯粹是闲来没事的人的谈资罢了。

　　我对过去的事物却没如此冷漠的态度。我用指甲尖刮擦小圆古币，小心谨慎地把上面的泥土整干净，然后用放大镜仔细观察，试图解读上面的文字。当我读懂了这银质古币或青铜古币上的文字时，我可真是心花怒放啊。我刚刚读了一页有关人类的记载，但不是出自书本那个令人生疑的叙述者，而是从与事实和人物同时代的可以活生生的档案中读到的。

　　这点银子被制成扁平状，上面的说明文字清楚地标明 VOOC，——VOCVNT，也就是维松，说明它是来自附近的那座小城维松的，博物学家普利尼有时就去那里度假。在维松，这位有名的博物学纂记者普利尼也许曾在主人的饭桌上品尝过莺，那是古罗马美食家们曾经赞不绝口的天赐之食，即便现在，在普罗旺斯的美食家眼里，它依旧是鼎鼎大名的，被称作"后腱子肉"。但是相当恼火的是，我的这个古币没有记载这些情况，这些情况可是比一次大的战争更值得回忆的。

这枚古币的一面是头像，另一面则是一匹奔马。整个古币做工很粗糙，头像、奔马都刻得很不逼真。一个第一次用石块在新刷灰浆的墙壁上练习画画的儿女也不至于刻画得这么难看。不是，那群剽悍勇猛的粗人肯定不是艺术家。

来自弗凯亚①的那些人要比他们的花样多很多！这是马萨里亚②人的一枚德拉克玛③，它的正面是以弗所④的黛安娜⑤的头像——双颊丰满，圆胖，下唇丰满突出，额头扁塌，戴着一顶凤冠，头发浓密，披在脖后，宛如瀑布一般，耳垂上戴着耳坠，脖颈上垂着珍珠项链，肩头背着一张弓。在叙利亚的女信徒眼里，这个偶像就应该是如此打扮。

其实，这并不好看。如果说这样十分气派豪华的话，那倒还能说得过去，但是不管怎样说，总要比我们今天那群风雅女子的驴耳朵戴上的那些摆来荡去的东西要强得多。时尚真是一种奇异的现象，在丑化人和物方面真是花样多多！商业家说道：做买卖就不管什么美丑，在美与利之间，做买卖只讲利字。

这枚德拉克玛的背面是一头脚抓地、口大吼的威猛雄狮。这种用某种猛兽来象征强大的未开化的行为并不是今天才有的，它好像是在告诉我们：恶是力量的最高表现。雄狮、老鹰以及其他一些恶兽的样子经常被雕刻于钱币的背面。光现实中的还不够，人们还要凭空想像出一些凶恶的怪兽来，例如半马半人的怪兽、半马半鹰、凶龙的独角兽、带翅异兽、双头鹰等等。

这些用怪兽装饰的造型师们真的比用鹰翅、熊掌、插在头发上的豹牙来表示它英勇善战的印第安人更高明吗？这真让人表示怀疑。

我们最近投入使用的银币后面的图案比上面所说的恐怖的怪兽要让人高兴千百倍！我们今天的银币后面有一位播种女神，她在旭日东升时用纤巧的手在犁沟里勤劳地撒播思想的种子。这种图案简单但却崇高伟大，发

---

① 古代小亚细亚地区名。
② 即法国马赛，此为古名。
③ 古希腊银币名，希腊货币单位。
④ 古希腊小亚细亚西岸重要贸易城市。
⑤ 希腊神话中的月神和狩猎女神。

人深省。

马赛的德拉克玛的优点就在于它那华美的浮雕。雕刻这枚古币头像轮廓的艺术家是位著名的版画大师，但是他却缺乏灵性。双颊丰满的黛安娜雕刻得像个既放荡又凶悍的荡妇。

这是已沦为尼姆①殖民地的沃尔西②人的纳马萨特。奥古斯都和他的朝臣阿格里帕的脸部侧面相向。奥古斯都③眉毛硬挺，俊挺得鹰钩鼻子，脑袋扁平，这让我感觉不出他的显赫威名，尽管敦厚的诗人维吉尔称赞他是"成功造出的神"。如果奥古斯都的罪恶预谋没有成功的话，奥古斯都神明也将变成歹徒渥大维了。

我反而更喜欢它的朝臣阿格里帕反。他是一位伟大的玩石头的人，他用他那修桥铺路、引水渠、泥瓦制造等工程让粗野的沃尔西人开化了一点。离我们村子不远，一条宽阔的马路从埃格河岸边起，笔直地前伸，渐渐往上爬去，一直越过塞里昂丘陵。这条大道漫长而且简单乏味，但却在一座强大的古罗马要塞的保护之下，该要塞很快变成了著名的古堡。

这是阿格里帕④修筑的大道的其中一段，它连接着马赛和维恩起来。这条具有两千年历史的宽阔纽带始终来往繁忙，车水马龙。我们在那儿已无法看到古罗马军团那些身穿褐色战袍的威武的步兵了；今天在那儿我们看到的只是些赶着羊群和不听话的小猪仔赶往市集的农民。在我看来，这样反而更好。

让我们把这枚满是铜绿的银子翻过来，可以看到它的后面刻有"尼姆的移民地"的字样。文字说明的旁边有一条锁在棕榈树上的鳄鱼，棕榈树上挂着一顶金灿灿的皇冠。这是被移民地的"开国功勋们"征服的埃及的一个特征。尼罗河的鳄鱼在这棵棕榈树下磨牙利齿。它好像在向我们叙述好酒之徒安东尼⑤；又好像在跟我们讲述克娄巴尔特⑥的故事，说假如她是

---

① 法国南部城市名。
② 古代意大利的一个民族。
③ 罗马帝国第一任皇帝，本名屋大维。
④ 罗马帝国著名将领，为奥古斯都的密友和女婿。
⑤ 古罗马统帅和政治家。
⑥ 埃及托勒密王朝末代女王，相貌美艳，渴望权势，曾经是恺撒情妇，后与安东尼结婚，安东尼溃败后勾引屋大维未遂，最终自杀。

塌鼻子的话，是有可能改变世界面貌的。这只背有鳞片的爬行动物——鳄鱼——引起的联想，成为我们一堂很美妙的历史课。

这种金属古币学的高级课程样式很多却又不出我们村子周边一带，就这样长期地延续着。但还有另一种古币学，更加高深，花销却不多，它用其独特的纪念章——化石——向我们娓娓道来生命的历史。这便是石头的古币学。

我的窗户边缘这个岁月古老的知音在同我交谈一个没有了的世界。这是个名副其实的尸骨埋葬地，它的每一寸土地都留有逝去生命的痕迹。这堆石头没有生命。鱼类的牙齿和脊椎、海胆的尖头、石珊瑚的碎片、贝类的残壳在这里形成了一个墓葬群。在对我家房子的砖石一一研究后，便知这座宅子是一只盛骨箱、一个古代活物的坟墓。

人们在这儿的那个岩石层开挖建筑材料，然后用它那坚硬的甲壳覆盖周围这座高原的大部分。不知从几个世纪之前开始，也许从阿格里帕为奥朗日剧院的面墙和阶梯让人在此切割大理石的那个时候开始，采石匠就在那里开始挖掘了。

铁镐天天都得用来从那里挖出一些奇形怪状的化石来。最引人注目的是一些牙齿，它们虽然外表粗糙，内部却非常光滑，简直美极了，珐琅质也像新牙时一样的光亮。此外，还可以看得到一些很完好的化石，呈三角形，边缘为轧齿状花边，几乎与手掌一样大小。

瞧这张耙子一样的嘴，牙齿排成几列，一层层的，直到喉咙，多么大的一张嘴呀！如果在这嘴里被利齿咬到，撕碎的是何种东西呀！你只要在脑子里联想一下这台恐怖的杀人机器，就会浑身起毛。这个全副武装的凶神恶煞的恶兽属于角鲨族。古生物学将它称之为巨噬人鲨。看看今天那称之为海中老大的鲨鱼，你就会明白它有多大多可怕了，就像看见侏儒便知道巨人一样。

在这同一块石头中，还有很多其他的角鲨化石，但同样是利齿满嘴。你可以看到利齿如尖刀一般的尖额鲨，下颚长着弯曲带齿的像顶重器一样的半锯鳐，嘴里满是弯曲锐利、一面凹一面平的尖刀鼠鲨，平扁牙齿上有发光锯齿的鳃鲨。

这座利齿武库是古代杀戮的有力证据，和马赛的黛安娜、尼姆的鳄鱼、维松的奔马一样有价值。这座武库以其屠杀武器告诉着我这种屠杀是如何在各个时代消灭泛滥成灾生命的。它还悄悄地告诉我说："就在你对着一个石块思考的那个地方，以前也曾是一弯碧蓝的海水，水中住满了凶狠的嗜血者和温和的被吞食者。从前一个长长地海湾一直占领着后来成为罗讷河谷的那个地方。就在你家门口，曾经是一番波涛澎湃的景象。"

这里海岸线的悬崖峭壁确实保存非常完好，以至我在默想沉思时，还以为自己听到了隆隆的涛声。石蛏、海胆、住石蛤、海笋都在那里的岩石中留下了自己的足迹。这是一些半圆形的凹坑，可以很轻易地放进一个拳头；这是一些洞口狭小的圆形巢室，隐居者在其中接受这随时更新且满载着食物的水流。有时候，还有些古代居民住在里面，他们已经矿化，然而它的条痕和小鳞片这样脆弱的饰品却都完整地保留着；而常常是，其中的古代居民已经溶化，不见踪迹了，房子里被已变硬了的细海泥钙核填满。

在这个安静的小港湾里，旋涡将大小不等、形状各异的贝壳冲积在一起，并将它们淹没在后来变成泥灰岩的淤泥中。这是一些以小丘作为坟墓的软体动物的坟地。我就曾经在此挖到过一些长约半米重五六斤左右的牡蛎。用铁锹在这坟堆里翻动，不时地会遇到芋螺、扇贝、笔螺、锥螺、骨螺以及其他各种各样的海洋生物。看到这样一个如此偏僻角落里，竟然藏着这么多蕴含着生命气息的宝物，真让人振奋。

长有贝壳的埋葬虫还向我们证明了，时间这个维持事物秩序并富有耐心的革新者，不但毁灭了早早灭绝的单个生物，而且毁灭了全部的物种。今天，相邻的大海——地中海中已不再有任何同消失的海洋中的居民有所关联的东西了。想要找到现在与以往之间的一些相类似的面容，可能必须去那些热带海洋寻找了。

气候渐渐变凉，太阳在悄悄地熄灭，物种在悄无声息地灭迹。我家窗户旁边石头古币是这样告诉我的。

我们不能离开我那极其狭小、极不起眼但却极为丰富的观察现场，还要继续向石头请教，只是这一次是要有关昆虫的问题。

在阿普特周围，有一种奇怪的岩石到处都是，它已被风化得像书页一般，就像浅白色的硬纸板。火点燃这种岩石会飘出黑烟，带着一股沥青味道。它沉积在鳄鱼和巨龟常出没的一些大湖的湖底。这些大湖人类从未亲眼见过，湖盆早已被山脊所替代；湖泥安静地沉积成一层层的薄地皮，最后变成了又大又硬的礁石。

我们特意地从这些礁石上分割出一块石板来，再用刀尖将这块石板切成薄片，这工作非常简单，就像把重叠在一起的硬纸一层层地小心剥开一样。这样做就如同在翻阅从大山图书馆取出的一本书。是的，我们在细细浏览一本配有精美插图的书。

这是一本出自大自然的手稿，比埃及那纸莎草纸手稿有意思得多。它每页都带有些插图，更妙的是，它们都是一些已成图像的现实。

在这一页上，展现的是随便聚集在一群的鱼类。你一定认为那是用油煎炸过的香喷喷的鱼。鱼鳍、鱼刺、鱼头小骨、脊椎架、已变成黑色小球的晶状眼珠等毫无遗漏地全部印在上面，与生前的自然形态完全相同。唯唯一缺少的是——鱼肉。

没有关系，绚鱼这道菜足以让人大饱眼福，使人忍不住想要用指尖去刮擦一下，再尝上一口这种保存了上千上万年的鱼肉罐头。我们来发挥一下奇思妙想，将一点这种油煎炸的矿物鱼放在牙齿下边。

插图周围没有一点文字说明，思考取代了所有的文字说明。思考在告诉我们说："这些鱼曾经拉帮结伙地在那平静的水里成群结队地生活过。突然之间湖水猛然高涨，夹带着厚厚的泥土的浪涛把它们瞬间窒息死。淤泥将他们掩盖起来，它们因此逃过了暴风雨的毁灭性袭击，从而穿越时空，并且在裹尸布的保护下永远地继续穿越时空隧道。"

这突然高涨的湖水还夹带着周围被雨水冲刷的泥土以及一堆堆动物或植物的碎屑残肢，因此这湖泊的沉积物同时也透露了一些陆地生物的情况。这是对当时生命的总结。

再翻过我们的石板或者画册的一页。里面有长着翅膀的种子、带着褐色足迹的叶子。石头植物集与专业植物集在数量着植物的清晰度。

这石头植物集在向我们重述贝壳已经告诉过我们的一切：世界发生着巨大的改变，太阳的灸热在减弱。现在普罗旺斯的植物已经不是从前的那些植物；现在的普罗旺斯的植物中已没有散发着樟脑味的月桂树、棕榈树、以及带羽毛饰的南洋杉等其它很多现已属于热带植物的树木。

让我们继续往下阅读。现在看到的是昆虫。常见的是双翅目昆虫，个头儿非常小，常常是一些很不起眼的小飞虫。大角鲨牙齿的粗糙石灰质外表的内部却十分地细滑，让我们十分惊讶。对这些镶于泥灰岩圣骨箱中却完好无损的娇小飞虫我们又该说些什么呢？如果我们用手去抓肯定会使它粉身碎骨，而这种娇小生命竟然在高山峻岭的重压之下安然地躺在那里没有变形！

那三对细爪张开在石头上，从姿态、形状来看知道它当时完全处于休息当中，稍稍一动，爪子就会断。但它的爪子非常完整，包括指头上的双爪也依然完好。两个翅膀是展开的，用放大镜对双翅的纤细脉网进行细细地探究，同用大头针将这只昆虫固定住加以研究没什么不同。触角的羽毛丝毫未失去它的纤巧美丽，腹部的体节可以数清，由一排微粒围着，这些微粒便是它的纤毛。

乳齿象的骨架在那沙床上静静地躺着，天长日久而不损毁，这就足够让我们惊诧的了，然而一只娇弱瘦小的飞虫竟然能完好无缺地保存于厚厚的岩石里，这简直就是奇迹。

当然，蚊虫并不是来自远方，也不是由上涨的湖水带来的。在大水到来以前，涓涓流水也会将它化为它已非常接近的没有状态的样子。它在湖边了结了自己的生命，在一个快乐的清晨它被杀死了，而一个早晨对于蚊虫来讲已算是长命百岁了。它不幸从灯心草顶端掉下来淹死了，而这个溺水者马上就消失在了淤泥坟地里。

其余的那些虫子，那些短粗的，长着坚硬的凸状鞘翅的虫子，那些数量不亚于双翅目昆虫的虫子，它们是些什么样的一群虫子呢？看看它们延伸成喇叭形的窄小的脑袋，我们就全清楚了。它们是长鼻鞘翅目昆虫，是有吻类昆虫，说得稍微文雅些，就是象虫。中等个儿的、大个头儿、细小的都有，与它们现在的同类的大小一样。

在石灰质岩片上，它们的姿态没有蚊虫的形态端正。它们的爪子乱放，喙有的藏在胸下，有的自然向前伸出，有的露出喙的侧面，更多的则是通过脖子的一绺浓毛把喙歪在一侧。

这些身体扭曲着、肢体残缺不全的象虫显然不是平静地、突然地被埋葬的。虽然有很多象虫同样是在湖边植物丛中结束生命的，但更多的象虫则来自附近地区，是被雨水冲带来的，这途中难免遇到碎石细枝，把身体整得残缺不全。它们虽然身着铠甲，保护着它们使它们的身子完好无缺，但肢爪上细小的关节却被残忍地弄残弄弯，而它们在途中被弄成怎样污泥这块裹尸布就怎样地将它们裹起来。

这些外来的象虫或许来自远方，但它们向我们提供了珍贵的材料。它们让我们了解到，如果说湖边昆虫类的代表是蚊子的话，那么树林中昆虫类的代表便是象虫。

除了吻管科昆虫之外，我的那些岩石书页在鞘翅目昆虫方面确实没再展现什么给我。那么，其它的那些陆地昆虫类，如圣金龟、食粪虫、步甲虫等那些被雨水不分你我像象虫一样地带到湖中来的那些昆虫现在都在哪呢？这些今天种群繁盛的昆虫类没有留下一丝线索。

龙虱、豉虫、水龟虫这些水中居民又都在哪儿呢？关于这些湖泊昆虫，很可能当我们找到它们时，它们早已被夹在两块泥炭岩中间变成了干尸了。如果当时确实有这种昆虫存在的话，那它们一定生活在湖泊中，而与那些小鱼尤其是双翅目昆虫相比，湖中的泥沙就很可能将这些带角的昆虫更加完整地保存下来的。看，这些水生鞘翅目昆虫，也没有留下什么的踪迹。

这些地质圣骨箱中找不到的昆虫，它们究竟在哪里呢？被虫蛀蚀、草丛中的、荆棘丛中的，树干中的这些昆虫——对猎物开膛破肚的步甲虫、滚粪球的金龟子、会钻木的天牛，它们现在都在哪儿呢？它们全都是处于正在变化中的没成形者。在当时还没有它们：未来在不远处等待着它们。如果我相信我空闲时随手翻看的那些简单愚蠢的档案材料的话，象虫也许就会是鞘翅目昆虫中的长辈。

在初级阶段，生命会制造出一些可能与现在和谐状态中的情景很不一样的奇异的东西。当生命创造蜥蜴类动物的时候，它开始热衷于制造那些长达十五到二十米的怪兽。它让它们眼睛长在上方、鼻子长出角，让它们的后背披上丑陋的鳞片，让它们脖子凹成有刺的袋子，脑袋可以像戴风帽似的随意缩进伸出。

生命甚至还尝试让这些怪兽长上翅膀，但却没能如愿。经过这些可怕的事情之后，生殖的热情平息下来，于是就有了我们篱笆上那可爱的绿色蜥蜴。

当生命创造鸟类的时候，它让鸟嘴里长着爬行动物的尖牙利齿，让鸟的臀部拖着装饰着羽毛的尾巴。这些没定型的、非常丑陋的生物是鸽子和红喉雀的祖先。

所有这些原始动物，头都非常，智力很差。远古的野兽没有其它的作用，只是一部不断捕捉猎物的机械，一只消化食物的巨大的胃。智力与时尚无关紧要，那是后来的事了。

象虫就在以自己的方法重复这类异变。看看它小脑袋上的那个奇怪的延长部位。那上面有又短又厚的吻管，别的地方也有十分粗的圆形吻管或被切削成四棱面的吻管。另外，这个延伸部位长得很像北美印第安人那怪模怪样的长烟袋，它非常其纤细，长如身子，甚至超过身长。在这个奇怪的工具的末端口里，有上颚那把精致的剪刀。它身体两侧有两根触角。

这嘴，这喙，这怪异的鼻子有什么用途呢？象虫是在哪里找到这种器官的模型的呢？它根本没找到过这种模型，它自己就是这种模型的创造者，拥有这种模型的专利。除了它这一种族外，其它任何鞘翅目昆虫都没有这种奇形怪状的嘴。

我们还要注意它狭小异常的脑袋。那就像在鼻子下面膨胀起来的一个小球。球里有什么呢？一个可怜的低智商的神经工具，那是非常有限的本能的标志。在看到这些小脑袋的家伙工作之前，没有人会关注它们的智力。它们被自然地归入木讷迟钝、无本领的昆虫之列。这种看法在以后也并没有遭到否认。

虽然虫科昆虫在才智方面无人可敌，但并不能因此就看轻它们。正如从湖中的岩片书页中了解到的那样，至少它们是排在长鞘翅的昆虫之前的。它们在防御突发事件方面的能力早就超越了在孵育方面最为灵巧的昆虫。它们向我们逼真地展现了一些原始昆虫形态，有的是相当奇怪的形态。它们在自己那极小的世界中就如同长着有角有眉毛的蜥蜴和长着齿形大颚的猛禽在它们那高等世界中的情况一样。

它们一直繁衍到现在，但特征却并未改变。它们现在的形态就是它们在悠久的年代在的形态。这一点由石灰岩书页高度地证实了。我敢把其属，甚至其类的名称大胆地标注在岩片书页的那些图像下方。

本能的不变性应该是伴随着形态的永久性的。通过翻阅现代象虫科昆虫的一些资料，我们在它们祖先的生物单方面写出了与实际情况比较相符的一个章节。在它们祖宗的那个时代，我们的普罗旺斯还长着棕榈树，它们遮藏着鳄鱼出没的宽阔的湖泊。叙述现代的历史将会让我们看到以前的历史。

巨毒凶猛的朗格多克蝎

这种蝎子沉默少言，它的习性总是带着神秘的色彩，与它接触毫无趣味可言，因此除了通过解剖所得到的一些一手资料之外，对它的历史我几乎一概不知。老师们的解剖刀向我揭示了它的结构，可是，在我看来，还没有任何一位观察者下定决心坚持不懈地研究它的隐秘习性。用酒精浸泡后再被破肚开膛的朗格多克蝎已被人们清楚地了解，但是它在其本能范围内的活动情况却几乎无人知晓。在节肢动物中，没有谁比它更应合在生物学方面做详细地介绍了。世代以来，百姓们都对它浮想联翩，而它竟然成为黄道十二宫标志之一。卢克莱修①曾说："恐惧创造神明。"蝎子通过恐惧让人们将它给神化了，它被敬为天上的一个星座，而且成为历书上十月的象征。我们试着让蝎子开口说话，说出它自己的秘密。

在安排蝎子的住宿问题以前，我们先给它们做了一个十分简单的体貌特征的描绘。南欧好多地方都有黑蝎，大家都很熟悉。它们经常出没在我们住处周围的阴暗角落。一到秋季的阴雨天，就会钻进我们家中，更可怕的是还可能会钻进我们的被子中来。这可恶的昆虫带给我们的不仅是疼痛，还有恐惧。尽管我现在的住房中就有很多的黑蝎，但我观察时倒并没有受到什么伤害。这种恶名大却又很可悲的昆虫更多的是让人感到厌恶而不是威胁。

朗格多克蝎生活在地中海沿岸各省，人们十分害怕它，因此对它的了解很少。它们并不打扰我们的住处，而是躲得很远，藏在偏僻地区。和黑蝎相比，朗格多克蝎的个头可就大多了，发育完全时，身长可达八九厘

---

① 古罗马诗人、哲学家。

米，颜色呈干麦秆的那种金黄。

它的尾巴——实际上就是它的腹部——五节相连像酒桶的棱柱体，相互之间由桶底板相连，形成粗细相同、错落有致的棱状条条，好似一串珍珠。这同样的花纹还覆盖着那举着大钳的大小臂膀，并正好把臂膀分割成一些条形磨面。还有一些花纹弯弯曲曲地均匀分布在脊背上，好像它护胸甲结合部的精致滚边，而且是压花滚边。这些凸出的小颗粒透露着盔甲那厚重粗野的气势，那也是朗格多克蝎的性格特征。就好像这个昆虫是用在闪闪的刀光下被砍割出来的一样。

尾部还有一个第六节体，外表很光滑，呈泡状，是制作并储藏毒液的小葫芦。蝎毒外表看上去就像水一样，但毒性极强。毒腔末端是一个弯弯的螯针，色暗，锋利。针尖不远的地方有一细小的孔，用放大镜才隐约能看见，毒液从这细孔缓缓流出，渗进被尖头扎破的对方的伤口。螯针既硬又尖，我用指头牢牢地掐住螯针，让它穿一张硬纸片，它就像缝衣针穿衣服似的轻而易举就穿过了。

螯针弯曲度很大，当尾巴平放伸直时，针尖是自然冲下的。要使用这件武器时，蝎子就不得不把它抬起，翻转过来，从下往上用力刺出去。这其实是它一直不变的攻击方法。蝎尾反卷在背部，遇到敌人突然伸直，攻击被钳子夹住的对方。另外，蝎子平常几乎是保持这种姿势，无论是走动还是在休息，尾巴都卷贴在背上。很少看见尾巴平拖在地上的情况。

蝎钳从嘴中伸出，犹犹如螯针的大钳子，既是战斗的利器，又是获取信息的器官。蝎子向前爬时，总是将钳子前伸，钳上的双指微微张开着，以对付和了解所碰到的东西。如果不得不要刺杀对方的话，双钳便先用钳子镇住对手，让对手吓得动弹不得，然后螯针从背部悄悄地伸出来攻击。最后，如果需要长时间地撕咬猎物的话，那对钳子便当做手来使用，用它们将猎物送到嘴里。但是它们从来没被当行走、固定或挖掘的道具使用过。

双钳相当于真正的爪子。它们好像是被突然折断的指头，指尖生出几个可以活动的弯爪尖，它对面还竖着一根短细的尖尖爪，相当于拇指的用途。那张小脸上长着一圈粗糙的眼毛。身体各部合在一起成为一个绝妙的攀援器，这就是蝎子为什么能够在我的钟形罩网纱上爬来爬去，能够仰着身子长时间地停在罩顶端，能够拖着笨拙而沉重的身子沿着垂直的罩壁自如地爬上爬下。

蝎子身下，爪子后边儿有一排是像梳子一样的东西，那是特别的器官，是蝎子特有的采集工具。梳子的名字源自其外形。它们是一长排的小薄片，相互紧密地排列着，跟我们日常所用的梳子的排齿很像。解剖学家们怀疑它们是一部齿轮机，当雌雄交尾时双方能够用此紧连在一起。为了仔细观察它们亲热时的情况，我把朗格多克蝎关在有玻璃壁板的大笼子里，并放进一些大陶片，作为它们的藏身之处。它们一共是十二对。

四月里，燕飞鸟鸣时，我的那些之前一直安静地生活着的蝎子开始了一场革命。在我的露天花园地的昆虫小村落里，不少的蝎子跑出去做夜间朝拜了，而且有去无回。更加严重的是，我几次在同一块砖下面发现两只蝎子待在里面，一只在吞食另一只。这是不是同类间的打家劫舍？美好的时节开始了，是不是生性好游荡的蝎子们不小心闯入邻居家中，因为体弱而被对手吞食，丢了性命？大概好像是这么个原因，因为闯入者被慢慢地品尝了一整天，就像是它的猎物一样。

那么，这就值得警惕了。被吃掉的，无一例外，都是中等大小的蝎子。它们体色更加金黄，肚腹略小一些，是雄蝎，而且被吞食的总是雄性。其它的那些蝎子体形稍大，肚子滚圆，颜色稍暗，它们的死并不这样惨。那么，这儿发生的可能就不是邻里之间的打斗，不是因为喜欢独居而对所有来访者怀有敌意，随时把它们吃掉，以此作为彻底解决所有冒失鬼的方法，而是婚俗的规则，在交配之后由女方残忍地把男方干掉。

春回大地，我已事先准备好了一个宽敞的玻璃笼子，在里面放了二十五只蝎子，每只蝎子置了一片瓦。一月到四月中旬，每天夜晚，夜幕降临后的七点到九点之间，玻璃瓶中便闹腾开了。白天的荒漠，这时却变成了欢乐的海洋。刚吃完晚饭，我们全家便奔向玻璃笼子。把一盏灯挂在笼子前面，就可看见事情进行的全过程了。

经过一天的繁乱，现在我们终于有好的排遣了。眼前是一场好戏。在这出由天真的演员表演的戏中，一招一式都特别有意思，以致刚把提灯点亮，我们全家老小就全都坐在池座上了，连爱犬汤姆也好奇地过来观看。不过，汤姆对蝎子的事不是很感兴趣，它坦然地躺在我们跟前打盹儿，只是一只眼睛闭着，另一只眼睛睁着，盯着它的朋友——我的儿女们。

让我设法给读者们描述一下所发生的事情。靠近玻璃壁板的提灯照不太照得到的那个地方，很快便聚集起不少的蝎子。其他所有的区域，到处游荡着孤独者，它们被灯光吸引过去，离开暗处，奔向欢乐地光明处。夜蛾子扑火的场面也没有它们那样兴冲冲地。后来者混进先前的那些蝎子中去了，还有一些因懒于争夺，退到暗处，小憩片刻后又满怀激情地回到舞台上去的。

这个狂热纷乱的恐怖场面就像一场狂欢派对，颇为引人注意。有一些从大老远跑来，它们严肃端庄地从暗处爬出来，突然像滑行似的轻快而迅速地冲向在亮处的蝎子群。它们那灵活劲儿活像碎步疾走的可爱的小老鼠。蝎子们在相互寻找着，但一接触到指尖就像是彼此都被烫着了似的慌忙逃离。另有一些同伙伴稍稍滚抱在一块，不一会又赶忙分开，不知所措地跑到暗处定一定神儿，又卷土重来。

时不时地会有一阵激烈的喧闹：爪子互相缠绕，钳子又夹又抓，尾巴你我钩击，看不出来是爱抚还是威吓。在混乱之中，在适合的视角，就可以看见一对对的小亮点，像红宝石一样的在闪耀。你一定会以为那是闪闪发光的眼睛，实际上那是两个小棱面，像反光镜一样闪亮，长在蝎子的头上。蝎子们无论胖瘦大小都参与了混战，这是一场你死我活的战争，一场大屠杀，然而这也是一场疯狂的游戏。就像小狗狗们扭缠在一块一样。不一会儿，大伙四散开，每只蝎子都向自己的方向蹿去，无人伤筋动骨，也没有丝毫的伤痕。

现在，四散而去的逃跑者们又聚集到灯光跟前。它们荡过去爬过来，回来了又离开，常常弄得脸碰脸头撞头的。最性急的从别人的背上爬过去，后者只是扭动一下臀部算是在抗议。现在还未到需要大打出手的时候，最多也只是两人相遇，互相扇个小耳光而已，也就是用尾巴稍稍拍打一下罢了。在蝎子群里，这种不使用毒针的敲打是它们常见的拳击形式。

还有比尾巴互击、爪子相缠更精彩的。有的时候，可以看到一种相当别致新颖的打仗架势。两强相遇的时候，头顶头，双钳回收，后身竖起，来个完美的大倒立，这时候胸脯上的八个呼吸小气囊全都能看见。这时，它俩垂直竖立的尾巴互相磨蹭，上下滑动，而两个尾梢微微钩住，并这样反复多次，解开，钩住。突然间，这友谊的金字塔倒塌了，双方便没有任何寒暄地急匆匆分开。

这两位摆出新颖别致的姿势有什么意义？难道是两个情敌在搏斗？看起来不像，因为二人相遇时并没有怒目而视。从之后的观察中我知道了，它俩这是在眉目传情，私订终身。蝎子倒立着是在倾吐自己的爱慕之情。

如果我继续像一开始的那样，每天观察并把每天积累的材料整理到一起，是会有好处的，而且讲述起来也比较方便，只是，这样一来，那些各有特色且难以融入进去的一幕幕细节就被省略了，讲述的趣味性也就没有了。在向别人介绍如此奇特而且又不为人知的昆虫习性时，什么都不能忽略不提。最好是依照编年法把观察到的新情况分段讲述出来，虽然这样做产生累赘重复的情况。但是从这样无序中必然能产生有序，因为每天傍晚的那些引人入胜的情景都能提供一种联系，对之前的情况加以验证和补充。我下面就进行抽样讲述。

一九○四年四月二十五日

咦！那是怎么了？我还从没见过这样的场面。我从未放松过警惕，但这还是我头一回亲眼见到这番情景。两只蝎子面对面，钳子伸出，钳指互夹。这是充满友谊的握手，而不是搏杀的前奏，因为双方都是以最友善的态度对待对方。两只蝎子一雄一雌。一个肚子大，颜色有些发暗，这是雌蝎；而另一只相对弱小，色泽苍白，是雄蝎。它俩都把长尾用心地卷成美丽的螺旋花形，正正经经地在沿着玻璃墙边挪着步。雄蝎在前倒退着走，步履平稳，不像拽不动对方的样子。雌蝎被抓住爪尖，与雄蝎面对面，乖乖地跟着走。

它们停停走走，却一直缠在一起。一会从这儿走，一会从那儿走，从围墙的一端转移到另一端。不知道它们到底要走向哪。它们溜达着，开始发情，眉来眼去的。此刻的情景让我想到在我们村落里，每个星期天的晚祷之后，年轻人一对对地手牵手，肩搂肩地沿着藩篱墙浪漫地散步。

它们经常掉转方向。雄蝎决定着向哪个方向走。雄蝎没有松开对方的手，优雅地转个半圆，同雌蝎肩并肩。这时候，雄蝎的尾巴轻轻展开爱抚了雌蝎一会儿。雌蝎一动不动，不露声色。

我一直饶有兴致地观察着这没完没了的过程，足足有一个钟头。家中有人和我一起观看这番奇妙情景，世上还没有人见过这种场面，至少是没有用观察的眼光看过这种表演。尽管天色已晚，而我们又是喜欢早睡的人，但是我们的注意力始终高度集中，一丝重要情况都没有逃过我们的法眼。

十点钟左右，雌雄要有结果了。雄蝎爬到一片它觉得适宜的瓦片上，只松开雌蝎的一只手，而另一只手仍旧紧握着不放，用松开的一只手扒一扒，尾巴扫一扫。一个洞口张开了。雄蝎独自钻了进去，之后，一点一点轻则又轻地把在耐心等待在洞外的雌蝎拉进洞里。不一会儿，它们就不见了。它们用一块沙土垫子把洞门封上。这对情人入洞房了。

打搅它们的好事是愚蠢的，如果我立刻就想看洞内所发生的情况的话，那就会操之过急了。耳鬓厮磨，准备入港大概要持续个大半夜，而我已年近八十，熬长夜已让我体力不支了。眼睛发涩，双腿酸痛，还是先回去睡上一觉再说吧。

整整一夜我都梦见蝎子。我梦见它们钻进被窝里，爬到我脸上，但我并没太惊惶不安，因为我脑子里全是蝎子的奇异事情。次日，天一亮，我便去掀开那块瓦片。只剩下雌蝎一人待在那儿。雄蝎早已没了身影，在那个洞里没有，周围也没找见。这是我的失望了，只是接下来的失望大概会一个接一个。

五月十日

已是晚上将近七点钟的时候，天上乌云翻滚，看似要下大雨。一对蝎子正在玻璃笼子的一块瓦片下脸对脸，手指钩住手指，纹丝不动地待着。我小心翼翼地掀开瓦片，让这对住户居民暴露出来，以便我观察它俩这种脸对脸后的一举一动。天渐渐地黑下来，我觉得无所事事便去搅扰没了屋顶住所的安宁。倾盆大雨哗哗而下，我不得不转身回屋避雨。蝎子们有玻璃笼子保护，它们不用担心雨的袭击。它们的凹室被揭去房盖，就这么被弃在那儿做着好事，它们将怎样操作呢？

一小时以后，大雨停了，我再次蝎子笼前。它们走了。到它们旁边的一所有屋顶的屋子里住下了。雌蝎在外面静侯着，而雄蝎则在里面辛勤地布置新屋，可它们的指头仍然钩着。家里人每十分钟轮换一次，以免错过我觉得随时都可能进行的交尾。但这么紧张一点用都没有。当八点钟天已经全部黑透时，这对蝎子由于不喜欢所选的新房，踏上了朝圣之路，仍旧是手牵着手，往别处寻找去了。雄蝎还是倒退着指引方向，选择自己满意的住所，雌蝎则服帖温顺地跟随着。这同我四月二十五日所看到的一样。

它俩都满意的新房终于找到了。雄蝎先闯进去，但这一回它的两只手都始终没有松开自己的情人。它用尾巴这样随意地一划拉，新房便收拾好了。雌蝎被雄蝎温柔轻缓地拉着，随着向导进入洞房。

两个小时过去了，我满以为已经足够让它俩完成这些准备，做成好事，便前去察看。揭开瓦片，它俩还在里面，仍旧原来的姿势，脸对脸，手牵手。看上去今天是没什么花样儿可看的了。

次日，依然没看见新鲜东西。两个面面相觑，都若有所思似的，爪子没有动弹，手指仍旧钩住，在瓦顶下继续那没完没了长时间的含情相对。日落西山，暮色降临，经过这么二十四个小时的缠绵之后，这对情人终于分开了。雄蝎离开了瓦屋，雌蝎仍留在当中，好事还是没有一点进展。

这场戏中有两个情况一定要牢记。第一，一对情人相亲相爱地散步之后，必须有一个隐蔽而安静的居所。在露天地里，在众目睽睽之下，吵嚷的环境中，这样的好事是永远也做不成的。屋瓦揭去，无论是白天还是黑夜，不管怎么样都要小心谨慎，情侣们大概思考许久，还是决定离开原地，另寻新居。第二，在瓦屋中停留的时间是特别长的，就像我们刚才已经看到那样，都等了二十四个小时了，仍未见到关键的一幕。

五月十二日

今晚这一幕将告诉我们什么呢？天气闷热无风，很适合夜间的约会发情。两只蝎子已经成双成对，但它俩是怎么勾搭上的我并不知道。这一回，雄蝎体形比腰圆肚大的雌蝎要瘦小得多。但雄蝎依旧不减雄风。像约定好了一样，雄蝎倒退着，将尾巴卷成喇叭形，领着胖雌蝎在玻璃墙边悠闲散步。它们转了一圈又一圈，一会儿从这个方向转圈，一会儿又从另一个方向转圈。

它们时常停下休息。停下时，二人会头碰头，一个稍向左，另一个稍向右，看起来像是在交头接耳，甜蜜地窃窃私语。前头的小爪子不停地磨蹭着，想爱抚对方。它俩在说些什么呢？那无言的山盟海誓要怎样才能被翻译出来？

　　我们全家都围拢来看这种奇特的勾搭现象，而且，我们的在场丝毫未影响到它们。那景象颇有意思，这么说毫不夸张。在提灯的亮光下，它俩就像镶在一块黄色琥珀之中的半透明的光亮物体。它们长臂前伸，长尾卷成漂亮的螺旋状，动作温柔的开始一步步的长途旅行了。

　　没有什么能打扰它们。如果有这么一个流浪汉晚间乘凉，跟它俩一样沿着墙边散步，碰巧与它俩在途中相遇，就明白它俩是准备干风流艳事，便会知趣地闪到一边，让它俩过去。最后，一处瓦片隐秘所收留了它俩，不用说，雄蝎依旧首先倒退着走进去。时间已是晚上九点了。

　　紧接着这晚间的田园诗之后的是夜间的惨剧。次日清晨，雌蝎仍待在头一天晚上的那片瓦屋内，而瘦弱的雄蝎依然在她身旁，只是已经被她吃掉了一部分。它的头、一对爪子、一只钳子已经没有了。我将这具可怜的残尸放到瓦屋门口。整整一个白天，隐居的雌蝎都没有再碰过它。夜色深了，雌蝎出来了，它在门口碰见了死者，它把死者拖到远处，以便为它安排隆重葬礼，也就是把死者吃干净。

　　这种同类相食的情况和去年我在昆虫小村落上所看到的情景一模一样。那时，我总能发现一只胖乎乎的雌蝎在石瓦下面津津有味地像吃大餐一样把自己的夜间情郎干掉。当时我就在想，雄蝎做完好事之后如果不赶快抽身的话，就一定被雌蝎全部或部分地吃掉，就要看雌蝎那时候的食欲怎样。现在，事实就摆在我的眼前，我的猜想是对的。昨天我看见这对情侣在漫步中做好充分准备后双双进了洞房，可今天清晨，当我跑去看的时候，在同一块瓦片下面，新娘正在美美地消化自己的新郎呢。

　　毫无疑问，那不幸的雄蝎已经死了。但是，为了繁衍后代，雌蝎是不会把雄蝎全部干掉的。昨晚的这对情侣做事非常干净利落，当我还看见其他的一些情人时，时针都转了两圈了，它们还在耳鬓厮磨，窃窃私语的。一些无法预料的环境因素，诸如气温、气压、个体激情等等的差异，会大大地延缓或加速交配高潮的到来。而这也正是最大的困难之所在，使得一心想要弄清那至今不为人所知的爪梳作用的观察者，很难准确无误地捕捉时机。

　　五月十四日

　　肯定不是饥饿让我的蝎子们每天晚上激动不已。它们每晚劲舞狂欢与寻找食物毫无关系。我刚往那些忙碌的蝎群扔进各种各样的食物，都是从很对它们胃口的食物中挑选的，其中有蝗虫宝宝的嫩肉段、有比一般蝗虫鲜美的小飞蝗、有剪去翅膀的尺蛾。天渐转暖时，我还会捉一些蜻蜓来喂它们，那是蝎子特别喜欢的食物，我还把同样受它们欢迎的蚁蛉也捉来喂它们，因为以前我曾在蝎子窝里发现过蚁蛉的翅膀、残渣。

这么多诱人的美味。蝎子却不为之所动，谁都对此不屑一顾。在混乱的笼子里，小飞蝗在不停地跳蹦，尺蛾用残翅拍打地面，蜻蜓害怕地瑟瑟发抖，但蝎子们从这些美味身旁走过时却对它们丝毫不感兴趣。蝎子们踩踏，撞倒它们，用尾巴把它们拉开，总之，蝎子们不需要它们，至少现在不需要。它们有其他更重要的事情要去忙。

几乎所有的蝎子都在沿着玻璃墙行走。一些固执者甚至尝试着往高处爬，它们用尾巴支撑身子，可是不幸的是一滑就掉下来，然后又在别处试着往上爬。它们伸出拳头拼命地击打玻璃壁，拼命地要抢在前头。不过，这个玻璃公园很宽敞的，人人都有待的地方着小路一条又一条，足以让大家长久地漫步。它们不管这些，它们要向远处去流浪。如果它们拥有自由，它们一定会散布在四面八方。去年，同样是这个时节，笼中的蝎子离开了昆虫小村落，我也就再也没见到过它们。

春季交配期需要它们出游。之前一直形单影只地生活着的它们现在不得不撇开自己的安乐窝，去完成爱情朝圣，它们不在乎吃喝，一心只想着要寻找到自己的情人。在它们领土的砖石堆里，也许同样会有一些可以约会、可以聚集的优选地。如果不是害怕夜里在它们的乱石岗上摔断老胳膊老腿的话，我还真想去瞧瞧它们甜蜜温馨的男欢女爱呢。它们在光秃秃的山坡上做什么呢？看上去貌似和在玻璃笼内做的没什么不同。雄蝎选好一位心仪的姑娘之后，便手牵手地领着新娘漫步在薰衣草丛中。如果说它们在那里无法享受我昏暗小灯的柔和光芒的话，它们却有月光那无可比拟的提灯为它们照亮。

五月二十日

并不是每晚都能见到雄蝎邀请雌蝎漫步的情景。许多蝎子从各自的屋瓦下出来时就已经成双成对的了。它们就这样手牵着手度过整个的漫长的白昼，一动不动，面对面地沉思默想。夜晚到来，它们依旧不分开，沿着玻璃笼边又开始了前一天晚上，甚至更早以前就开始的漫步。我不知道它们是什么时候和怎么结合在一起的。也许有些是在偏远小路上偶然相识的，而恰巧我们很难观看到。当我发现它们时，已经晚了，它们已结伴同行了。

今天，我的好运来了。在我的面前，提灯下最亮的地方，一对情人已结成连理。一只生龙活虎、喜形于色的雄蝎在蝎群中乱撞，一下子就和一个它相中的过路雌蝎面对面了。后者没有拒绝，好事便成了。

它俩头碰头，钳子撑着地，尾巴大幅度地摇摆着，然后，和之前描述过的一样尾巴竖起，尾梢互相钩住，亲切温柔地爱抚对方。不一会儿，竖起的尾巴架拆开了，但它们的钳指仍然钩着，丝毫没有改变，就这样上路了。这种金字塔状姿势完全是双双外出的前奏曲。这种姿势说实话并不少见，即使是两只同性蝎子相遇也会这样，但同性间的这种姿势并没有异性间的规范，尤其是不那么郑重其事。同性搭建金字塔时往往动作浮躁，并不是很友好的撩拨，其两尾是在暗暗地互相打击而不是彼此爱意的抚摸。

让我们稍稍跟踪一会儿那只雄蝎。它在急匆匆地后退，为征服了对方感到洋洋得意。它遇到另一些雌蝎，它们都好奇地，或许是出于嫉妒地列于两边，目送着这对情人走过。其中突然有一只雌蝎猛地扑向被牵着的新娘，用爪子裹紧它，拼命地试图拆散这对鸳鸯。那雄蝎拼命地反抗那个有着强大拖拽力的攻击者，它拼命地拉拽，使劲儿地摇晃，但都没有任何效果。它终于放弃了，对这个意外事件并不觉得遗憾，因为身旁正有一只雌蝎等着。这一次，它只随便的闲聊了几句，就三下五除二地把事情办好了，它拉住这个新雌蝎的手，邀它一起散步。后者不答应，挣脱开，逃走了。

那堆雌蝎中，又有一只被这只雄蝎看中了，于是它又采用了同样开门见山的办法。这只雌蝎答应了，但是这并不能说明它半路上就不会离开这个雄性勾引者。对于年轻的雄蝎来说这没什么了不起的！走了一个，还有更多的在等着。那它到底想要什么样的呢？它想要第一个投怀送抱的。

这第一个投怀送抱者，它找到了，正领着它散步呢。雄蝎走到了敞亮的地方。如果对方拒绝再往前走，它就拼命地又拉又摇。如果对方温柔体帖，它也变得温文尔雅。它常常停下来休息，有时候休息很长时间。

这时，雄性在进行一些奇怪的操练。它把双钳——确切地说是双臂——收回，然后又伸出去，强迫雌蝎也重复同样的动作。它俩变成了一个肢节拉杆器，形成不断闭合的状态。这种灵活性训练完了之后，机械拉杆便停止了工作，僵持住了。

现在，它俩额头相对；两张嘴互相粘在一起，窃窃私语。这种亲昵抚摸就相当于我们的拥抱和接吻。只是我不敢这么定义罢了，因为它们没有脸、头、嘴唇、面颊。仿佛被一刀剪去了一样，蝎子甚至都连鼻子尖都没有。在本应该是面部的部位，它们长的却是一些丑陋无比的平板颌骨。

但那时却是蝎子最美好的时光！它用自己那比其余的爪子更敏感、更娇嫩的前爪轻拍着雌蝎的丑面孔，可在雄蝎眼里，那可是最甜美的脸庞。它心痒难忍地轻轻咬着，用下颌拨弄对方那和它一样奇丑无比的嘴。这是天真与温情的最高境界。据说是鸽子发明了亲吻，可我却发现了比鸽子更早的发明者：蝎子。

雌蝎任由雄蝎轻薄，它完全是被动的，心中却暗藏着筹划着借机逃跑的计划。可是怎样才能成功地溜掉呢？这很简单。雌蝎以尾当棒，朝着忘乎所以的雄蝎的腕子上猛然一击，后者就会立即松手。于是，两蝎分开。次日，气消之后，好事又会开始。

五月二十五日

这猛然一击告诉我们，温顺的雌蝎伴侣也会有自己的小脾气，会固执地拒绝对方，说翻脸就翻脸。让我们举一个例子。

这天晚上，一对俊美的雌雄二蝎正在漫步。它俩发现一片非常满意的瓦。于是雄蝎松开一只钳子，仅松开一只，以便活动自如。它开始用尾巴和爪子清理入口。接着，它钻了进去。随着洞穴渐渐加深加宽，雌蝎便也跟着心甘情愿地钻了进去。

不一会儿，或许是时间和住宅不令人满意，雌蝎出现在洞口，半截身子退到洞外。它试图拼命挣脱雄蝎。后者身在洞内，努力地在往里拉拽雌蝎。战争非常激烈，一个在里面使劲儿地拽，另一个在外面拼命挣脱。双方有退有进，不分胜负。最后，雌蝎猛一发威，竟把雄蝎拽了出来。

这二人并没有分开，但已到了屋外，又继续散起步来。足足一个小时里，它俩沿着玻璃笼墙根走来走去，最后又回到了刚才那片瓦前。道穴在刚才已经开通，雄蝎立刻钻了进去，然后便开始使劲儿地拉拽雌蝎。后者身在洞外，尽力地抵抗着。它挺直足爪，拱起尾巴，踩住地面，顶住屋门，挣扎着不愿进去。我觉得它的反抗并不让人扫兴。要是没有前奏做铺垫，那交尾还有什么意思呢？

这时，瓦片内的雄蝎勾引者一直坚持着，花招耍尽，雌蝎终于乖乖地顺从了，进入洞内。此时钟刚敲十点，我决心哪怕熬上一整夜，也非要看到结果不可。我将在合适的时间揭开瓦片，瞅瞅下面发生了什么。这是难得一见的好机会。突然，机会来了，我不敢怠慢。会看到什么呢？

什么也没有。刚过不到半个小时，雌蝎抗争成功，挣脱束缚，爬出洞外，落荒而逃。雄蝎立刻从瓦片下深处紧追了出来，到了门口，左顾右盼。新娘逃走了，它也只好灰溜溜地回到瓦片下。它被骗了。我和它一样也被骗了。

六月开始到来。由于担心光线太强会吓到蝎子，以前我一直都是把提灯挂在玻璃笼子外面，与它保持一定的距离。但由于光线不足，我无法看清漫步的蝎子情侣我拽你牵的一些细节。它们互相手拉手时是否主动积极？它们的钳指是否互相亲密地咬合着？或者只有一只采取主动？是其中的哪一种呢？这一点相当重要，必须弄清楚。

我把提灯搁在玻璃笼子的正中间。笼内四周都被照得亮堂堂的。蝎子们不但不畏惧亮光，反而乐在其中。它们围着提灯转去跑来；有的甚至还顺着光源试图爬上提灯，好离光源更近一些。借着玻璃灯罩，它们倒是爬上去了，抓住铁片的边缘，不怕掉下，终于爬到了顶端。它们待在上面纹丝不动，腹部紧贴在玻璃罩上，部分贴在金属框架上，整个晚上盯着看个没完，被这灯的辉煌所征服。它们让我想起了曾经的那些大孔雀蝶在灯罩上得意忘形的样子。

在灯下的一片光亮处，一对情人正抓紧拿大顶。它俩用尾巴温情地挑逗一番，然后就往前走去。一直都是雄蝎在采取主动。它用每把钳子的双手夹住同它相对应雌蝎的双手。只有雄蝎在努力，在夹紧，他想解套便解套，双钳一松，套便轻易地解开了。雌蝎则没法做到；因为雌蝎是俘虏，勾引她的人已经给它戴上了拇指铐。

在一些较为少见的情况中，我们还可以看得更清楚一点。我曾在不经意间看见过雄蝎抓住它的美人儿的两只前臂往前拉扯。我还见过雄蝎抓住雌蝎的一只后爪和尾巴野蛮地生拉硬拽。雌蝎先是使劲儿推开雄蝎伸出的爪子，而雄蝎则毫不费力地猛地把美女掀翻，顺势伸爪抓住对方。事情是明摆着的：这是货真价实的劫持，是暴力拐骗，就像罗慕鲁斯王的部下抢掠萨宾妇女一般。

圣甲虫的造型术

圣甲虫是如何制作那饱含着慈母心的梨形粪球的？首先不可否认的是，它绝非在地上经过滚动制作而成的，因为它的形态从各个方面看都是无法向前滚动的。就算那梨状葫芦的肚皮可以随意滚动，但那个椭圆形凸出来的梨颈里面可是个孵化室呀！这个精巧的作品无论如何也不可能是猛烈相撞的结果。它就像首饰师的首饰一般，是绝不能让铁匠放在铁砧上粗鲁地捶炼的。我同意其他的一部分已经提到的十分明显的原因，希望梨形粪球的形状能够把我们从那以为宝贝是放在一个来回摇晃的粪球里的陈旧看法中解脱出来。

为了自己的作品，圣甲虫与真正的雕塑师们一样，关起门来全神贯注地制作。它将自己藏在洞穴中，一心一意地加工被它运入洞中的肥料。它在对待肥料的办法上有两种。一是在粪堆里按照我们已知的那种方法挑选优良食料，就地将它揉成小球，变成圆形后再滚动它。如果仅仅是为搞定自己的口粮问题，它肯定会这样做。但如果它认为粪球体积太大，又不适合就地挖洞，它就会滚动着这个大东西上路，就这样漫无目的地走着，直到找到一个适宜的地点才停下来。途中，粪球会越滚越圆，可表面那一层会变得有点硬，沾上一些细沙粒和泥土。这层沾上沙和土的表面是它跋涉远近的真实写照。这一点非常重要，我们一会儿会用得着的。

还有一种情况是，它选取肥料的粪堆旁边就很适合挖洞，那地方没多少石头，挖起来很轻松。这样就不用长途跋涉，也就用不着滚动粪球了。羊的松软面包被收集起来，原样储存在车间里，急需时再切成小块制作。

这种情况很少见，因为地面粗糙，石头很多。很轻易地就能挖洞的地星星零零，圣甲虫必须锲而不舍地四处寻找。不过，我的笼子里铺的一层土是过了筛子的，相当容易挖洞，因此每一处都能挖洞造家，因此，圣甲虫妈咪为产宝贝而劳动时，只要直接把周围的粪块弄到地下去就可以了，用不着先把粪块弄成固定的模样。

这种不必要事先揉成粪球再运输储存的办法无论是在野地里还是在我的笼子中，其最后的结果都令人十分震惊。第一天，我发现一块没有形状的肥料从地上消失了，第二天或第三天，我观察了它的加工厂，发现艺术师正面对着自己的杰作呢。当初不成形的被一个个抱进洞中的碎块，已经在短短的几天里变成了无可挑剔、形状完美的梨形粪球了。

这件艺术品身上有着其艺术家的气息。立在洞底地上的那部分沾着少量的泥土，其余的部分都很光亮。在圣甲虫加工梨形粪球时，由于粪球本身的重量，由于圣甲虫的轻轻拍打，松软的梨形粪球接触地面的那一面很容易就沾上了些泥土，而其余的大部分面积则很好地保持了圣甲虫精心制作的精制完美。

这些费心观察到的细节的结果是显而易见的：梨形粪球并不是旋转加工而成的；它不是圣甲虫在宽敞车间的地上经过滚动得到的，如果是那样的话，它就应该浑身都沾上了泥土才对。还有，它那凸起的颈部也完全否定了这种加工办法的可能性。它甚至都没有从一面翻转到另一面，因为朝上的那一头没有沾一点儿泥土，这就是充足的证据。圣甲虫没移动也没翻转，就在它原来的地方对梨形粪球进行了制作加工，它用它那宽臂温柔地打拍梨形粪球，正如我们在露天地里看见的它加工时的样子。

现在我们回过来谈谈田野里的通常的情况。这时候，粪球是从远地儿运来拖进洞穴里的，它的整个表层全都沾满了泥土。圣甲虫将怎样处理这只粪球呢？此时粪球上已经呈现出未来梨形粪球的腹部来了。如果我只想得到答案而不考虑以前使用过的办法的话，这答案是可以轻易得到的：只要在洞中连同其小粪球一同抓住圣甲虫妈妈，把它和小粪球全都搬回我的实验里，进行精细的观察，研究它的发展情况就行了，而这种事我干过不止一次了。

我用一只短颈大口瓶装满筛过的潮湿的土，并把土拍实到我正需要的程度。之后，将圣甲虫妈妈及它紧搂住的心爱的粪球放在我加工的土层表面。我把大口瓶放在半暗半明的地方以后，期待着事情的发展。我的耐心并没有受到长时间的考验。圣甲虫因需要迫切完成宝贝巢的工作，因此很快重新开始了被我打断了的工程。

在的时候中，我会看见圣甲虫一直待在地面上，把粪球敲破打碎，将粪渣撒得满地都是。这当然不是因为圣甲虫被捉住，变成俘虏产生绝望导致的举动，恍惚之中把宝贵粪球给毁坏掉。它那是聪明又卫生的行为。对在一群疯狂的抢夺者中间匆忙弄到的粪球进行精细的检查常常是十分必要的，因为在强盗们当中，就在收获地点进行检查并不合适。粪球有可能裹进一些蜉金龟、小蜣螂什么的，那时候因为忙着抢夺而顾不上仔细拣挑。

这些不经意间闯入当中的入侵者很自在地待在粪球里，将来很可能会和合法的消费者抢夺未来的梨形粪球的。必须把这帮偷食的馋猫从粪球中请出去。因此，圣甲虫妈咪将粪球打碎，变成碎屑，仔细筛查。之后，再重新把粪渣聚拢，粪球就做成了，这时候表层已没有泥土了。于是圣甲虫把它拖到地下，把它加工成除支撑的那一面之外其余地方都没有泥土的梨形粪球。

但更常看到的是，粪球被圣甲虫妈咪原封不动地埋到地下，就像我从洞中把它挖出来时那样，它的外表很粗糙，因为它是圣甲虫妈妈从收集点一路滚动，一直到理想的制作点的。在这种情景下，我在大口瓶底看见的是已做成梨形的粪球，外表很粗糙，表面沾满了沿路沾上的沙土，足见梨形粪球并不需要从头到尾进行彻底的制作改造，只要经过简单的按压，拉出梨颈就成了。

在大多数情况下，一切都是这样正常发展的。我在田野里挖出来的梨形粪球几乎全都带有一层薄薄的硬壳，程度不一样地都很不光滑。如果没有不知道这硬壳是因长途搬运所造成的，人们一定会认为这沾满沙土的外层是圣甲虫在地下加工时滚动粪球造成的。我所看到的那几个极其稀有的光滑粪球，特别是我的笼子里挖出的那几个相当光洁干净的粪球，彻底地纠正了这一重大的错误。这几个梨形粪球让我们明白，这些用就近收集储存起来的未成形的粪料制作成梨形粪球一定经过彻底地改造，而且根本就不是用滚动制作的办法。这几个梨形粪球还告诉我们，那些梨形粪球粗糙的表面并非在车间里滚动时沾上泥土而成的，而纯粹是证明了它们在地面进行的长途跋涉。

亲眼观看梨形粪球的加过程并不是容易的事：那个在黑暗中工作的艺术师稍被光线照到，就一定罢手停工。它需要在黑漆漆的环境下才能进行雕塑，而我必须有光亮方能看到它。这两个条件当然不可同时得到满足。不过，我们也可以尝试着断断续续地抓住那不能完全展现的真实情况。为此，我想到了下面这个方法。

还是用了原来的那个短颈大口瓶，我在瓶底垫了一层几厘米厚的土。为了弄一个我所需要的四周通透的车间，我在土面上撑起一个三脚架，大概一分米高，在它上面放置一个与大口瓶瓶口直径相吻合的枞木盖板。这样装置好的玻璃壁板房就是圣甲虫创作的宽敞地下室。枞木板的边缘被切开一个小口，刚够圣甲虫和它的粪球一起通过的。最后，在枞木盖板上堆放一层厚实的土。

在堆土时，一些在盖板上的土会滑落，从缺口的地方漏到房间里，形成一个很宽的斜坡。这是我特意设计的。等圣甲虫发现连接口之后便会借着这一斜坡，下到我为它准备好的透明屋里去。当然，这个透明屋一定要黑了以后它才会进去。所以，我就用硬纸板做了一个上面封口的套，用它套住短颈大口瓶。这样一弄，那间房间就全黑了，正符合圣甲虫的要求。我只要猛地拿起套来，我所要的光亮便有了。

一切准备就绪，我便开始寻觅带着自己的粪球宝贝刚躲进天然洞穴中的圣甲虫妈妈。正如我所希望的那样，一个上午就全安排好了。我把那位圣甲虫妈咪及其粪球宝贝安置在上层土的表面上，并在大口瓶上套上了纸套，然后就安安心心地等待着。只要卵未安置妥当，圣甲虫妈咪就会执着地继续自己的工作，甚至会不怕费力地为自己挖一个新的洞穴，并随时一点点地把粪球往洞坑里运。它将会穿过上面的那层不是薄薄的土；它将遇到枞木板盖的阻挡，这是与它屡次在露天地里挖洞时碰到的挡住去路的碎石一样的障碍。这时候，它就会探寻受阻的原因，并最终发现那个缺口，于是就从这个小门进到下面的小屋，小屋对它来讲宽敞的很，可以轻易地爬进爬出，就像我刚才让它搬家前它所住的地下室差不多。我是这么猜想的。可这一切都需要时间去考证，而我觉得最好是一直等到次日，以满足自己那迫不及待的好奇心。到点了，去瞅瞅去。前一天我把实验室的门敞开着，因为门锁的一丁点声响都可能会惊动我那个疑心重重的劳动者，它便会立马停下手中的工作。为了减小声响，我进实验室前特意换上了一双软底拖鞋。我走近猛地一下揭去纸套。好极了！我的推断全都正确。

圣甲虫正待在玻璃工作室里，它正在忙碌着，宽爪正放在梨形粪球的初品上。但是，这突然地一亮，把它吓住了，它纹丝不动的，好像僵住了一样的。这种情况延续了几秒钟。之后，它终于反应过来，转过身去，笨拙地往回爬上斜坡，试图进入地道黑暗的高处。我迅速瞅了一眼它干的工作，很快地记下了这个作品的方位、姿态、形状，然后又把纸套给罩上，让里面再次黑下来。如果要继续做这种实验，就不能让这种突然袭击持续的时间太长。

我突然而短暂的窥探向我们提供了这项神秘工程的一些初始信息。一开始完全像圆球形的粪球此时出现一个大鼓包，像个浅浅的火山口。这件作品让我想起一些史前时期的粗制瓦罐——只是这件作品相比之下要小一些——边口厚实，圆肚，颈部有一圈小槽勒着，这个梨形粪球的雏形道出了圣甲虫的粪球的制作工艺，这工艺与未掌握陶车技术的第四纪人类的造物工艺完全相同。

这可塑的粪球一面被挖出了一圈沟槽，那就是梨形粪球的颈部。这只粪球雏形还被伸拉出一个又圆又钝的凸起，这凸起地方的中心部位看起来是被挤压过，粪料被挤压到周围去了，因此形成一个边缘不规则的火山口。这样，最初的作品就算完成了。

傍晚的时候，我又一声不吭地突然造访。上午被惊扰的圣甲虫妈妈已经恢复正常的神态，返回了自己的车间。此时又突然一片光明，它再一次受到惊吓，慌忙逃窜，躲藏到上面去。被我用亮光一次又一次地折腾的可怜的圣甲虫妈妈虽然逃到上面藏了起来，可是却满怀遗憾，非常的不甘心。

它的活计有所进展。火山口变深了；厚实的边口不见了，它变得细薄，收拢起来，伸长为梨颈。只是，粪球依旧没有被挪动。它的方位、姿态与我之前记下的一样。接地的那一面仍然在下面，还在同一个点上，朝上的一面仍然朝上，已成为梨颈的火山口还是在我的右边。由此可以说明，我原来的推断是准确无误的：粪球没有挪动；只是挤压，揉制成的。

次日，我又进行了第三次拜访。昨天还是半开着的袋状梨颈现在已经完全闭合了。卵产完了，工程也竣工了，只需再进行一番全面打光、修饰即可。我惊扰它时，圣甲虫妈咪想必正在做着这项修饰、磨光的精细活，因为它是个完美主义者。

我不小心错过了工程中最繁难的地方。但我大致明白了宝宝的孵化室是怎样建成的：围绕着开始阶段的火山口的凸出物被它用爪子按压得变小变薄了，之后伸长成开口处再渐渐缩小的口袋。到此为止的工作还是可以给出满意的答案的。只是，每当我想到圣甲虫的那些僵硬的道具，那让人联想到木偶的宽大锯齿形铠甲的笨拙生硬的动作的时候，孵化宝宝的那间小卧室如何造得那么完美无缺，无论如何我都想不明白。

仅用这种挖矿石倒是很合适的粗糙道具，圣甲虫是怎样造成那育婴室、那内部相当亮洁的产宝贝房的呢？那锯齿巨大、就像采石用的锯子的尖爪，在从其口袋的狭窄口子伸进去时，是不是变得与刷子一样柔软了？怎么不可能，我们早就讲过这种情况，而圣甲虫的情况则再一次证明了这一点：什么工具在手巧人的手里什么都能诞生出精美的东西。圣甲虫用自身所配备的无论什么工具都能发挥它专家的才能。它就像富兰克林所说的那种模范工人一样，能把锯子当刨子，能把刨子当锯子，怎么使唤都行。圣甲虫就用它刨土的那把大锯齿耙当作抹刀和刷子使，把将要诞生的虫宝宝小屋擦得光光亮亮。

最后，还有一个关于这个孵化室的小细节。在梨颈的顶部，总有一处与众不同：有几根纤维竖立在那儿。可是梨颈的其余地方全都是细心地给抹光溜儿了的。那是塞子，圣甲虫妈妈一产完宝宝就用这个塞子把那狭窄的开口堵住；而此塞子结构松散，说明并没有被按压拍打，而其余地方全都被细细拍压过了，一点突出的纤维都没有。

为何在其他地方圣甲虫都用爪子拍压实了而唯独遗漏了顶端这呢？因为圣甲虫宝宝用其后端靠在这个塞子上，一旦它受到挤压，被往后推去，这个塞子就会将压力传导给胚胎，使胚胎就会有死去的危险。圣甲虫妈妈很了解这一危险，才用了一个没有拍压过的塞子封住口，这样孵化室里的空气会更加通畅，而虫宝宝也避免受到拍压所受到的震荡带来的危害。

胆小而尽职的米诺多蒂菲

　　为了给本章要介绍的这个昆虫命名，专业分类学家采用了两个让人害怕的名字：一个是米诺多，就是弥诺斯的那头在克里特岛地下迷宫中吃人肉的公牛的名字；还有一个是蒂菲，也就是巨人族中的一员，意思是大地的孩子，试图登天那位的名字。凭借弥诺斯之女阿里阿德涅给的一团线，阿德尼安·忒修斯抓住了米诺多，杀死了它，毫发无伤地走出了地下迷宫，从而使自己祖国的人民永远摆脱了被这半人半兽的怪物吞食的厄运。蒂菲却是在自己垒起的高山之峰不幸遭遇雷劈，跌进了埃特拉火山口中。

　　现在他仍然在火山口中，他的气息化作成火山的烟雾。只要他一咳嗽，就会引起火山喷发，如果他要想换个肩膀扛着，让另一个肩膀歇一下，将会打破西西里岛的安宁：他将引发西西里岛的地震。

　　在昆虫的故事里找到对这类古老传说的回忆倒并不让人觉得不舒服。这些传说人物的名字听起来响亮悦耳，它们并不会引起和真实情况的矛盾，而那些按照造词法生造出来的名词反而总是会名不符实。假如用一些朦胧相似的名字把传说与历史结合起来，这样的名字才是最符合人意的。米诺多蒂菲便是这种情况。

　　因此，那种体形较大又与地下打洞的昆虫非常相似的黑色鞘翅目昆虫为米诺多蒂菲。它是一种无害的昆虫，但它的角可比弥诺斯的公牛要锋利得多。在我们的那些披着盔甲的昆虫中，谁也没有它那么吓人的武器。雄性米诺多蒂菲胸前有一束三根的前伸平行的锋利长矛。假使它体形大像公牛的话，即便是忒修斯本人在野外遇上，也不敢应战它那支恐怖的三叉戟的。

　　传说中的蒂菲野心很大，想通过连根带起的群山垒成的一根立柱，去打劫各神的宫殿。博物学家们的蒂菲就不会登天，它只能下地，能把地钻得极深。蒂菲用肩膀一扛，可以把一个省弄得震动起来；而我们的昆虫蒂菲则是用脊背去拱，将泥土拱松软，使小土堆不停晃动，如同被埋在火山中的蒂菲一动，埃特拉火山就轰隆作响一样。

接下来我要讲述的就是这种昆虫。

但是，讲这个故事有什么用处呢？这么深入细致地去探究又有什么意义呢？我知道，这种探究不会让一颗大料身价百倍，也不会让一堆普通的苹果成为无价之宝，更不能造成装备一支舰队、让决心拼个胜负的人们相互对峙的严重后果。我们的这种昆虫并不期待这些荣耀。它只是通过自己那些变化多端的方式来展示自己的生活，它能够帮助我们至少弄懂一些所有的书中的最内敛的那本书——我们人类自己的书。

它轻易就能弄到，不需什么钱喂养，观察起来也很有意思，所以它比那些高级动物更能满足我们的好奇心。再说，探究与我们成为邻居的那些高级动物探究起来常常十分乏味，而它却不是，它的习性、本能和身体构造都颇有特色，是我们所不知道的，所以它能给我们揭开一个全新的世界，就像同另一个星球的生物进行的研讨会。这就是我高度评价这种昆虫并且愿意坚持不懈地与它产生关联的原因所在。

米诺多蒂菲最喜欢露天的沙土地，因为这是羊群去牧场必经之路，一路上总会有不停地拉下的羊粪蛋。那是它平常的美食。如果没有羊粪蛋，也没关系，它会找些较容易收集的兔子的细小粪便来凑数。一般说来，兔子总是躲到百里香丛中去解手，因为它很胆小，怕目标暴露，遭到突然袭击。

大约在三月份的前几天，就可以看见米诺多蒂菲夫妇齐心协力，精心筑巢修窝。之前一直分居在各自的浅洞穴中的雌雄米诺多蒂菲，从现在开始将要共同生活很长的一段时间。

两地分居的夫妻双方在这么多的同类中间还能互相认出对方吗？它们俩之间也曾有过山盟海誓吗？如果说婚姻破裂的机率相当小的话，那么对于雌性来说这种破裂的机会甚至根本就不存在，因为做妈妈的很长时间以来就不再离开住处了，而相反，对做爸爸的来说，婚姻破裂的机会却相当多，因为他的责任所在，所以必须经常出去。就像我们立刻就会看到的那样，雄性一生都在为储备粮食而奔波，它们是天生的垃圾搬运工。它独自一人白天按时把妻子从洞中挖出来的土运走，夜间它又一个人在自家房子周围摸索，寻找为自己的宝宝们做大蛋糕的小粪球。

有时，各家住宅相邻而建。收集粮食的老公回来时有没有可能摸错门，闯进别人家中去呢？在它外出觅食时，能不能在路上碰到一位待在家中的散步女人，于是便忘记与前妻的恩爱，谋划着离婚呢？这个问题值得思考。我已尽可能用下面这个办法解答这一问题了。

两对夫妻正在挖土建家时被我挖了出来。我用针尖在它们鞘翅下面的边缘处做了无法抹去的记号，所以可以很轻易地把它们区分开。我顺手把这四位分别放在一块有两栉深的沙土地上。这样的土质只需要一晚上时间就能挖出一口井来。在它们急需粮食的情况下，我会它们弄一些羊粪放进去。我将一只残瓦翻扣在场地上，既能防止它们逃跑又可以遮阳，让它们安静地沉思冥想。

次日，相当令人满意的答案出来了。场地上只有两个洞穴，两对夫妻和以往一样相聚在一起，它们都各自找到了自己的结发妻子。之后，我做了第二次实验，然后又做了第三次实验，结果和第一次一样：用针尖做了记号的一对在一个洞中，没做记号的那对则在通道尽头的另一个洞穴里。

我又重复做了五次同样的实验，它们每天都得开始重新组建家庭。现在，事情有所改变了。有时，接受试验的四只每只各居一室，有时候在同一个洞穴中会发现两只雄性，或者两只雌性，有时一个雌性接待另一雌性或雄性，但组合方法与开始完全不同了。我过分地重复实验后就乱套了。每天这样的折腾都把这些挖掘师弄烦了。一个摇摇欲坠的房子总是在不停地重建，最终拆散了合法夫妻。既然房屋每天坍塌，正常的夫妻生活也就无法过下去。

不过这并没有太大影响，反正一开始的那三次实验足以说明，即使那两对夫妻一次次地受到惊吓，也不会破坏它们夫妻关系间那微妙的纽带，夫妻关系仍保持着一定的维系力。夫妻双方在我精心设计的一连串混乱之中仍然能够辨认出对方来。它们相互之间信守着山盟海誓，这在常常是三心二意的昆虫界的确是一种不可多得的高贵品质。

我们人类是根据话语、音调、音色、长相相互识别的，而它们却是哑巴，无法呼唤，只剩下嗅觉了。米诺多蒂菲寻找自己爱人的情况让我想到我家的爱犬拉姆。拉姆在发情期的时候，总是鼻子向上，嗅着由风送来的远方的空气，然后矫健地跳过围墙，匆忙跑向远方传来的充满吸引力的召唤。由此我还想起大孔雀蝶，它们千辛万苦地从好几千米以外飞来向刚出壳的正待婚嫁的雌蝶表示爱意。

但是，这样的对比当然有许多不尽如人意的地方。狗和大孔雀蝶在受到妙龄异性的召唤时是不认识这位美女的，而完全不懂长途跋涉前去朝圣的米诺多蒂菲却完全相反，它稍稍转上一圈就径直奔向它那已常常与他接触的妻子了。它通过对方身体中散发出的与众不同的气味，通过一些除了它以外别人嗅不出来的一些独特气味把它的美女轻而易举地辨认出来了。

这些带有气味的散发物又是由哪些成分构成的呢？米诺多蒂菲并没有告诉我。这很遗憾，它本应该会告知一些有关它的嗅觉之神功的有意思的故事。

那么，这对夫妇在家中是如何分工的呢？要想知道这些是不简单的，并不是用小刀尖挑出来看看就行了。如果谁想观看在洞中挖掘的这种昆虫的话，就必须运用镐头，那可是十分累的活儿。这种昆虫的住宅则不像圣甲虫、螳螂和其它一些昆虫的房子一样，用小铲子轻轻一铲，就很轻松地挖开了；米诺多蒂菲住在一个深井中，必须用一把很结实的铁铲，不断挖上好几个小时才能挖到底。只要太阳稍微毒了一点，完成这个工作你必定会累趴下的。

我已经不年轻了，可怜的关节都老了！明明知道地下有个有意思的问题想探个究竟，无奈体力不支，真的挖不动了！可是，我却热情不减，仍然和当年挖掘条蜂喜爱的海绵性山坡时一样，同样的热情如火。我对研究工作的喜爱并没有消减，不过力气上还差点。幸好我还有一个得力的助手。那就是我的孩子波尔，他身强体壮，臂膀有力，给了我很大的帮助。这时候，总是我用脑，他动手。

家里的其他人，包括孩子们的母亲，都非常积极，总是在闲暇的时候非常乐意地帮我们一把。坑越挖越深，这时候必须隔着远远的仔细察看铲子挖上来的那些东西，查找一丝一毫的证据，这时人多就看得更清楚了。一个人没瞧见的，另一个人也一定会。双目失明的于贝尔依赖一个目光敏锐的忠实仆人对蜜蜂进行研究。与这位伟大的瑞士博物学者相比，我的条件可是好多了。虽然我的眼睛已经是老花眼，但视力还是很好的，何况我家里人的视力都相当不错，而且他们都乐意帮我。如果说我仍继续进行研究的话，他们是功不可没的，我得十分感激他们。

一大清早，我们就到了现场。我们找到了一个洞穴，还有一个很大的土堆，土堆呈圆柱形，是一下子推上来的一整块土。扒开土块，就现出一口很深的井。我用途中捡到的一根又长又直溜儿的灯心草秆儿试着向井下伸去，越伸越深。最后，大约在一米五十左右的地方，那根灯心草秆儿就不再向下伸去了。我们探到了，我们探到米诺多蒂菲的睡房了。

我们使小铲子很小心翼翼地剥落卧室外面的土，于是就看到了屋里的主人，首先挖出来的是雄性米诺多蒂菲，再稍微向下挖一点就挖到了雌性米诺多蒂菲了。夫妇俩被拿出来以后，露出了一个颜色很深的圆点：那是粮食柱的末端。现在小心加小心，轻轻地挖。我们顺着洞底周边把中间的那块土和它周围的土切割开，然后用小铲子兜住底部把那整块土铲起来，既要干净利落又得小心谨慎。铲起来了！我们拿到了米诺多蒂菲夫妻及它们的卧室了。我们挖了一个白天，筋疲力尽，总算得到了这些财富。波尔背上直窜热气，可见他花了很大气力。

一米五十这个深度并不是永远不会变的，很多条件都会使深度发生改变，例如昆虫钻过的地方的土质和湿度怎样啦，根据或多或少地接近产宝宝期，昆虫干活的热情多少和时间是否宽裕啦。我看到过有一些洞穴还要稍微深一些；我也见到过另外一些洞穴还不足一米深。无论是什么情况，为了繁殖后代，米诺多蒂菲都必须有一个相当深的住所，而据我了解，没有哪种昆虫挖掘工挖过这么深的。我们马上就会琢磨是怎样的迫切需要使羊粪蛋的收藏者居住在那样深的地方的。

在离开现场之前，我们先记下一个事实，这一事实的确定是非常有价值的。雌性米诺多蒂菲是居住在洞穴底层的，而她老公则待在离她上方不远的地方，它俩都被吓得纹丝不动，现在还不知道它俩在干什么。

这一细节在我翻挖的各个洞穴中都一而再地被发觉，它似乎证明这对伙伴每人各自有一个固定的地方。

繁殖能力更强大的米诺多蒂菲妈咪住在下面。它自己在挖掘，因为它懂得垂直挖掘的技能，这种挖法事半功倍，能够挖得相当深。它是个能工巧匠，一直不停地对着坑道工作面挖掘着。它的男人只是一名待在他身后的打工仔，用它的角背篓卑微地随时理理浮土。这之后，能工巧匠就成为了女蛋糕师，把为儿女们准备的蛋糕揉成圆柱形；而米诺多蒂菲老爸则为她打打下手，为妈咪从外面搬运来面食材料。就像在所有家庭和睦中一样，男主外女主内。这也许就是为何在管形宅子中它们所在的住所一直不变的缘由。以后我们就会知道这种猜测是不是与事实相同。

现在，让我们在家里悠闲、舒服地察看我们好不容易挖掘出来的洞穴当中的那一整块土。这块土中有一个像香肠状的食品罐头，长短粗细大概像拇指一样。里面装着的食品颜色非常深，压得也很结实，分许多层，可以辨别出当中有已经压碎了的羊粪蛋。有时候，蛋糕揉得相当细，从头到尾全都十分匀称更多的时候这圆柱形面团像一种牛皮糖，里面疙疙瘩瘩的。根据女蛋糕师的闲忙情况，它所揉制的蛋糕看上去千变万化，高兴就做得很讲究，不高兴就敷衍了事。

食品罐头牢牢地嵌在洞穴的那个死胡同里，那块儿的墙壁比井里其它地方的更平整，更光滑。用小刀尖轻松地就可把它与周边土层拨开，就像剥树皮一样。我就这样得到了不沾丁点泥土的这个罐头食品。

这项工作已经完成，现在让我们来了解一下虫卵的状况，因为这个罐头一定是为幼仔特意准备的。由于我以前了解到粪金龟是把自己的宝宝就产在"血肠"底层食物中间的一个特殊的窝里的，所以我期盼着能在"香肠"底层的一个密室里找到粪金龟的亲戚米诺多蒂菲的宝宝。我判断失误了。我要找的宝宝并不在我所预料的地方，也不在"腊肠"的上边，反正不在食品罐头里。

我又在食品罐头外面寻找，总算找到了。宝宝就藏在罐头食品柱下面的沙土里，没有妈咪们细心安排的守护。那里没有适合新生宝宝细嫩肌肤所需的墙壁光滑的小卧室，而只有一个妈妈随便扒拉起来的粗糙的废墟丘。宝宝会在这个离食物有一段距离的硬床上孵化。为了吃到食物，虫宝宝必须努力扒拉沙土，穿过这个大概几毫米厚的沙土天花板。

既然挖出了那带着食品罐头的整块土，又有自制的工具，我就可以细细地观察这段腊肠是怎样做成的了。

米诺多蒂菲老爸爬出洞外，挑好一个粪球，其长度大于或等于井口直径。它将粪球从井口滚去，时而倒退着用前爪拖拽，时而用头盔轻轻顶着一下一下地往前推。推到井口边时，它会不会猛一使劲儿，一下就把粪球推进洞里去呢？当然不会，它有自己的打算，不让粪球狠狠地摔下去。

它爬进井口，用前脚搂住粪球，小心翼翼地先把一边塞进井里。到了接近井底的地方，它只要把粪球稍稍倾斜一点，粪球就能两头顶着井壁，因为它的轴心很宽。这样一来就形成了一块临时的房板，足以承受两三个粪球的重量。这就是米诺多蒂菲老爸的工作车间，它可以在这工作而同时又不影响在下面干活的自己的爱人。这是一座磨坊，加工蛋糕的粗面粉就要在这里生产出来。

这个磨坊工老爸装备精良。你看它的那支三叉刀，非常坚挺的前胸上立着一束三根的锋利长矛，两边较长，中间的那根短，三根的矛头全部直指前面。这件兵器可以用来做什么呢？我原以为它只不过是雄性的一件佩饰，如同包括粪金龟族在内的其余很多族类都佩戴着的一样，只是形状各异罢了。但是米诺多蒂菲的这个可不是简单的佩饰，而是它的一件劳作工具。

那三根矛尖而不齐，形成了一个凹形，里面正好可以装入一个粪球。在那块铺得不是太好、晃来晃去的楼板上，米诺多蒂菲老爸必须用四只后爪同时支撑着井壁才能保持平稳。那它将如何将那个滚动的粪球固定住，并且把它压碎呢？我们来看看它是怎么做的吧。

它稍微弯下身子，把三叉刀插进粪球，这样一来粪球就卡在月亮形的工具里不能动弹了。米诺多蒂菲爸爸的前爪是闲着的，因此它就可以用前臂上的锯齿状臂铠去切粪球，将它切成一块块的，然后从楼板间隙处掉下去，恰好落在米诺多蒂菲妈妈的身边。

从磨坊工那里掉下去的是粗粉，没有经过筛选，里面还掺拌着没有磨细的碎块。尽管这面粉磨得不细，但仍帮了正在精心加工蛋糕的女蛋糕师一个大忙，让它简化工序，迅速地把好次粉分离开。当楼上的粪球，包括楼板全都磨碎以后，有角的磨坊师就再次回到地面，寻觅新的粪肥，然后再不慌不忙地开始又一次研磨。

作坊中的女蛋糕师也没有闲着。它捡起自己身边纷纷落下的面粉，进一步碾细，进行细加工，然后进行分类，软一点的用来做蛋糕心，硬一点的用来做蛋糕皮。它绕过去转过来的，轻轻地用自己那平扁的胳膊打拍原料。之后，它把原料一层一层地铺开，再用脚踩实，就像葡萄酒酿制师榨葡萄汁一样。踩实成的大面饼方便储藏。通过最近十天的合作，夫妻二人终于加工好长圆柱形的大蛋糕。老公负责供应面粉，爱人则负责揉制制作。

现在可以概括一下米诺多蒂菲的各种品质了。当严寒过去，雄性米诺多蒂菲便开始寻找伴侣，找到之后便和她一起安居地下，从此，它便对自己的爱人忠贞不渝，即使它常常要外出，并且可能会遇上可能让自己移情别恋的女孩，但它始终不忘结发妻子。它以一种无法减退的热情帮助着自己的那位在孩子们自立以前绝不出门的默默工作的挖掘女人。整整一个多月，它每天都用它那叉口背篓把挖出的土运往洞外，毫无怨言，永不被那艰险的攀登给吓倒。它把轻松的扒土工作留给爱人做，那些既重又累的工作就交给自己，把土从一条垂直、高深、狭窄的坑道往上挪出洞外。

之后，这位运土马仔又摇身一成了觅食者，处处去收集粮食，为儿女们预备食物。为了减轻妻子装料，分拣，剥皮的工作负担，它又当上了磨面师。在离洞底差不多的距离处，它将被太阳晒干晒硬了的粮食碾碎，制作成细粉。粗粉、面粉纷纷飘散在女蛋糕师的蛋糕房内。在尽完它最后的职责后，它精疲力尽地离开了家，在洞外露天地里凄惨地死去。它宁死不屈地尽了自己作为父亲的义务，为了自己的家人过得幸福而做出了极大的贡献。

而米诺多蒂菲妈妈也一门心思投入在这个家上，大门不出。老人把这种贞洁女人称之为 domimansit。它把一个个面团揉成圆柱形，将宝宝分别产于一个个面团当中，从此便守护着自己这些宝宝，直到它们长大，能自立离开为止。当秋高气爽时节到来时，模范妈妈终于被儿女们簇拥着又回到地面上来。宝贝们自由自在地四散开来，到羊群常去吃草的地方去拾捡粪球，大饱口福。这时候，一心为了儿女们的慈母已无事可做，了无牵挂地与世长辞。

是的，在爸爸们对自己的子女不管不问的普遍现象中，米诺多蒂菲的确是个特例，它对自己的子女们倾注了全部的血汗。它总是想到自己的家人，却从未关心过自己。它本来可以尽情享受美好的时光，与同伴们一起入宴，还可与女邻居们调情耍闹，但它却没有那样做，而是埋头于地下的工作，卖命地为自己的家人留下一份宝贵的遗产。当它爪硬足僵，奄奄一息时，它便可无愧地自己告诉自己："我尽了做爸爸的责任，我为家人尽力了。"

美丽的小阔条纹蝶

能，我能得到，事实上我已经得到了。我家经常有一个七岁的男孩来卖萝卜和番茄，他长着一张机灵的面孔，但他并不每天洗脸，他的短裤破烂，光着脚丫，用一条带子系着，他天天都往我家送西红柿和萝卜。一天清晨，他又提着菜篮子来了，收下了我给的菜钱，放在手掌里一枚枚地数着那几枚他母亲期盼的硬币，然后又神秘地从口袋里掏了一样东西，那是前一天他在割兔草时，在篱笆边发现的。

"这个，"他一边说，一边把东西递给我，"这个您要吗?"，我兴奋地说"要呀，我当然要。你想办法再给我弄一些，有多少我要多少，而且我答应你每个星期日带你去玩旋转木马。""喏，我的朋友，这是两个苏，给你的。把这两个苏单放，别跟萝卜钱混在一起，免得给你妈报账时说不清楚。"这个头发蓬乱的小家伙对这笔巨款非常满意，他答应好好干，似乎已经隐约看到了一大笔财富在等着他。

他走了之后，我仔细查看那东西。物有所值。那是一个美丽的茧，呈圆盾形，让人不禁联想到蚕房里的蚕茧。它非常坚硬，呈浅黄褐色。从书本上的一些简单介绍来看，我差不多能肯定这是一只橡树蛾的茧。如果真的是的话，那真是上帝眷顾! 这样我就可以继续研究，也许还能把对大孔雀蝶的初步了解补充齐全。

事实上，橡树蛾是蝶蛾类中的经典，没有一本昆虫学论著不谈它在婚恋期间的杰出表现。据说有一只雌性橡树蛾被困在一所房间里，甚至刚刚还在一只盒子底层孵宝贝。它远离乡野，挣扎在一座大城市的喧闹之中。但是，孵宝贝的事还是让草坪间和树林里的相关者知道了。雄性橡树蛾们在一个隐藏的指南针的诱导之下，从遥远的田野间飞来，它们直奔那只盒子，侧耳聆听，来回盘旋。

这些奇情怪事我是从书本中了解到的，而真的亲眼看见，或亲身经历，则完全是另一回事。我花了两个苏买的那小家伙里面藏着什么呢？会从中飞出来那种有名的橡树蛾吗？

让我们用它的另一个名字——小条纹蝶来称呼它吧。这个新颖漂亮的名字是由其雄性的外衣而来的，这外衣有点像僧侣的浅红色长袍，但它不是棕色粗呢，而是柔软的天鹅绒材质，前面的翅膀横有一条长有像眼珠一样的小白点。

小条纹蝶在这一带不是常见的蝴蝶，不是那种在我们心血来潮的时候，带上个网子出去一捉就能捉到的普通的蝴蝶。在我们村子附近，尤其是在我的荒石园中，我住了二十来年却从未见到过它。的确，我不是狩猎迷，标本上的死昆虫我并不感兴趣，我要的是能表现它聪明才智的活体。不过，虽没收集者的那种热情，但我对田野里生机勃勃的一切都十分关注。要是我遇到一只身材和装束都如此出众的小条纹蝶，是绝对不会让它逃脱的。

那个给我小条纹蝶茧的孩子曾得到我玩旋转木马的许诺，但尽管诱惑如此之大，他后来却再也没有找到过第二个茧。三年当中，我拜托邻居和朋友帮我寻找，尤其是那些年轻人，他们是荆棘丛林中最手急眼快的搜索者。我自己也在枯叶堆里并不停地倒腾，查看一堆堆的石块，掏摸一个个的树洞。但还是一无所获，仍没能找到稀少的蝶茧。这足以证明在我住处附近小阔条纹蝶十分罕见。一旦时机成熟，我们就将会看到这个细节的重要性。

正如我所猜想的那样，这独一无二的茧正是那种著名的蝴蝶的。八月二十五日，一只雌蝶破茧出来，胖乎乎的，挺着大大的肚子，衣着与雄蝶相同，只是它的长袍是米黄色的，更加清雅。我把它放在我工作室当中的一张大桌子上，用金钟罩罩住。大桌子上摆满了短颈大口瓶、书籍、盒子、陶罐、试管以及其它一些器械。它没有一丝兴奋的表情。大家已经清楚这个环境，这就是我为大孔雀蝶准备的住房。有两扇窗户朝向花园，阳光撒进屋里。一扇窗户是关着的，另一扇则全天候敞开着。小阔条纹蝶就待在这两扇窗户当中那四五米间隔处，那里半明半暗。

两天过去了，没有什么值得一提的事情发生。小阔条纹蝶用前爪抓住金属网纱，吊挂在向阳的那一边，一动不动，像死了一般，翅膀没见颤动，触角也没有抖动，和大孔雀蝶的情况相同。

雌小阔条纹蝶发育成熟了，嫩肉细皮在不断变结实。它正运用一种我们的科学还毫无概念的办法加工一种令人无法抗拒的诱饵，将拜访者从各个地方吸引过来。它那胖乎乎的身体里出现什么状况了？里面发生了怎样的变化把附近闹得个天翻地覆？如果我们能清楚它那炼丹术的秘诀，便会增加很多的知识。

第三天，新娘子早已经准备好。那里开始像过节一样的热闹起来。我当时正在花园里，因为事情拖了很久，对成功已经感到毫无可能，突然，下午三点钟左右，天气很热，阳光灿烂，我隐隐约约地看到一群蝴蝶在开着的那扇窗框间飞来飞去的。

它们是一群来向美女献媚取宠的情郎。有一些从房间中飞出，另一些则飞进去，还有一些落在墙上休息，似乎因长途跋涉而感到疲惫不堪。我隐约看见一些从远处飞来，飞入高墙，飞过高大的柏树冠。它们从四面八方飞来，可数量却越来越少。我没能看到婚庆开始的情景，现在客人们几乎都到齐了。

让我们上楼去瞧瞧吧。这一次是在大白天，没有漏掉丝毫的细节，我又看到了那只夜巡大孔雀蝶让我第一次见到的令我惊讶不已的景象。在我的工作室里，一大片雄性小阔条纹蝶在欢快地飞舞，绕来绕去，以我的目测估计，大概有六十多只。在围着钟形罩绕了几圈之后，有一些就飞出了敞开的窗户，但随后又飞了回来，围着钟形罩瞎转。最迫不及待的则停在钟形罩上，用爪子互相推搡，抓挠，竞相争夺别人抢占的最佳位置。钟形罩里面的女囚大肚子垂着贴在网纱上，不动声色地等待着，在这群纷乱的雄蝶面前，它没有一丝激动的神情。

无论是飞出去还是飞回来，是趴在罩子上坚持不懈还是在房间里翩翩起舞，雄蝴蝶们在三个多小时的时间里疯狂地喧闹着。但是夕阳西下，气温开始下降，雄蝶们的激情也随着降温。有很多飞走了，再没飞回来。

剩下的那些找一个地方停下，为明天的狂欢养精蓄锐，它们紧贴着那扇关着的窗户的窗框，如同雄性大孔雀蝶一般。今天的节庆活动便到此为止，但是明天肯定还要继续，因为受网纱阻隔，婚庆的目的并未达到。

然而，令我困窘的是，婚庆在第二天并没能继续，我大错特错了。傍晚，有人送给我一只螳螂，个头儿超小，所以我很喜欢。由于总是想着下午的各种情况，我便在匆忙间不小心把这个食肉昆虫放进了那只雌性小阔条纹蝶的钟形罩里了。我根本就没想到这两种昆虫共处一室会产生很不好的后果。那只螳螂如此瘦小，而蝴蝶则是如此肥壮！因此我没有任何担心。

啊！我对这种长着铁钳的昆虫的屠杀狂热了解得太差了！次日，我惊呆了，我伤心地发现那只不起眼的小螳螂正在撕咬那只胖蝴蝶。后者的前胸和脑袋已经被吃光了。恐怖的昆虫！你让它多么的痛苦啊！再见了，我夜夜冥思苦想的研究工作。整整三年，我都将因为没有实验对象而无法继续观察。

但愿厄运没有使我们忘掉刚刚获得的一点微薄的成果。仅一次聚会，就有六十只左右雄性小阔条纹蝶飞来。如果考虑到这种蝴蝶的罕见，如果回忆起我和我的助手们那整整数年连续无果的研究，那这个数目足以我们惊讶不已的了。在一只雌蝴蝶的引诱下，原先不见踪影的雄蝴蝶突然变得这么多。

它们来自哪里呢？不用说，是从遥远的地方，从四面八方。长久以来我一直在我住处周围寻来找去，一堆堆石块，一丛丛荆棘，我都翻了个遍，所以我可以肯定我们附近没有橡树蛾。为了在我的工作室中聚集一大群这种蝶蛾，非得需要整个地区这儿那儿的蝴蝶们的帮助，至于它们来自方圆多远的地方，我就不敢说了。

三年过去了，经过朝思暮想，好运终于让我得到两只小条纹蝶的茧子。八月中旬左右，这两只茧相隔几天为我孵出两只雌蝶来，这使我得以变换和重复我的实验。

我很快就重新进行了那些曾在大孔雀蝶身上做过，并且已经得到肯定答案的实验。白天的朝圣者也很灵巧，它并不比晚间的朝圣者差。它毫不余力地挫败了我的整个计划。它准确地飞向被金属网罩罩着的那个女囚，不管网罩置放在何地；它总能够在壁柜暗处发现女囚。它能够在一只盒子的最里面找到女囚，只要这只盒子没有盖得太严。一旦盒子关得一丝不留，它得不到信息，它也就不再来了。到目前为止，实验结果仅仅是大孔雀蝶的所作所为的重复而已。

在关死的盒子里，空气不能和外界流通，雄蝴蝶因而对隐居的雌蝴蝶一无所知。就算把这盒子放在窗户上的十分明显的位置，也不会有一只雄性飞来。因此，这又让我立刻想起不管是木质的、金属的、硬纸板的还是玻璃质的隔墙，都传播不了有气味的散发物。

关于这个问题，夜间活动的大孔雀蝶并没有受到樟脑的干扰，在我看来，樟脑气味实在是太大了，人的嗅觉完全感觉不到被它盖住的细微气味。我又用小阔条纹蝶重新做了这种实验。这次，我把我药箱里所有能散发香味或恶臭的东西，都一股脑儿地用了上去。

我放置了十几只小碟子，一些放在囚禁女俘的金钟罩里，另一些碟子放在网罩周围，围成一圈。有几个装着宽叶薰衣草香精，有几个装着樟脑，有几个装着汽油，还有几个装着臭鸡蛋味的碱硫化物。不能再多放什么了，否则女囚会窒息身亡的。这些小碟子早晨便放好了，为的是等雄蝴蝶受召唤而来时，房间里可以彻底弥漫着这些气味。

下午，我的工作室成了讨厌的配药间，一股强烈的薰衣草香味加上碱硫化物恶臭的混合气味。并且别忘了我还在这间屋子里大量地熏烟。烟馆、煤气厂、炼油厂、香料厂、臭气熏天的化工厂都集中在这间屋子里了，这些气味混合起来，能不能让雄性小条纹蝶迷失方向呢？

根本不能。三个小时中，蝴蝶们像往常一样蜂拥而至。它们都往钟形罩那里飞，其实我事先已经用一块厚布把罩给蒙上了，以便增加难度。它们一飞进屋内，就被一种混杂着各种气味的强烈氛围包围住了，但它们仍然是向着女俘的囚室飞去，欲从厚布的褶皱下方钻进去与女囚约会。我的计谋没有成功。

这次失败的结果确证无疑，重复了大孔雀蝶实验的结果。这次失败以后，我理所当然地要放弃是有气味的散发物在引导小阔条纹蝶参加婚庆的观点。我之所以还没放弃，应归功于一次偶然的观察。有时，意外和偶然常常会给我们带来惊喜，为我们指出一直苦苦追寻的真理之路。

一天下午，我想知道当雄蝴蝶们进屋之后，视觉在寻找目的物中是否还起些作用，就把那只雌性小阔条纹蝶放在一只钟形玻璃罩里，还给它弄点带枯叶的橡树小枝给它依靠。玻璃罩就放在桌子中央，冲着那扇敞开的窗户。雄蝶飞进屋里一定会看得到女囚的，因为后者就在它们必经之路上。雌蝶在这上待了一夜和一个早上的那个金钟罩下的放了一层沙土的陶罐，我觉着很碍事，没加任何考虑地就把它放到屋子的另一头的地板上，那个角落只能透进半明半暗的光线，那里距窗户十几步远。

继这些准备工作之后发生的事情使我完全没有了头绪。飞进来的拜访者中没有一位停在玻璃罩旁边，而玻璃罩就暴露在明亮的阳光下，女囚非常明显地居于当中。它们都没看雌蝶一眼、寒暄一下。它们全都飞到了房间的另一头，飞到了我放置瓦罐和金属罩的昏暗角落。

它们落在金属纱网罩圆顶上，长久地在探寻，扑打着翅膀，还时不时地相互打闹一番。整个下午，直到太阳落山，它们全都围在空空的圆顶跳舞，之后雌蝶就身陷其中。最后，它们飞走了，但没有全飞走。有几个执着者不肯走，死死地钉在那儿，似乎有一股魔力把它们牢牢地吸引住了。

这实在是个奇怪的结果：我的雄蝴蝶们飞到了一个空无一物的地方，久留不走，尽管眼见罩中没人仍不甘心。从雌蝶所在的那只玻璃钟形罩边飞过时，来来回回的这群雄蝶中不应该一个也没看出有雌蝶的，但它们就是没有在这里哪怕作短暂的停留。它们被一个诱饵弄得神魂颠倒，却置真正的情人于不顾。

它们到底受了什么的骗呢？昨天晚上和今天上午，雌蝶都一直待在金属纱网钟形罩里的，它有时候吊在纱网上，有时候慵懒地附在陶罐的沙土层上休息。它所碰过的东西，尤其是它那大肚子碰过的东西，长时间接触以后，浸透了一些散发物的气味。那就是它的诱饵，促进它发情的药物，那就是引得雄蝶纷至沓来、神魂颠倒的东西。沙土能把这气味保持一段时间，将其散发到四周。

所以，是嗅觉在引诱雄蝶们，并从远处向它们传递信息。它们被嗅觉所控制，不去参考视觉所提供的信息，所以路过美女被关押的玻璃囚室时，一飞而过，直奔散发着奇妙气味的沙土层、纱网，那里渗透着神奇的气味；它们来到这空空如也的地方，魔法师雌蝴蝶早已无影无踪，只留下它在此居住时的气味。

无法抗拒的春药需要一定的时间才能配制出来。我猜它像一种挥发性的气体，一点点地散发出去，让纹丝不动的大肚雌蝶碰过的东西便浸满了这种气体。就算玻璃钟形罩放在桌子正中央，或者更好一些，放在一块玻璃上，内外都无法很好地沟通，而且，雄蝶因为凭嗅觉什么也感觉不到，它们就不会跑来，无论你试验多久都没用。可我眼下不能以内外无法沟通作为理由，因为即使我弄出一个好的沟通环境，用三个小垫子把钟形罩抬离支点，雄蝶们也不会立刻飞来，尽管屋子里蝴蝶的数量很多。但是，如果再等上半个小时左右，盛有雌性精油的蒸馏器就能开始发挥作用了，来访者就又会像以往一样纷至沓来。

掌握了这些令人豁然开朗的资料之后，我便可以进行各种各样的实验，这些实验在同一个方面都是具有结论性的。清晨，我把雌蝶放在一个钟形金属网罩里。同先前一样，它们在一根橡树树枝上休息。雌蝶在里面纹丝不动，像死了一样。它在细枝上待了很久，隐蔽在大概浸润着其散发物的叶丛里。当探视时间靠近时，我把浸足了散发物的细枝抽出来，放在离那扇敞开的窗户不远处。同时，我让雌蝴蝶留在金属罩里，放在房间正中的桌子上，位置十分显眼。

雄蝴蝶们来了，先是一只，接着是两只，然后三只，很快就是五只，六只。它们出去，进来，又回来，飞来飞去，飞上飞下，始终是在那扇窗子周围，那支细橡树枝放在椅子上，离窗户不远处。谁都没往那张大桌子飞，而雌蝶就在那里的金属网罩中等待它们，离它们没有多远。很明显，雄蝴蝶们在犹豫、在寻找。

终于，它们找到了。那它们找到什么了呢？它们找到的正是那根细枝，那根在清晨的时候曾是胖雌蝶的粉床的细枝。它们快速扑打着翅膀，飞落在叶丛里，它们忽上忽下地搜寻、抬起、挪动枝叶，以致最后那束十分轻的细枝被弄到地上去了。它们仍然在落地上的细枝叶丛中找寻。在它们翅膀的撞击和脚爪的拍打下，小树枝现在就像是在地上奔跑，仿佛是被小猫的爪子抽打着的一团皱纸。

当小树枝连同它的搜寻队伍一同远去的时候，突然又飞来两只小阔条纹蝶。那把刚才放有细枝叶的椅子就在它俩路过的途中。它俩在椅子上落下，急不可耐地在方才放过细枝的地方闻来闻去。然而，对于新到者和先来者来讲，它们渴盼的那个真实目标就在那里，很近，就是那只被我忘了遮盖起来的金属网罩罩着的雌蝶。它们谁都没有注意到它。它们在地上继续推挤着雌蝶清晨睡过的那个小床；它们在椅子上继续闻嗅那张粉床曾经放过的地方。日落西山，撤退的时候到了。再者，拨撩的气味也在渐渐地消散，淡去。来访者们纷纷离开，再也没有新的蝴蝶飞来。明天再见吧。

接下去的实验告诉我，任何材料，不管是什么，都可以替代那根偶然给予我启发的、带有树叶的橡树枝。我稍稍提前一点把雌蝶放在一张小床上，上面有时铺垫着法兰绒或呢绒，有时放些纸张或棉絮。我甚至还强迫雌蝶睡大理石的、玻璃的、木质的、金属的硬硬的行军床。所有这些东西在雌蝶接触了一些时间以后，都像雌蝶本身一样对雄蝶们有着同样的吸引力。它们全都具有这种吸引雄蝶的特征，只不过是有强有弱。最好的是、法兰绒、棉絮、沙子、尘土，总而言之是那些多孔隙的东西。而大理石、金属、玻璃反而很快就失去了它们的效果。总之，只要是雌蝶接触过的东西，都能把它吸引力的特征传出去。这就是为什么橡树枝掉到地上以后，仍会有雄蝴蝶朝椅子飞来。

让我们使用某种效果最好的材料——比如法兰绒——做雌蝴蝶的床，我们将会看到十分有趣的情况。我在一根长试管或小阔条纹蝶恰好能飞进去的一只短颈大口瓶里放一块法兰绒，让雌蝶整个早晨都待在上面。来访者们钻进器皿中，在里面拼命折腾，但却怎样也飞不出来了。我给它们设置了个陷阱，可以将来的都置于死地。让我们把那些落难者放走吧，把藏在盖得严实的盒子的最隐秘处的那块床垫拿出来。晕头转向的雄蝶们又回到那支长试管里，又钻入了陷阱之中。这次吸引它们的是法兰绒留在玻璃上的气味。

我们的假设得到了确认。为了邀请附近的众蝶飞赴婚宴，为了很远地通知它们并引诱它们，婚嫁娘散发出一种人的嗅觉无法感觉出来的十分细微的香味。我周围的人——哪怕是嗅觉尚未迟钝的年轻人——都没有闻出任何气味。

雌蝴蝶曾经栖息过一段时间的物体，都会轻而易举地沾上它的气味，因此这些东西自此也就像雌性小阔条纹蝶一样成为具有同样功效的吸引力的中心，只要它的散发物不消失掉。

但是，没有任何看得见的东西显示着这个诱饵的存在。当求欢者们迫不及待地在刚刚弄好的纸床上围床飞舞时，没有什么瞧得出的痕迹，也没有一丝浸润的样子，纸的表面和在它沾上气味之前一样，干干净净。

诱饵的制备过程相当缓慢，而且需要积累一段时间，才能充分发挥效力。从它的粉床弄走后，雌蝶被挪到别处，它们因此而暂时失去了吸引力，变得冷淡起来；雄蝶们飞向的是因长时间浸润之后的雌蝶休息地。不过，雌蝴蝶的吸引力很快就会恢复，被暂时遗忘的它不久就能重掌大权。

根据蝴蝶种类的不同，传送信息的气味出现的时间也有早有晚。刚孵出的那只雌性小阔条纹蝶须一些时间才能发育成熟，方能安排自己的蒸馏器一样的器官。雌性大孔雀蝶清晨孵出，有时候当晚就有探访者飞来，然而更普通的是次日，经过四十多个小时的准备之后才有求爱者。雌小条纹蝶把它们的招引活动推得更迟；它的结婚预告通常是在等待了两三天之后才发出的。

现在，我们暂时回过头来，谈谈触须那尚未明确的作用吧。雄性小阔条纹蝶与婚恋方面的竞争对手一样有着美丽的触角。把其层叠状的触角看作向导罗盘适合吗？我把握不大地对它们进行了我以前做过的那种截肢手术。被动过手术的雄性小阔条纹蝶没有一只再飞回来过。但结论下得还是有些匆忙。大孔雀蝶的实验告诉我们，它们不飞回来是别有原因的，比截去触须更为重要的原因。

有一种名叫苜蓿蛾的小蝶蛾，与小条纹蝶很像，也长着华美的触须，它向我们提出了一个令人十分尴尬的问题。在我家周围常常看到它们，就在那座荒石园中我都发现过它的茧，很容易与橡树蛾的茧分不清。我一开始就把它们弄混过。本指望从六只茧中得到小阔条纹蝶，但将近八月底时，破茧而出的却是六只另一品种的雌蝶。尽管我家附近毫无疑问地存在有戴着漂亮羽饰的雄蝴蝶，但在这六只出生在我家的蝴蝶妈妈身边，从来就没有出现过一只雄蝴蝶。

　　如果宽大的羽状触须真的是远距离接受信息的器官，那为什么我的那些有着漂亮触角的邻居却不知道在我工作室里发生的情况呢？为什么它们的漂亮羽饰并没有让它们对一些事情产生兴趣呢？而所发生的这些事情本应该会让另一种小阔条纹蝶纷纷跑来的呀？这又一次证明了器官并不决定才能。尽管有些昆虫长着类似的器官，但它们有的具有某种能力，有的却没有。

小魔鬼似的蟋蟀

谁想观看蟋蟀产宝贝都无须做任何多余的准备工作，只需要有点耐心就行了。布封说，耐心是一种天赋，我却谦虚地认为它是观察者的优秀品质。四月份，最迟五月份，我们给它们配对，单独放在花盆里，放一层土，压实。食物只是一片莴苣叶，常常要换上新鲜的。花盆上盖上一块玻璃，防止它们跳出来跑掉。

这种设置简单有效，必要时还可以加一个金属网罩，那就更加高级了，这样我们就能得到一些非常有趣的资料。这些我们以后再谈。眼下，我们要盯着它产宝贝，必须时刻警惕着，不让有利时机溜走。

我锲而不舍的观察在六月的第一个星期有了初步满意的结果。我忽然发现母蟋蟀纹丝不动，输卵管垂直地插入土层里。它对我这个冲动的观察者毫不介意，久久地待在那同一个地方。最后，它拔出输宝贝管，随意地地把那小孔洞的痕迹给抹掉，停留片刻，溜达了一圈儿，便在其花盆内它的地界儿里继续产宝贝。它像白额螽斯一样反复干着，但动作要慢很多。二十四小时之后，产卵似乎结束了。为了保险起见，我又继续观察了两天。

于是，我翻动花盆的土。发现淡黄色，两端圆圆的虫卵，大约长三毫米。宝贝一个一个地垂直整齐排列在土里，每次产宝贝的数目不等，有多有少，相互倚靠在一起。我在整个花盆的两厘米深的土里都发现了宝贝。我用放大镜竭尽全力地数清土里的宝贝，我估计一只母蟋蟀一次产约五六百个宝贝。这么多的宝贝肯定不久就会大大地被筛选的一番。

蟋蟀宝贝活像个奇妙的小机械。孵出后，宝贝壳似一只不透明的白筒子，顶端有一个十分规则的圆孔，圆孔边缘有一个圆帽，作为孔盖。圆帽并不是由新生儿顶开或钻破的，而是中间有一条特殊的线条，闭合不紧，可很轻易地自动打开。看宝贝孵出还挺有意思的。

宝贝产下之后大概半个月，前端长出两个又大又圆的黑黄点，那是蟋蟀的眼睛。在这两个圆点偏高处，在圆筒子的顶端，出现一条细小的环状肉。宝贝将从这儿破壳而出。很快，半透明的宝贝就能让我们看见婴儿那孵化中的小模样。这时候就必须相当地小心，增加观察次数，尤其是早晨。

幸运总是青睐耐心的人，我的专心致志终于有了回报。稍稍隆起的肉在不停地发生着变化，出现了一捅即破的一条细线。宝贝的顶端被婴儿的额头顶着，顺着那条细肉线抻着，像小香水瓶一样轻轻地打开，分落两旁。蟋蟀便像小魔鬼似的从这个魔盒中钻了出来。

小魔鬼出来以后，壳儿还是鼓胀着，完整而光滑，呈纯白色，圆帽依旧挂在孔口。鸟蛋是由雏鸟喙上专门长的一个硬肉瘤撞破的，而蟋蟀的宝贝则是一个高级小机械，就像一只精巧的象牙盒子似的自动打开。小蟋蟀额头一顶，铰链被启动，壳就自然地张开了。

小蟋蟀刚脱掉身上的那件精细外衣的时候，浑身发灰，接近白色，马上便将上面压着的土抖落开来。它用大颚拱土，蹬踢着，把松软的碍事的土扒拉到身后去。终于，它钻出土层，沐浴到了灿烂的阳光，但它如此的瘦小，不比一只跳蚤大，就这样在以强凌弱的世界里冒险。二十四个小时，它体色逐渐变化，成了一个俊俏的小黑蟋蟀，乌黑的颜色可与成年蟋蟀媲美。原先的灰白色只剩下一条白带围在胸前，宛如牵着婴孩学步的背带。

的它十分灵敏，用它那颤动着的长触须在试探周围的空间。它高兴地奔跑，蹦跳，但体态发胖就没这么活蹦乱跳的了。它年幼胃嫩，该喂给它些什么呢？我一无所知。我像喂成年蟋蟀一样，拿嫩莴苣叶给它吃。它不感兴趣，也可能是吃了点但是我确实没有看出来，可能是它咬的痕迹不清楚。

不几天时间，我的十对蟋蟀大家庭成了我的一大负担。一下子就是五六千只小蟋蟀，当然是一群漂亮的小东西，可它们需要如何照料我却一窍不通，我不知道该怎么办。

　　啊，我可爱的小家伙们，我将给予你们足够的自由，把你们托付给大自然这个高高在上的教育者。

　　就这么办，我找到花园里环境最好的一些地方，把它们放生在各处。如果它们一个个都活得很好，那么明年我的门前会有多么美妙动听的音乐会呀！但是，这美景并没有出现，不会有什么奇妙动听的音乐会了，因为母蟋蟀虽然大量产仔，但接下来的便是凶残的屠杀。幸存下来的可能只有几对蟋蟀。

　　首先奔来抢夺这天赐美味、对它们大开杀戒的是小灰壁虎和蚂蚁。特别是蚂蚁这个可恶的暴徒恐怕不会给我留下一只蟋蟀。它抓住可怜的小家伙们，咬破它们的肚皮，猖狂地饱餐一顿。

　　啊！该死的恶虫！我们还一直都把它看作第一流的昆虫！书本上对它还赞叹不已，博物学家们更是把它们捧上了天，每天都在为它们精益求精而惊叹。动物界同人类一样，有千万种让自己名声远扬的办法，但最可靠的办法却是自私自利，这是不容置疑的道理。

　　谁都不了解那些十分珍贵难得的清洁工食粪虫和埋葬虫，可吸血的蚊虫、长毒刺的凶狠好斗的黄蜂以及专干坏事的蚂蚁却是无人不晓。在南方的小村子里，蚂蚁毁坏房屋椽子的热情同它们掏空一棵无花果树一样。不用多说我，每个人都能从人类的档案馆中找到相似的例证：好人默默无闻，恶人却闻名远扬。

　　由于蚂蚁以及其他的一些杀戮者的无情屠杀，我花园中开始时数量繁多的蟋蟀日渐销声匿迹，使我的研究难以继续。我只好跑到花园以外的地方去查看了。

　　八月里，在尚未被三伏天的烈日烤干的草地上，我在其中的小块绿洲的落叶中，发现了已经长大了的小蟋蟀，和成年蟋蟀一样全身极黑，初生时的白带子已经完全消失了。它居无定所，一片枯叶、一片砖瓦足够挡风遮雨，犹如不考虑何处歇脚的流浪民族的帐篷一样。

　　直到十月末，天渐转寒，它才开始筑巢做窝。据我对囚禁在钟形罩中的蟋蟀的观察，这个工作非常简单。蟋蟀从不在暴露地点筑巢，而总是在吃剩的莴苣叶掩盖着的地方做窝，莴苣叶代替在草丛中躲藏时必不可少的遮盖物。

　　蟋蟀工兵用前爪挖掘，利用其有力的颚钳挖掉大沙砾。我看见它用它那有两排锯齿的有力的后腿在踢蹬，将挖出的土蹯到身后，出现一斜面。这就是它筑巢做窝的所有技术。

　　一开始工作干得挺快。在我的囚室里，两个小时的时间，挖掘者便消失在松软的土层下了。它还不时地边后退边扫土地回到洞口。干累了，它便在还没完工的屋门口停下来，把头伸在外面，触须悠闲地轻轻抖动着。休息一会儿，它又返回去，边挖边扫地又继续干起来。不一会儿，它又做做停停，休息的时间也越来越长，我观察的劲头儿也随之消退了。

　　最紧张的工作终于完成了。洞深两寸，目前已够用了，剩下的工作费力费时，必须抽空每天干点。天气渐渐转凉，自己的身体在渐渐长大，巢穴得不断加深加宽。即使到了大冬天，只要天气暖和，洞口有太阳，就能经常看见蟋蟀往外弄土，说明它在修理扩建巢穴。到了春和景明时，巢穴仍在继续维修，不停地改造，直到屋主去世为止。

　　四月过完，蟋蟀开始歌唱，先是一只两只，羞答答地独鸣，不一会儿便响起交响乐来，每簇草丛里都有一只在歌唱。我总喜欢把蟋蟀列为百废具兴时的歌唱家之首。在我家乡的灌木丛中，在百里香和薰衣草开放的时候，蟋蟀总是不乏附和者：百灵鸟飞向湛蓝的天空，放开歌喉，从云端将天籁之声传到人间。地上的蟋蟀虽歌声单调，缺乏艺术修养，但它纯朴的声音与万象更新时的朴实欢乐又是多么的和谐呀！它那是赞美万物复苏的宏伟之歌，是萌芽的种子和嫩绿的小草能听懂的音乐。在这二重唱中，优胜奖应该属于谁？我将把它给蟋蟀。它以歌手之多和歌声连绵不绝占了绝对优势。当田野里青蓝色的薰衣草犹如散发青烟的香炉迎风摇动时，百灵鸟便停止了歌唱，这时候人们只能听见蟋蟀依旧在继续低声地唱着，在庄重地唱着颂歌。

　　现在，解剖家跑来找茬了，他们粗鲁斥责蟋蟀："把你那唱歌的东西给我们看看。"它的乐器极其简单，和真正有价值的一切东西一样。它与螽斯的乐器原理相似：带齿条的琴弓和振动膜。

　　蟋蟀的右鞘翅除了裹住侧面的皱襞从外，几乎全部覆盖在左鞘翅上。这与我们所见到的绿蚱蜢、螽斯、距螽以及它们的近亲完全相反。蟋蟀是右撇子，而其余的都是左撇子。

两个鞘翅结构完全一样，知道一个也就了解了另一个。我们来看看右鞘翅吧。它几乎平贴在背上，但在侧面突呈直角斜下，用翼端紧裹着身体，翼上有一些斜向平行的细脉。背脊上还有一些相比较而言更加粗大的翅脉，呈深黑色，整体构成一幅繁杂而奇特的图画，亦如阿拉伯文似的天书。

鞘翅透明，呈淡淡的棕红色，只有两个连接处不是这样，一个连接处稍大些，呈三角形，位于前部，另一个小些，是椭圆形，位于后部。这两个连接处都由一条粗翅脉围着，并有一些细小的褶皱。前一处还有四五条加固的人字形条纹；后一处只有一条弓形的曲线。这两处就是这类昆虫的镜膜，构成的它的发声部位。其皮膜确实比别的地方微薄，是透明的，虽然略呈黑色。

那确实是灵巧的乐器，比螽斯的要高级得多。弓上的一百五十个三棱柱齿与左鞘翅的梯级互相啮合，使四个扬琴同时振动，下方的两个扬琴靠直接摩擦发音，上方的两个则靠摩擦工具振动发声。因此，它发出的声音是非常浑厚有力。而螽斯只有一个不出色的镜膜，声音只能传到很近的地方，而蟋蟀有四个振动器，歌声可以传到几百米开外。

蟋蟀声音亮度可与蝉匹敌，而且还不像蝉的叫声那么聒噪，令人厌烦。更绝的是，蟋蟀的叫声轻重缓急分明。刚才说过，蟋蟀的鞘翅各自在体侧伸出，形成一个阔边，这就是制振器。阔边多少往下一点，就可改变声音的高低，使之根据与腹部软体部分接触的面积大小，发出有时是轻声低吟，有时是歌声洪亮。

只要是不爆发交尾期间本能的战争，蟋蟀们便会和睦相处。但求欢者们之间，打斗是司空见惯的事，而且往往势不两立，但结局并不严重。两个情敌互相头顶着头，互相撕咬对方脑袋，但它们的脑壳是一顶坚硬的头盔，对方铁钳的夹掐对它们并不会有什么伤害，只见它俩你拱我顶，扭在一块，然后复又挺立，随后各自离去。战败者落荒而逃，胜利者放开歌喉辱骂对方，继而转为柔声低吟，围着情人轻唱求爱。

求爱者很会搔首弄姿。它手指一勾，把一根触须拽回到大颚下面，将它蜷曲起来，将唾沫作为美发霜涂抹在上面。它那尖钩、嵌着红饰带的长长的后腿，着急地踩着，向空中不停地踢蹬着，兴奋地唱不出声来。它的鞘翅快速地颤动着，却不再发出声响，或者只是发出一阵杂乱无章的摩擦声。

求爱无果。母蟋蟀跑到一片生菜叶下避藏起来。但它还是微微撩起门帘偷窥，而且也希望被那只公蟋蟀瞧见。

它逃向柳树丛中，

却在偷窥着求欢者。

两千年前的爱情牧歌就是这样温情地歌颂的。情人间的眉来眼去哪都一个样儿！

蝉动与蝉洞

除非弟子比老师的知识更渊博，否则在雷奥米尔①之后再来讲蝉的故事就没有什么意义。那位故事高手是在我生活的地区收集他的研究素材的，他观察的都是标本，由马车运去，浸泡在三六烧酒②里。而我则恰恰相反，我就和蝉生活在一起。七月来临，它们成了我花园的主人，甚至一直来到我家的门前。于是我的隐庐有了两个主人。在屋内，我是主人；在屋外，它们是主人，至高无上、气焰嚣张、吵吵嚷嚷。这么近的邻里关系，这么频繁的往来接触，使我有机会观察到一些细节，这些细节雷奥米尔是根本想不到的。

将近夏至时分，第一批蝉出现了。在一些阳光暴晒、人来人往、被踩得很结实的小径地面上，出现了一个个手指般粗的小圆孔。这就是蝉宝宝从地下深处爬回地面变成蝉的出洞口。除了耕耘过的田地以外，到处都几乎随处可见这样的洞。这些洞通常分布在又热又干的地方，尤其是在道旁路边。蝉的幼虫有非常锐利的工具，可以按需要穿透泥沙和干土，它尤其喜欢从最坚硬的地方钻出地面。

花园里有一条小径，一堵朝南的墙把阳光反射过来，使那里酷热无比，就像小塞内加尔一样；小径上就布满了这样的洞口。六月的最后几天，我查看了这些刚被废弃的井坑。地面土非常硬，我不得不用镐挖。

洞口是圆的，直径差不多两厘米半。在这些洞口的周围，没有一点浮土，没有一个由推出洞外的土堆成的小丘。事情非常清楚：蝉的洞不像粪

---

① 雷奥米尔（1683－－1757）：法国化学家、物理学家、博物学家，对昆虫颇有研究。
② 旧时一种85度以上的烧酒，取三份此酒，兑水三份，即成六份普通烧酒。

金龟这帮挖掘工的洞一样，上面堆着一个小土包。这种差别是两者的工作程序所决定的。食粪虫是从地面挖进地下，它是先挖洞口，然后往下挖去，最后把浮土推到地面上来，形成一个小土丘。而蝉宝宝却相反，它是从地下钻到地上，最后才打开出口，只有到工作的最后一刻，洞口才能使用，此前是无法通过它把泥土堆放到外面的。食粪虫是掘土进洞，所以会在洞口留下一个鼹鼠丘；而蝉宝宝是从洞中出来，不可能把土堆到门前，因为这门还没有造好。

蝉洞深约四十厘米。洞是圆柱形，根据土质不同而略有弯曲，但基本上是垂直的，因为这样路程是最短的。洞的上下畅通无阻。想在洞里找到挖掘时留下的浮土那是不可能的，哪儿都看不着浮土。洞底是个死胡同，成为一间稍宽敞些的小房，四壁平坦，没有一点迹象表明它和从地洞延伸出去的坑道连通。

根据洞的直径和长度来看，挖出的土有近两百立方厘米。那么多的土都跑哪里去了？另外，地洞和小穴是在干燥易碎的泥土中挖成的，如果在施工过程中除了打洞没有任何其他工序，那么它们的墙壁应该满是粉尘，极易坍塌。可我却惊讶地发现洞壁表面被粉刷过，刷了一层薄薄的泥浆。洞壁实际上并不是特别光亮，但是，粗糙的表面被一层涂料覆盖了。洞壁那易碎的土料沾上黏合剂，便被粘住不会再掉落了。

蝉的幼虫在这地道里来来去去，上到靠近地面的地方，再下到地底的住所，但带钩的爪子却没刮擦下土来，要不然会堵塞通道，上去十分难，又不能回去。矿工用横梁和支柱支撑坑道的四壁，地铁的建造者用钢筋水泥加固隧道，蝉的幼虫是位聪明的工程师，它毫不逊色，给地洞涂上泥浆，使它在反复使用之后仍然保持通畅。

如果我惊动了要从洞中出来爬到旁边的一根树枝上去蜕变成蝉的虫宝宝的话，它会立刻小心地爬下树枝，毫无阻碍地爬回洞底小屋中去，这证明，即使地洞即将被永久废弃，也仍然没有杂物堵塞。

那条通往地面的通道，并不是蝉的幼虫因为急于见到阳光，而在仓促间随意完成的，这是一座货真价实的地下小城堡，是虫宝宝要长期居住的家。墙壁进行了制作粉刷就足以证明这一点。如果只是钻好后不久就要废弃的简单出口的话，就用不着这样费事了。毫无疑问，这也是一个气象观测站，外面天气如何在洞内可以知道得清清楚楚。虫宝宝成熟以后要出洞，但在深深的地下它无法判断外面的气候条件是否适宜。地下的气候变化很慢，不可能准确指出地面上的气候变化，而作为生命中最重要的行为，蝉在蜕变时需要阳光，因此它必须知道地面的天气情况。

所以，在几个星期，也许是几个月的时间里，它耐心地挖掘清扫，加固垂直通道；但它在地面上却留了一层一指来深的土层，以便把自己和外界隔开。在洞底它比在别地儿更加精心地建造了一间别致的小房。那是它的等候室、隐蔽处，如果天气报告说要延期搬迁的话，它就可以在里面休息。一旦预感到好天气来临，它就爬到高处，隔着那层薄土聆听外面的情况，了解空气的温度和湿度。

如果情况不理想，有刮风、下雨的危险，那对虫宝宝蜕变是相当严重的威胁，那谨慎的小东西就又回到洞底屋中继续静静地等着。反之，如果气候条件很适宜，虫宝宝用爪子打穿那层泥土，走出地洞。

似乎所有的迹象都在证实，蝉洞是个气象观测站，是个等候室，虫宝宝长期待在里面，有时爬到地表去观测一下外面的天气情况，有时潜于地洞深处更好地隐藏起来。这就是为什么洞底要有一个供休息的小穴，洞壁要涂上固定涂层，以防止幼虫的频繁上下造成塌方。

但是令人费解的是，那些挖出来的土完全消失了。平均一个洞得有两立方米的浮土，怎么全部不见了踪影呢？洞外不见有这样多浮土；洞内也没有。其次，在这泥土干燥如灰的地洞里，幼虫又是从哪儿弄来泥浆涂在洞壁上的呢？

一些蛀蚀木头的昆虫，比如天牛和吉丁，它们的幼虫似乎可以帮助我们解答第一个问题。这种虫宝宝在树干中往外钻，一边挖洞，一边把挖出来的东西全都吃掉。这些东西被虫宝宝的颚挖出来，一点点地被胃消化掉。这些东西从挖掘者的一头穿过，从另一头出来，吸收完那一点点的营养成分后，把剩下的排泄出来，堆积在虫宝宝身后，彻底地堵塞了通道，虫宝宝也就无法再从这儿通过了。由颚或胃进行的这种最终分解，把消化过的东西压缩成比木质更加结实的东西，这样一来，通道前方就能腾出一块空间，供幼虫工作；这空间的长度十分有限，刚好够关在里面的囚犯活动。

蝉的幼虫是不是也采用类似的办法来挖掘地道呢？当然不是，挖出来的浮土是不会通过虫宝宝的体内的，哪怕是最松软的腐殖土，也绝不可能成为蝉宝宝的食物的。但是，这些挖出来的土是否会随着工程的进展，被直接抛到身后呢？

蝉要在地下待四年。这段漫长的时间当然不可能全部都在我们前面描述过的那个洞底里度过，因为地洞只是它准备爬上地面的住所。虫宝宝一定是从别的地方来到那里的，想必是从很远的地方来的。它是个流浪者，它把自己的吸管从一个树枝插到另一个树枝。当它是为了冬天逃离太冷的上层土壤，或为了定居于一个更好的住处而迁居时，它就会挖一条地道，把它用镐尖撼动过的泥土抛在身后。这已经是毫无疑问的了。

和天牛、吉丁的幼虫一样，蝉的幼虫只需在周围有一块很小的空间供它施展身手就行了。那些松软的、潮湿的、容易压缩的土对于它来说就是吉丁和天牛虫宝宝消化过后的木质糊状物。这种泥土非常容易压缩，很容易堆积起来，腾出空间。

困难来自别处：蝉是在非常干燥的环境下挖洞的，泥土实在太干，很难压缩。如果虫宝宝在开始挖通道时就把一些浮土扔到身后先前挖好现已消失的那条地道中去，也是有可能的，虽然还没有任何迹象可以说明这一点。不过，如果考虑到洞的容量以及地方无法堆积这样多的浮土的话，你就又会怀疑："这些泥土需要一个相当宽敞的空间来堆放，而要获得这个空间，同样也要搬走其他的废土，这些废土同样也难以搁置。要腾出一块空地，事先需要有另一块空地来堆放挖掘这块空地时产生的泥土。"就这样转来转去，没个头。因此，光是把压实压紧的浮土抛到身后还没办法解释这个空间的出现这一难题。蝉要清理掉如此占地方的土分，一定有某种特殊的方法。让我们来尝试解开这个谜。

让我们观察刚刚钻出地洞的幼虫。它们几乎总是或多或少地沾着泥浆，有时干一点，有时湿一点。它的挖掘道具——前爪尖上沾了很多的泥土颗粒，其他地方也像是戴上了泥手套，背上也全是泥。就像是一个刚扫完阴沟的浑身脏土的清洁工。最令人惊讶的是，沾了这么多泥土的蝉，居然是从非常干燥的土里钻出来的。本以为会看到它满身的粉尘，却发现它是一身的泥污。

　　只要顺着这条线索再进一步，我们就能找到问题的答案了。我把一只正在挖掘洞穴的虫宝宝给挖了出来。运气不错，虫宝宝正开始挖掘时就让我有了惊人的发现。一个小手拇指一样长的地洞，没有阻塞物，洞底是一间休息室，眼下的工程就是这个情况。那么工人的状况又如何呢？请看：

　　幼虫的体色比我在它们出洞时看到的要白得多。它们的眼睛很大，十分地白，浑浊不清，看不清东西。在黑乎乎的地下视力完全没有用，而出了洞的虫宝宝的眼睛则是黑黑的闪闪发亮，说明它们能看得到东西。将来的蝉宝宝出现在阳光下，就必须寻找，有时还得到离洞口很远的地方去找寻蜕变的悬挂树枝。这时候视力就显得很重要了。只要看一下幼虫在准备解放期间视力成熟的过程，我们就能知道，幼虫不是在仓促间即兴挖掘那个上升通道的，而是为此工作了很长时间。

　　此外，这只苍白、盲眼的幼虫比成熟时大。它身体内充满了液体，就像水肿一样。用指头捏它，尾部就会渗出清亮的液体，弄得满身湿漉漉的。这种由肠内排出来的液体是不是一种尿液？或者仅仅是只吸收树汁的胃消化后的一种残汁？我没法肯定，为了讲起来方便，我就暂且称它为尿吧。

　　这尿液泉就是谜底。当虫宝宝向前挖掘时，把尿液洒在粉状的泥土上，将它变成泥浆，然后立刻用肚子把泥浆压在洞壁上黏紧。这些富有弹性的糊状泥土就糊在了原来干燥的土上，形成了泥浆，渗入干燥粗糙的泥土缝隙中去。渗透到最里层的是搅得最稀的泥浆；其余的则被虫宝宝再一次堆积并且挤压，涂抹在其它的缝隙中。一条宽敞的通道就这样挖成了，没有产生一点土渣，因为挖出的粉状泥土已经被转化成泥浆就地利用了，这泥浆比幼虫穿过的土层更加紧密、更加均匀。

　　因为虫宝宝一直在这种黏糊糊的泥浆中工作，这也是为什么它从极端干燥的土里钻出来时，会令人惊讶地浑身粘满泥巴。成虫虽然完全摆脱了矿工的又累又脏的工作，但它并没完全丢弃自己的尿袋，而是把剩下的尿液保存起来用作保护自己的方法。如果有谁近距离地观察它，它就会向这个不识趣的人射出一泡尿，然后就一下子飞走了。尽管蝉性喜干燥，但无论是它的幼虫还是成虫，都是灌溉能手。

　　即使幼虫全身蓄满了水，也不够把地道里长长一整条泥柱全都弄湿、拌成易于压缩的泥浆。如果积水池干涸了，那么就得重新积水。从哪里积水，又要怎样积水？我认为问题的答案已经明白了。

我像挖掘地洞的蝉一样，小心谨慎地把几个地洞从上到下整个儿打开，发现在洞底小穴的墙壁上，嵌着一些活树根。这些树根须子大小有的如铅笔粗细，有的如麦秸管一样。那些露出来的可以看得见的树根须子短小，只有几毫米。须子的其它部分全都植于旁边的土里。这种液汁泉是偶然遇到的呢，还是虫宝宝故意寻找的？我倾向于后一种猜想，因为小树根一再出现，至少在我正确挖掘地洞的时候是这样。

是的：挖洞的蝉在刚开始建设未来通道的时候，就有意寻找附近有新鲜树根的地方开工。它小心地将一点树根须子刨出来，镶嵌在洞壁上，同时又不让须子突出壁外。我想这墙壁上有生命的地方应该就是液汁泉。每当虫宝宝尿袋的需要时就能从那里得到补充。倘若因为用干泥和土把尿袋用光了，虫宝宝矿工便回到自己的小屋里去，把吸管插进须子，从那用之不竭的水桶里补充水分。尿袋灌满之后，它便爬上去继续工作，把硬土弄湿，用爪子拍打，再把身边的泥浆压紧，然后将它抹平，拍实，畅通无阻的通道就做成了。大致情况就是这样。这不是我直接观察到的结果，因为这里根本不可能直接观察，但逻辑推理和周围条件都证明了这一点。

要是没有须子那个大水桶，而虫宝宝体内的积水池又干涸了，那又会怎么样呢？下面这个实验会告诉我们。我抓住一只刚出洞的幼虫，把它装到试管底部，盖上干燥的泥土，略微压实。这个土柱子高一百五十厘米。这只虫宝宝刚刚离开的那个地洞是试管的四倍，虽然是相同的土质，但洞里的土明显要比试管里的土密实得多。虫宝宝现在被困在我那短小的粉状土柱子里，它能再次爬出来吗？只要它有足够的力气，应该没问题。对于一个刚从硬土地中钻洞出来的虫宝宝来讲，这个并不坚固的障碍又算什么呢？

不过，我还是心存疑虑。为了最后顶开把它同外界隔开的那道障碍，虫宝宝已经用尽了最后储备的液体。它的尿袋没有水分了，而且没有了活树根，幼虫没办法将水装满。我怀疑它的失败是有理有据的。果不出我所料，三天后，我看到被埋着的虫宝宝耗尽了体力，最终没能爬上一拇指高。浮土被扒拉过，因为没有黏合剂而无法当场黏合，没法固定住，刚一拨弄开，就又塌下来，回到虫宝宝爪下。工作没有明显的进展，需要不停地从头开始。第四天，虫宝宝就死了。

可如果幼虫的尿袋是满的，结果就两样了。我用一只即将蜕变的虫宝宝做了相同的实验。它的尿袋鼓鼓的，在往外渗，身子全都弄湿了。对于它来说，这工作太容易了。在松软的土壤中几乎没有一点阻碍。虫宝宝只要稍微用尿袋的液体一润湿，土就拌成了泥浆，黏合起来，固定在远处。地道通了，但不是很规则，随着虫宝宝不断往上爬，它身后几乎被堵上了。看起来好像是虫宝宝明白自己无法补充水分，因而对它仅有的水十分节俭，只在必要的时候才消耗一点，以便尽早摆脱这个陌生的地方。就这样精打细算的，十来天以后，它终于出来了。

幼虫一旦跨过出地洞的大门，地洞就被废弃了，在那儿张着大嘴，像被粗钻头钻出的一个孔。虫宝宝爬出洞以后，在周围徘徊着寻找一个空中支点，例如百里香丛、细荆条、灌木枝杈、禾莴秆儿之类的。一旦找到了，它就会爬上去，用前爪牢牢地抓住，脑袋昂着。如果树枝有地方的话，其它爪子也撑在上面；假如树枝超小，没多大地方，两只前爪钩住就够了。接下来，它要休息一会儿，让悬着的爪臂伸直，变成固定的支点。

这时候，中胸从背部裂开。蝉从壳中蜕变出来，前后大约半个小时。蜕变出来后，蝉的模样儿大变！翅膀湿润，透明，沉重，上面有一条条的浅绿色的纹络。胸部略显褐色。身体的其它部分呈浅绿色，有一块块的白斑。这瘦弱的小生命需要长时间地阳光和空气之中的沐浴来强壮身体，改变体色。大概两个小时过去了，却没有特别显著的变化。它只是用前爪钩住旧皮衣，稍有点风吹草动，它就飘荡起来，总是那么脆弱，那么的绿。最后，它的体色终于变深了，越变越黑，最终完成了体色改变的过程。这一过程用了近 30 分钟。蝉上午九点悬在树枝上，到十二点 30 分的时候，它就飞走了。

旧皮除了背部的那条裂缝以外，并没有破损，并且依旧牢固地挂在那根树枝上，深秋的风雨都没能把它打落。能看到有的蝉壳常常一挂就是好几个月，甚至整个冬天都挂在那儿，姿态和虫宝宝蜕变时的一模一样。旧皮质地坚固，硬如干羊皮，就像蝉儿的替身一样的久久地挂在那儿。

唉！如果全相信那些农民邻居所说的话，那我可以讲很多关于蝉儿的好听的故事。我就只讲一个他们曾讲给我听的故事吧，只讲一个。

你有肾衰之苦吗？你会因水肿而走路摇摇晃晃吗？你急需治它的特效药吗？农村有这种病上的偏方，那便是蝉。在夏天把成虫的蝉收集起来，穿成一串，在太阳地里晾干，然后好好地藏在衣柜角落里。要是一个家庭主妇七月里忘了把蝉穿起来晒干收好，那她一定会觉得自己太大意粗心了。

你是不是肾脏突然有点炎症，排尿有点不畅？赶紧用蝉熬汤药吧。据说没什么比这更有效的药了。以前，我不知怎么地有点不舒服，一个好心肠的人就建议我喝这种药汤，我原先不知道，是之后别人才告诉我的。我很感激这位热心人，但我对这种偏方深感怀疑。让我更加惊讶的是，阿那扎巴的老医生迪约斯科里德也建议我用这偏方，他说："蝉，干嚼吃下，能治膀胱痛。"从佛塞来的希腊人为普罗旺斯的百姓带来了蝉和无花果树、橄榄树、葡萄等，从此，普罗旺斯的百姓便把这珍贵的药材奉为至宝。只有一点有所不同：迪约斯科里德建议把蝉烤着吃，现在，大家把蝉用来煮汤，当作煎剂。

说这偏方可以利尿，真的很天真幼稚。我们这儿人人都知道，哪位要想抓蝉，它就会马上向哪位脸上撒尿，然后飞走。因此，它告诉了我们它的排尿功能，以致迪约斯科里德和他时代的人就以此为证据，而我们普罗旺斯的百姓竟然至今还这样以为。

啊，善良的人们啊！要是你们知道蝉的虫宝宝会用泥和尿来建自己的气象站的话，那你们又会想到什么呢！拉伯雷描写道，卡冈都亚坐在巴黎圣母院的钟楼上，从自己超大的膀胱里往外撒尿，把巴黎成千上万的闲散的人淹死，其中还不包括儿童和妇女，要不然人数将更多。你们也会相信这个故事吗？

蝉和蚂蚁赞歌

1

上帝啊，天气如此炎热！但却是属于蝉的好时光，

它乐到疯狂，欢唱昂扬。

七月流火，收割繁忙。

翻滚的金色麦浪中，收割者，

正躬身弯腰，勤劳地干活不歌唱：

它唇干舌燥，有歌也无法唱。

这是属于你的时节，你就大胆地放声歌唱吧，

娇小可爱的蝉啊，

请敲起你的响钹，

扭动你的腰身，秀出你两面明亮的镜子①。

农夫们挥着镰刀，刀起秆落，

刀光凛凛在麦浪中。

割麦人将小水罐挂在腰间，

罐里装满水，罐口塞上草塞。

磨刀石静静地躺在木盒里，

水一刻不停地浇灌，

农夫却依然在烈日下呼哧带喘，

仿佛骨髓要煮沸一般。

---

① 响钹、镜子均为普罗旺斯语中对蝉的与发声有关的身体部位之别称。

可是，亲爱的蝉儿，你可是有解渴的甘泉呀：

你用那细尖的小嘴钻进细枝树皮，

一口清甜多汁的水井喷涌而出。

糖汁顺着狭窄的管淌着。

泉水汨汨而流，

你畅快而幸福地吮吸着。

啊！太平时光是不是不总是这样的短！

盗贼聚集在左邻右舍，

外加勇敢随性的流浪者，

它们都看见你挖的那口甘井。

口渴难忍的小东西们，可怜兮兮地拥上前来，

想乞求你一滴甘浆的恩泽。

当心，我的小宝贝：

这帮饥渴难耐的家伙，

总是先谦卑谦虚，

一眨眼就变成一帮无赖之徒。

它们先是尝尝鲜，

很快便不满足于你的剩饭剩菜，

它们抬起头来，妄图将一切添光。

它们马上就会会如愿以偿。

它们用如耙一般的爪搔弄你的翼尖。

在你宽厚的脊背上，

爬来爬去地一阵忙乱，

它们揪你的角，撕你的嘴，扯你的脚趾。

它们这扯扯，那扯扯，

让你愤怒又惆怅。

你一泡尿撒过去，

喷向这帮讨厌的强盗，

便黯然地离开了树杈。

你远远地撇下开这群无赖，

可它们却无耻地抢占了你的甘泉，

酣畅淋漓，兴奋不已，

津津有味地舔着玉汁琼浆。

而在这群不知疲倦地掠夺的流浪汉中，

数蚂蚁最强。

黄边胡蜂、苍蝇、鳃角金龟、胡蜂，

这些各种各样的骗子、无赖，

都是在大太阳的烘烤下被逼无奈才来到你的井旁，

唯唯独蚂蚁是千方百计地要伤害你。

它们抓你的脸，踩你的脚趾，

捏你的鼻子，在你的肚下乘凉，

如此这般，只有它最凶悍。

这浑蛋拿你的爪子作梯，

放肆地爬上你的双翼，

趾高气扬地在上面晃来晃去，

上下忙活。

2

接下来要讲个不足为信的故事。

早年的时候，老人们曾对我们说，

冬季的某日，你难忍饥饿，耷拉着毫无力气的脑袋，

偷偷地前去

在蚂蚁的巨大的地下粮库窥探。

富有的蚂蚁把被夜里的寒露打湿的麦粒

晾晒在太阳下，

准备收起藏于地下。

这时候，麦粒已经晾干，蚂蚁正在装袋。

你眼含泪水，突然光临。

你央求它说："地冻天寒，北风

凛冽，我快饿死了。

你的仓库丰满，

能否分我一点儿，

等到瓜果成熟的季节，

我一定加倍奉还。"

"求求你给我点麦粒吧。"

你还是走吧。

你要是以为它会借给你，

那你就大错特错了。

那一大袋一大袋诱人的粮食，

你休想讨到一丁点儿。

"滚开，懒惰的东西，去刮你的桶底儿去吧。

夏天唱得那么起劲儿，

冬天你就该被活活饿死！"

古老的寓言就是这样对我们的说的，

它教育我们做个吝啬鬼，

看好自己的钱袋偷乐……

让那些傻蛋饱尝食不果腹之苦才满足！

寓言作者所说的话让我愤怒，

他竟然说你在冬天去乞讨

谷粒、小虫、苍蝇，

这都是你从来不吃的东西啊。

麦粒！天啊，你根本就用不着它！

你有自己的甜泉，

根本就不需其它任何食物。

冬季又与你何干！你的子孙后代们还静静地躺

在地下酣睡，

而你也将长眠。

你的尸骸落下，香消玉殒。

某一天，觅食的蚂蚁正好遇见了它。

在你干瘪的尸体上，

可恨的蚂蚁又开始了掠抢；
它们挖空了你的胸腔，将你撕碎，
当作腌货存在地窖下，
大雪纷飞的冬天，这可是美味佳肴。

3

这才是真实的故事，
与寓言所讲的截然不同。
你们做何感想！
啊，专捡便宜的东西，
带钩利爪，腆肚挺胸，
带着保险箱横行霸道。
卑鄙的人啊，你们还信口雌黄，
说艺术家从不工作，
傻蛋活该遭殃。
闭上你们的臭嘴吧，
当蝉在钻进树皮找佳酿的时候，
你们却忙着偷吃偷喝，
即使它玉碎身亡，你们依旧揪住不放。

我的朋友用他那善于表达的普罗旺斯方言，就这样为被寓言作者污蔑的蝉正了名。

蝉和蚂蚁的寓言

名声大多是靠传说造就的。无论是与动物的有关的还是有关人类的。特别是昆虫，如果说不管它是用什么方式吸引我们都是因为那些关于它的传说，而这些故事最不关心的就是事实。

比如，谁不知道蝉，至少是听到过它的名字吧。在昆虫学领域里，还能找到有它那么大的名声的昆虫吗？它那热衷于唱歌而不筹划未来的名声，早已被用作我们训练记忆之初的材料了。大人们用好懂易学的短小诗句教育我们，当寒风肆虐，严冬将近的时候，一无所有的蝉便向邻居蚂蚁乞食去了。乞食者是不受欢迎的，它遭到了不堪入耳的挖苦讽刺，这反而让它名声大噪。蚂蚁说了如下的两句虽冷酷无情却简短粗鲁的话：你原来在唱歌！这真令我高兴。那么，你现在就去跳舞吧。

与蝉精湛的演奏技巧相比，这两句诗给它带来了更大的名声。这深深地烙印在孩子们的心灵深处，永远无法抹去。

大多数人都没听到过蝉唱歌，因为蝉生长在橄榄树茂盛的地区，但它在蚂蚁面前的沮丧落魄的模样，却家喻户晓，人尽皆知。它的名声便源于此！一个犹如自然史一样，使其道德受到无情践踏的相当有争议的故事。一个又小又短用于奶妈给娃娃讲的故事，就是一种声望的基础。而这种声望就会和《小红帽》中的烙饼和《小拇指》中的靴子①一样，一起根深蒂固地支配着岁月留下的破碎记忆。

孩子是杰出的保存者。传统、习惯一旦被存进记忆库，就很难抹去。

---

① 法国童话故事作家贝罗的童话中的经典人物和情节，收在童话故事集《鹅妈妈的故事》中。

蝉的名声大噪应感谢儿童，是他们在最初学着背诵时，结结巴巴地道出了蝉的不幸遭遇。而构成寓言基本内容的那些荒唐肤浅的东西也因他们的记忆而保存传承下来：寒冬来临时，蝉将忍受着无尽的饥饿和寒冷，尽管冬天已没有蝉了；蝉将可怜巴巴地乞讨几颗麦粒，尽管它那娇嫩的吸管根本就无法吸进这种食品；蝉总是一边乞讨，一边搜寻苍蝇和小蚯蚓，尽管事实上它们从来不吃这些食物。

这么多荒唐的错误究竟该由谁来负责呢？在拉·封丹。他的大部分寓言因细致的观察，很让我们着迷，但他有关蝉的叙述却是欠考虑的。最早出现在他的寓言的那些主角，比如狼、狐狸、山羊、猫、老鼠、乌鸦、黄鼠狼以及其它很多动物，他都十分熟悉，所以为我们讲述它们的动作和故事时，他总能做到入木三分，惟妙惟肖。它们是一些生活在我们身边的高级的动物，是他的常客、邻居。它们不管是私下的还是公开的生活都暴露在他的眼前，但是，在兔子①欢蹦乱跳的地方，是见不到蝉的。拉·封丹从来未听过它歌唱，更从没看见过它。对他来说，著名的歌唱家毫无疑问是蚱蜢。

画家格兰维尔②机智狡黠的画笔堪称和拉·封丹配有插图的寓言相得益彰，但他也犯了一样的错误。在他的插图里，蚂蚁总是被画成一个勤劳的家庭主妇的样子。它站在门槛上，身旁围着一袋袋诱人的麦子。它不屑地背对着伸着手的卑微的乞讨者。腋下夹着一把吉他，头戴十八世纪经典的阔边女帽，单薄的裙摆被刺骨的寒风吹贴在小腿肚子上，这就是第二个人物的形象，俨然就是一只蚱蜢。格兰维尔和拉·封丹一样，也不清楚蝉的真实相貌，他栩栩如生地再现了那个以讹传讹的错误。

此外，拉·封丹在这个浅薄的小故事中，只是拾了另一位寓言作家的牙慧而已。蝉备受蚂蚁的冷眼的传说和利己主义，也就是和我们的世界一样，已经有很久远的历史了。当古雅典的孩子背着满袋油橄榄和无花果快乐地奔向学堂时，就会像背书一样的在嘴里嘟囔这个故事了："冬天到了，当太阳出来的时候，勤劳的蚂蚁们把自己受潮的食物搬到太阳下晾晒。突

---

① 指兔子雅诺，为法国寓言作家拉·封登寓言诗歌中的主人公。
② 十九世纪法国画家，画风怪诞，曾为拉·封登的《寓言集》配过插图。

然间，一只饥肠辘辘的蝉跳上前来乞讨。它只是想讨几粒填饱肚子的粮食。小气的蚂蚁们回答说：'你不是喜欢在夏日里唱歌么，那冬天你就跳舞吧。'"这个故事或许稍微枯燥了一点，但却正是拉? 封丹那篇有违常理的寓言的主题。

然而，这个寓言来自希腊——盛产橄榄树和蝉的国家。难道伊索①真的如传说中所说是这则寓言的作者吗? 我表示怀疑。不过，这关系不大，因为那位讲故事的人是希腊人，和蝉是老乡，他应该十分了解对蝉的习性。在我们村子里，没有那种无知的百姓，他根本就不知道冬天本来就没有蝉。当人们在冬季为油橄榄树培土时，村子里只要会用锹铲土的人都认得蝉的初始体貌。他们在小路旁成百上千次地看见过它，更清楚这个幼体在夏季到来时是怎样从自己建设的圆洞中钻出地面的，知道它如何抓挂在细树枝上，从背部裂开一条缝，脱去比生了茧的羊皮还要坚硬的旧壳，最后变成一只蝉，并迅速从嫩草绿色变成棕色的。

阿蒂卡②上的农民也不是傻子，他们同样注意到了这个连最没有观察力的人都能发现的事实；他们也知道我的农民邻居们所了解的情况。这则寓言的作者，不管他是哪位文人，都拥有最有利的条件，一定对这件事情有相当清楚地了解。那么，他的故事为什么会这么荒谬呢? 拉·封丹是情有可原，但古希腊的那位寓言家却是不可原谅的，他只一板一眼地叙述书本上的蝉，而不去了解就在身边的像锣钹似的振翅鸣叫的真正的蝉。他不从实际出发，却因袭传说。他是一位古老的故事叙述者的卑劣的应声虫。他在复述源自印度——各种文明的母亲——的某种传说。他根本没有弄懂印度人的用意是在告诫人们一种没远见的生活会导致怎样的危险，却误认为被编成故事的动物场景比蚂蚁和蝉的对谈更加真实。印度是动物的伟大朋友，他们是不会犯这样低级的错误的。这一切似乎都表明着，故事最初的主角并不是我们的蝉，而是其他某种动物，或者说某种昆虫，它的生活习性同故事情节所描述的相似。

这个古老的故事来自希腊，在漫长的几个世纪中，它曾使印度河畔的

---

① 古希腊寓言作家。
② 即希腊半岛，雅典所在地。

智者深思、使那里的孩子愉悦。它年代久远，正如历史上某个酋长第一次提出节俭持家一样，然后就这样一代代地流传下去，内容基本上还没有太大变化，但和所有的传说一样，它有很多细节都被改动，因为岁月的长河要求这些细节适应各个时期、各个地点的特殊情况。

希腊的乡间并没有印度人讲述的那种昆虫，于是希腊人将就把蝉引入了故事，就像在现代雅典和巴黎一样，这样就把蚱蜢与蝉给搞乱了。错已造成。从此，谬论就深印进儿女们的记忆当中，无法抹去，甚至胜过了显而易见的事实。

让我们设法为这位遭到寓言诬蔑的歌手平反吧。我不得不承认，它是个并不讨人喜欢的邻居。每年夏天，它们都会被两棵枝繁叶茂的高大的法国梧桐所吸引，成百上千地聚集到我家门前安家落户，从日出到日落，叫声此起彼伏，震得我脑袋生疼。在这一片聒噪的吱吱声中，你无法冷静地思考问题，思绪烦乱，头昏脑涨，无法定下心来。如果我不早点儿起来做些事，这一天就算完了。

呀！这该死的虫子，你是我家的祸害！我原本希望这个家能安安静静。听有人说，雅典人竟然把你养在笼子里，优哉游哉地听你唱歌。吃饱饭眯着眼，要是一只蝉叫叫还行，如果成百只一起叫嚷，一定会震得你耳鼓疼痛，让你根本没法集中精力，真是让人活活地受罪呀！你总是振振有词，说是你先来到这里的，有权在这自由地唱歌。在我搬到这里以前，那两棵法国梧桐原本就属于你，而我才是它树荫下的不速之客。可我得先提醒你，为了给帮你写故事的人创造一个安静的环境，就请在铙钹上安一个弱音器，降低一点音量吧。

事实否定了寓言家的无稽之谈。当然，蚂蚁和蝉之间有时候的确是有一些关联的，这是并没有什么问题，只不过，这些关联与人们告诉我们恰恰相反。这些关联并不是出自蝉的意愿，它根本不需要别人的帮助来让自己存活下去，而相反是蚂蚁这个贪得无厌的剥削者把所有可吃的东西全都搬进了自己的粮库。不管什么时候，蝉都不会悲戚地跑到蚂蚁门前喊饿，它总是一本正经地郑重承诺将来会连本带息一并奉还。恰恰相反，是蚂蚁实在饿得不行的时候，跑去乞求那个歌手的帮助的。请注意，我说的是"乞求"！这个词从来都不存在于掠夺者的习性里的。蚂蚁剥削蝉，卑鄙地将它洗劫一空。就让我来解释一下这洗劫的过程吧，它是一个奇特的历史问题，到目前为止，还很少有人知道。

七月的午后热得令人窒息，蚂蚁这昆虫的贱民渴得筋疲力尽，它四处游荡，徒劳地想从干枯的花朵上取水解渴，而蝉对普通的水总是不屑一顾。它用它那钻头一样的尖利的细嘴，在自己那永不干涸的酒房中钻出酒来。它一刻不歇地歌唱着，时而落在一棵小树的细枝上，钻穿那平滑坚硬的被太阳晒得液汁饱满甘甜的树皮。蝉把吸管插入洞孔，尽情畅饮；它纹丝不动，若有所思，完全沉浸在琼浆和歌曲的魅力之中。

我们继续观察一会儿，也许就能看到一些不幸的意外事件。果然，很多口渴难耐的家伙在附近转悠着。它们发现了这口井，井边溢出汁液将它暴露了。它们蜂拥而上，开始还只是小心翼翼地舔舔溢出来的汁液。那些拥挤在甜蜜的井口边的有苍蝇、胡蜂、泥蜂、球螋、蛛蜂、金匠花金龟等等各种昆虫，特别是蚂蚁。

体型较小的昆虫，为了更靠近清泉，便从蝉的腹下钻过去，温厚老实的蝉用腿脚撑起身子，让这帮不速之客在下面自由通行。个头儿大的实在等不及了，它们挤上前去，飞快地嘬上一口，就退了出来，然后跑到旁边的树杈上转上一圈，接着又更加猖狂地返回抢夺。不速之客们贪欲越来越大：刚刚还小心翼翼地它们突然变成了一群狂妄的侵略者，一心想把挖井者从井边赶走。

在这伙强盗中，最不肯罢休的就是蚂蚁。我看见一些蚂蚁在撕咬着蝉爪，还有一些蚂蚁在用力扯蝉的翅膀尖，顺势爬上蝉背，趁机抓挠蝉的触角。一只胆大包天的蚂蚁就在我的注视下咬着蝉的吸管，想把它拔出来。

就这样，庞然大物蝉被这些侏儒们搅得失去了耐心，终于放弃了这口井。逃走的时候还不忘向这群劫匪撒了一泡尿。对于蚂蚁来讲，蝉的这种高傲的轻视并无大碍！反正它已经达到目标，成了这口井的主人了。但是，倘若让井不断冒水的泵停止了运转，井很快就会干涸了。井水虽少，但却甘甜。等以后新的机会出现，蚂蚁们又会故伎重演，再去喝上一大口。

我们看到：事实和寓言里虚构的角色恰恰相反。毫不客气、抢劫时丝毫不退缩的掠食者是蚂蚁，而大方而又心甘情愿与受苦者分享甘露的能工巧匠是蝉。还有一点也可以为调换提供证据。经过五六个星期的漫长歌唱以后，歌手的生命便耗尽，从大树高处重重地跌落下来。它的尸骸被在烈日下烤干，被过往行人的脚践踏。时刻在寻找着战利品的蚂蚁恰巧碰见了它。蚂蚁赶紧无情地把这美食弄烂，肢解，扯碎，搬回自己那丰富的食物堆中去。有时候甚至还能看到蝉虽已经奄奄一息，但翅膀还在灰土中扑扇，可是一小帮贪婪的蚂蚁便拥上去从各个方向撕拽它，拉扯它。这时的蝉真是悲惨无比。蚂蚁这个食肉者的习性，体现了两种昆虫之间真正的关系。

古代的经典文化对蝉极其尊重。被誉为"希腊贝瑞朗①"的阿纳克雷翁②为蝉谱写了一首赞歌，对蝉赞颂有加。那歌唱道说："你几乎就像各神明一样一样仁慈。"但诗人这么歌颂蝉，他的理由却很牵强。他的列出的三个理由是蝉的以下特点：生于地下，有肉无血，不知疼痛。我们也不用责怪诗人犯的错误，因为那是当时人们的普遍看法，并且在有人细致入微地进行观察之前，这种看法已经流传了很久了。再说，对于那些以格律和音韵见长的小诗，我们也没有必要斤斤计较。

即便是在今天，和阿纳克雷翁一样熟知蝉的普罗旺斯的诗人们一样，在赞美被他们视为标志的蝉时，也不太在意事实。但是，这种指责却无法涉及到我的一个朋友，他是个痴迷的观察者和一丝不苟的务实者。他容忍我从他的活页本里抽出一页用普罗旺斯语写的诗，他以非常严肃的科学态度着重说明了蚂蚁和蝉的关系。在诗中的描绘意境形象及进行道德评价是他的责任，但这样美丽的花朵是无法在我的博物学园地上长出来的。但是，我必须肯定他叙述的真实性，它们与我每年夏季在我花园中的丁香树上所观察到的情况是一样。我把他的诗用法语翻译附在下面，但由于普罗旺斯语的词汇在法语中不一定有对应词，所以许多地方只是意思相近。蝉和蚂蚁上帝啊，天真热！这正是蝉的好时光，它乐得发狂，尽情享受着似火的骄阳；这也是收割的时节，在黄金的麦浪里，收割者弯腰迎风，辛苦劳作，不再歌唱。

---

① 十九世纪法国歌唱家。
② 公元前六世纪左右的古希腊抒情诗人。

七月的绿蚱蜢

现在已是七月里了，按照气象学，三伏天才刚刚开始，但实际上，炎热早已赶在日历的之前到来了，几个星期以来，真是酷热难当。

今晚，村子里在举办国庆的晚会。孩子们正围着一堆旺火在蹦来跳去，我朦胧间看到火光映在教堂的钟楼上面，"咚啪咚啪"的鼓声伴随着"钻天猴"烟火的"嗖嗖"声响，这时候，我正独自一人在晚上九点钟左右那习习凉风中，藏在暗处，侧耳倾听田野间那欢乐的音乐会。这是庆祝丰收的音乐会，比此刻在村里广场上那篝火、烟花、纸灯笼，尤其是劣质烧酒组成的节日晚会更加神圣壮丽，它虽简朴但却美丽，虽平静却富有威力。

夜深了，蝉鸣声停了。整个白天，它们饱尝炎热和阳光，尽情欢唱不停，而夜晚来临，它们也要休息了，但是它们却常常被打扰得无法安眠。在梧桐树那浓密的枝杈中，忽然会传来一声如哀号般的闷响，短促而凄厉。这是被绿蚱蜢的忽然袭击所惊扰的蝉的绝望哀鸣。绿蚱蜢是夜间最凶猛残忍的猎手，它向蝉猛的扑去，将蝉拦腰抱住，把它开膛破肚，掏心挖肺。欢歌曼舞的欢乐之后，竟是凶杀。

在我的住处附近，绿蚱蜢貌似并不多见。去年，我打算研究一下这种昆虫，但是一直无法找到它，只好求一位看林人帮忙，最后他终于帮我在拉加尔德高原抓到两对绿蚱蜢。那儿是严寒地带，山毛榉现在正开始向旺杜峰长上去。

好运总是要被捉弄一番，然后才向着坚强不屈者展开微笑。去年我一直找不到的绿蚱蜢，今夏却随处可见。不用走出我那狭小的院子，就能捉到它们，想要多少就有多少。我每天晚上都能听见它们在茂密的草柯树丛里鸣叫。我必须把握好机会，机不可失，时不再来。

从六月份起，我就把我所捉到足够的多一对对绿蚱蜢关进金钟罩里，罩子下面是一只铺了一层沙子作底的瓦罐。这美丽的昆虫简直棒极了，浑身淡绿色，身体两边各有一条浅白色的饰带。它身轻体健，体态优美，有一对绸纱质地的大翅膀，是蝗虫科昆虫中最高贵美丽的。我为捉到这样的一些俘虏而得意洋洋。它们会告诉我些什么呢？瞧着吧。眼下最重要的是把它们饲养好。

我给这帮囚徒喂莴苣叶。它们果然在啃咬，但是吃得很少，而且很没有胃口的样子。我很快就弄明白了：我养的是一些不太吃素的家伙。它们需要别的，貌似是想捕捉活物。但到底哪些活食合它们的胃口呢？一个偶然的机会让我知道了是什么。

破晓时分，我在门前闲逛，旁边一棵梧桐树上突然掉下些什么东西，还不停地吱吱地在叫。我赶紧跑上前去。原来是一只蚱蜢在挖空被它抓住的一只蝉的肚子。蝉徒劳地挣扎，鸣叫着，可是蚱蜢一直紧咬住不放，它把脑袋一头扎进蝉的内脏里，一小口一小口地将它们撕拽出来。

我知道了：蚱蜢是大清早在树的高处趁蝉休息没有注意到敌人时发动袭击的，被活活开膛的受袭的蝉忽然一惊，随即和进攻者扭成一团掉落下来。那次之后，我曾多次看到与这相似的屠杀场面。

我甚至见到过胆量超群的蚱蜢蹿起追扑正晕头转向瞎飞逃命的蝉，好像在碧空里追逐云雀的苍鹰。与胆量超群的蚱蜢相比，猛禽稍显逊色。苍鹰是专攻比自己弱小的动物，而蝗虫类却正好相反，总是攻击比自己个强壮得多、个头儿大得多的猛兽，而这场先天条件相差很多的肉搏战的结果是一定是小个头儿赢。蚱蜢有强大的下颚和利爪，很少不把对方破肚开膛，而后者因为没有强有力的武器，只能挣扎和嚎叫了。

重要的是要把猎物攥住，这倒不是难事，趁夜间猎物打瞌睡的时候下手就行了。只要是被夜巡的凶狠的蚱蜢撞上的蝉都难逃一死。这就可以理解为何夜深人静，蝉声停止叫的时候，常常会突然听到树冠中传出吱吱的惨叫声。那一定是身着淡绿衣服的夜贼刚刚捉住一只已睡的蝉。

终于找到了我的食客们所需的食物了：我就用蝉来饲养它们。这道菜很合它们的胃口，所以仅仅两三个星期的时间，那笼子里就一片狼狈，到处散落着空胸壳、蝉脑袋、断翅膀、断肢碎爪。只有肚子几乎是整个儿地不见了。肚子是块好肉，虽然营养成分不高，但味道看起来相当好。

的确，蝉腹中的嗉囊里储存着糖浆，那是蝉用自己的小钻一点一点从嫩树皮里提取出来的甘甜液汁。难道是因为这种蜜饯的缘故，蝉的肚子才成为猎人的首选？很有可能。

为了让食谱多样化，我还专门喂给它们一些香甜的水果，例如葡萄、梨片、甜瓜片等等。它们全都很喜欢吃这些水果。绿蚱蜢简直就是英国人，它喜欢浇上果酱的牛排。也许这就是为何它一抓住蝉，就对它开膛破肚的原因：肚子里装的沾着果酱的鲜美肉类。

不是什么地方都能吃到这种美味的甜蝉的。在北方地区，绿蚱蜢遍地都是，它们很难找得到它们在我们这儿所热爱的这种美食。它们应该还有别的食物。

为了弄清这个问题，我给它们吃细毛鳃角金龟，这是一种夏天鳃角金龟，跟春天鳃角金龟一样。这种鞘翅昆虫一扔进笼里，绿蚱蜢们便像饿狼一般地扑上去了，吃得精光，只剩下爪子、脑袋和鞘翅。接着我又扔进去肉肥而漂亮的松树鳃角金龟，结果一样，次日它就被那群凶神恶煞的蚱蜢给开膛破肚了。

这些例子足以说明问题了。这说明蚱蜢是个喜食昆虫者，尤其喜欢吃那种没有硬甲胄保护的那些昆虫；这还说明它们很爱吃肉，而且像螳螂那样只吃自己捕捉的猎物。这个蝉的刽子手还知道肉的热量太高，必须用素食加以调解。喝完血吃完肉之后，再来些水果什么的，有时候，实在没有水果，吃吃草也是不错。

然而，同类相残依旧存在。其实我曾经还看到过我笼中的飞蝗跟螳螂一样的野蛮行为，后者常常拿自己的情敌开刀，甚至吞食自己的伴侣。不过，如果笼中的某个弱小的飞蝗不幸倒下，幸存者们会像对待一般猎物那样毫不犹豫地扑上去的。它们并不是因为饥饿才拿死去的同伴填满肚子的。无论如何，凡是身有佩刀的昆虫都有不同程度的以体弱同伴为食的喜好。

除了此以外，我笼子里的飞蝗们倒是和平相处着。它们相互之间从未有过激烈的打斗，最多也就是因食物而稍许争抢一下罢了。我刚往里扔进一片梨，一只飞蝗便马上过来霸占。因为怕别人也来争夺，它就蹬脚踢腿，防止别人过来抢夺它的美食。自私自利无处不在。吃饱了，它就把位子让给别人，后者随后也霸道地强占了梨片。笼里的食客就这样一个接个地飞上去吃上一番。吃饱喝足以后，大家便用大颚尖挠挠脚掌，用爪子蘸点唾沫擦擦眼睛和额头，然后便用爪子抓住网纱或索性躺在沙地上，作沉思状，悠闲地消食。白天的大部分时间都用来睡大觉，尤其是天气炎热时，更是如此。

当夜幕降临，日落西山时，这帮家伙就开始活跃起来。九点钟左右的时候闹腾得最厉害。忽而猛地冲上圆顶高处，忽而又兴冲冲地下来，不一会儿又冲上去。大家就这样吵嚷着来来去去，在环形道上蹦蹦跳跳的，遇上好吃的便吃上两口，也不停下来。

雄性绿蚱蜢守候在一边，用触须挑逗过路的雌性。未来的妈妈们矜持庄重地踱着步，佩刀微抬着。对于那些性急的狂热雄性来说，现在最重要的事便是交配。有经验的人一看便就知道它们想做什么。

这同样也是我所观察的重要内容。我的愿望得到了满足，但没有完全满足，因为接下来的好事拖得太久，我没能看到最后那一幕。那一幕要拖到深夜甚至凌晨。

我所看到的那一丁点仅仅局限在没完没了的序幕。热恋的情人面对面，几乎头碰头地用各自的柔软触角互相抚摸，彼此试探。它们看起来就像两个用花剑互相击打以示友好的对手。雄性时不时地鸣叫几声，或者用琴弓拉上几下，之后便悄然无声了，也许是因为过于激动而没有继续拉下去。十一点了，求爱依旧没结束。我实在是困得坚持不住了，很不舍地撇下了这对情人。

次日清晨，雌性产卵管根部的下方吊挂着一个奇特的东西，那里边装着精子，看起来好像一只乳白色的小灯泡，大小和天平砝码差不多，隐约地分出为数不多的长圆形泡囊。当雌性绿蚱蜢走动时，那小灯泡擦着地，粘上一些沙土。然后，它将这个受孕的小灯泡当作一餐盛宴，美美地将其中的东西吸光，再咬住干薄皮囊，久久地反复咀嚼回味，最后再全都吞咽下去。不一会儿，那乳白色的赘物就不见了，连渣沫全都被它美滋滋地消灭干净。

　　这种难以想象的盛宴大概是从外星球传入的，因为它与地球上的筵席习惯差很多。蝗虫科昆虫真是个奇怪的物种，它们是陆地动物里的最古老的动物的一种，而且就像头足和蜈蚣纲昆虫一样，是将古代习性沿用到今的一个代表。

五月的豌豆象

人们一直对豌豆有很高的评价。自远古时期开始，人类通过越来越细心地管理精耕细作，想尽各种方法让豌豆结出更甜美，更大，更嫩的果实。这种作物非常善解人意，它果然遂人所愿，满足了园丁的要求，为他们提供了他们想要的东西。我们今天离科吕麦拉和瓦罗①们多么的遥远啊！尤其是离第一个或许是用岩穴熊的半颌骨（因为颌骨上的牙齿就像铧犁）将土地扒开种下这种野果的人是那么的遥远！

这种豌豆始祖究竟在野生植物世界里的什么地方呢？我们所在的各个区域都没有与这种植物相似的植物。在别处能找得到它吗？在这一点上，植物学或含糊其辞，或缄默不语。

另外，人们对于很多可食用的植物都是一无所知。供我们加工成蛋糕的备受称赞的小麦来自哪里？没人知道。我们就老老实实地精耕细作吧，别再费力地在这里寻根溯源了，也别到国外去探索来龙去脉了。在东方这片农业文明的孕育之地，采集植物标本者从未在没被犁耙翻耕过的土地上发现过这种独自繁衍成长的圣麦穗。

同样，对于燕麦、大麦、黑麦、萝卜、胡萝卜、小红萝卜头、甜菜、笋瓜和其它很多作物，我们也同样不了解。我们不知道它们的原产地，顶多也就是根据几百年来的以讹传讹去加以猜测而已。在大自然将它们交付给我们时，它们饱含着野生的生命力和不高的营养价值，正如大自然今天把灌木和桑葚丛的黑刺李提供给我们一般，它们还处于一种吝于施舍的原始的粗胚状态，需要我们经过辛勤劳作和运用才能去使它们的果实营养丰

---

① 古罗马学者、讽刺作家，著有涉及各学科的作品 620 卷，其中有《论农业》一卷。

富。这是我们投入的第一笔资金，这笔资金在耕耘者的出色劳动下在那特殊的银行里一直在不断地增息翻本。

作为储藏食物，豆类和谷物植物大多部分是人工生产的。那些初始状态很不发达的那些改良对象，是我们按原样从大自然的宝库中提取的。经过改造的品种为我们提供了大量的食物，这是我们的技术取得的成果。

如果说豌豆、麦以及其他的作物对我们来说是不可缺少的，那么以我们的精心照顾作为对它们的正当回报也是必不可少的。这些植物在生命的激烈斗争中毫无抵抗能力，是我们的需要使它们在不断地成长壮大，要是我们弃它不顾，任其自生自灭，就算它们有不计其数的种子，也会很快灭绝的，就像愚蠢的绵羊，没有精心的圈养照料，很快就会灭绝。

它们是我们创造的产物，但并不总是我们所独占的财富。在食物大量存积的任何地方，都会有大量的食客从四面八方赶来，肆无忌惮地大饱口福，食物越丰盛，食客来得越多。唯有人能够促使农业的发展，进而举办这让各方食客蜂拥而至的盛宴。人在创造更加丰盛、更加美味的食物的同时，无可奈何地也把千千万万饥肠辘辘的家伙招引到谷堆粮仓中来，它们的尖牙利齿让人毫无办法。人生产得越多，收获就越多，大量的作物，大规模的耕作，大量的积存，喂胖了我们的竞争者——虫子。

这是事物的必然规律。大自然以相同的热情向她所有的婴儿提供乳汁，她既喂养生产者也喂饱剥削他人财富的族群。大自然为我们这些辛勤劳动、播种和收获，并因此而累得精疲力竭的人，让小麦成熟，同时也是为了小象虫们。这种小象虫从不在田间劳动，却在我们谷仓里驻扎，用它那尖嘴在麦垛里一粒粒地咀嚼麦粒，麦子全变成了麸子。

大自然心疼我们这些因浇灌、翻地、锄草而累得腰酸腿疼、风吹日晒的人，因此催促豆荚快些饱满，但同样也是为了小象虫。豌豆象对田间劳作一窍不通，但仍旧在春回大地的时候，按时从收获物里提取属于自己的那一份儿。

让我们瞧瞧豌豆象这个税官是怎样卖命地工作的。我是个主动纳税者，任由豌豆象胡作非为：正是为了它，我才在我的荒石园中撒了几垄它所喜爱的植物种子。除了这不多几垄的豌豆以外，我没有其它东西可呼唤豌豆象了。它五月里果然按时前来了，它知道了在这个不适合辟作菜园的荒石园里，头一回有豌豆在开花。这位昆虫税务官便急匆匆地跑来履行自己的职责了。

它是从哪里来的呢？这可是无法清楚地。也许是来自某个隐蔽之处，在那里呈僵直状态地度过了寒冬腊月。因为炎烈酷暑而脱皮的法国梧桐，用它那稍微翘起的木栓质皮片为无家可归的虫子提供避难之处。我常常会在这种冬季避难处里看见我们的勤劳的豌豆象。一旦严冬肆虐，寒风凛冽，豌豆象就会藏在法国梧桐的这些微翘的枯皮下，或者用其它的办法逃过劫难，直到温暖的阳光轻抚它几下，它便苏醒过来。这是它的生物钟在通知它该工作了。它们像园丁一般，知道豌豆的花期，于是，它们便算准了时间，从四面八方，迈着细碎的脚步，心急如焚地奔向着它们所喜爱的植物。

大嘴，小头，身材粗矮身着带有褐色斑点的灰衣服，长有扁平鞘翅，尾根有两个大黑痣，这就是我访客的大致模样。五月上旬刚过，豌豆象的尖兵就已经到了。

它们在蝴蝶白翅膀般的花上安家扎寨：看见有的住在花的旗瓣上，还有一些则藏匿于龙骨瓣的小盒子里，很大一部分盘于花序中吮吸着，产卵的时刻还没到来。早晨天气暖和，太阳虽明亮，却不晒人。明媚阳光下这是举行婚礼、开心享受的美好时刻。此时它们正在享受着生活的乐趣。有一些在成双配对，但不一会儿又分了开来，随后又聚在一起。将近中午的时候，烈日当头，男男女女全都躲到花褶的暗处乘凉。他们十分熟悉这种阴凉的地方。第二天，它们再次寻欢作乐，第三天依旧乐此不疲，直到一天天鼓胀起来的豌豆果实撑破龙骨瓣的小盒子才结束。

有几只比其它豌豆象更着急的豌豆象产妇，将宝贝托付给新生豆荚，而后者此时细而小扁平，才刚刚褪掉花蒂。这些急急忙忙产下的宝贝或许是因宝贝巢已等不及而被迫这样的，它们的处境相当危险。将接手豌豆象的虫宝贝的种子此时此刻还只是个脆弱的细粒，既没韧性又没有粉质堆。除非豌豆象虫宝贝极有耐心，能扛到果实成熟，要不在那里根本找不到吃的。

可是，宝贝一旦孵化出来，它可以长时间不进食吗？这让人非常怀疑。从我所见到过的一些宝贝来看，新生儿一出来就会忙着要吃的，如果没有吃的，很快就会死去。因此，我认为在还没成熟的豆荚上产下的宝贝肯定是必死无疑的。但种族的兴旺繁殖并不会因此受到多大的影响，因为豌豆象妈妈是多产的。一会儿我们就能看到豌豆象妈妈是怎样满地下种了，而其中大部分都注定会死掉。

五月底，当豌豆荚在籽粒的促动下变得多节，达到或近乎饱满的时候，豌豆象妈妈的任务也就完成了。我急切地想看到豌豆象是怎样以我们昆虫分类学所给予它的象虫科昆虫的身份干活儿的。其它的象虫都是一群带嘴象、带喙象，它们配备有一根尖头桩，是用来修筑产宝贝的巢穴的。而豌豆象却只要一个短喙，在吸食点甜汁方面十分有用，但却无法钻探。

因此，豌豆象安顿家人的办法是与众不同的。它不会像熊背菊花象、橡树象、黑刺李象等那样做一些精巧细致的准备工作。豌豆象妈妈没有钻头，它们只好把宝贝产在露天里，没有任何设备可以防止被风吹日晒。它这样做简直是太方便了，但风险确是相当大的，除非宝贝有特殊体质，可以抵抗酷热严寒、干燥潮湿。

上午十点，阳光温和，豌豆象妈妈步伐匆忙地一会儿大步一会儿小步，一会儿又从下到上，一会儿又从上到下，一会儿从反面到正面，一会儿又从正面到反面地把自己挑选的豌豆荚看个遍。它不时地将细小的输卵管伸出来，左碰碰右探探，像是要划破豆荚的表皮一样。然后便产下一个宝贝，随后便弃之不管了。

豌豆象妈妈的输卵管就这样在豌豆荚的绿皮上左碰一下右碰一下就完事了。宝贝留在那里，没有任何的庇护，任太阳暴晒。在帮助将来的宝贝，让它在独自进入食橱时缩短寻找时间方面，豌豆象妈妈没有任何顾虑，它没有想到为儿女找个适合的地方。有的产在被豌豆种子鼓胀起来的豆荚上，有的甚至下在像贫瘠小山谷一样的豆荚膈膜内。在豆荚上的宝贝几乎同食物亲密接触着，而豆荚膈内膜的宝贝却离食物很远。以后全靠虫宝贝自己去辨认方向，寻觅食物了。总之，豌豆象这种无序产宝贝的行为让人想到粗放式播种。

更可怕的是：产在同一个豆荚上的宝贝与豆荚内的豌豆粒数目不成比例。首先我们必须明白，一个宝贝就需要一粒豌豆，这是定量，虽然这一定量对一个宝贝来说是绰绰有余，但是如果好几个宝贝同时享用，哪怕仅有两个虫宝宝，那也很勉强。每个宝贝一粒豌豆，不多也不少，这是一成不变的规定。

这就要求豌豆象妈妈产宝贝时必须很清楚豆荚里的含豆量，限制自己的产卵的数量。但是豌豆象妈妈根本就不理会这种限制。在一个豌豆粒旁，豌豆象妈妈总是产下很多的小宝贝。

我所有的统计在这一点上都是相同的。在一个豆荚上产下的卵总是过多，而且常常是大大地超过可食的豌豆粒的数量。不管粮食多么瘠，上面都分布着大量的宝贝。我分别数了一下豆粒和宝贝的数量，发现一粒豆子上总有五至八个虫卵，有时竟有十个，而且看不出豌豆象妈妈竟会在一个豆荚上产下这么多的宝贝来。真是粥少僧多！在一个豆荚上产这么多的宝贝做什么呢？它们必然是会被驱出盛宴的呀！

豌豆象宝贝呈鲜艳的琥珀黄色，很光滑，圆柱状，两头圆圆的。它长不过一毫米。每个宝贝都用凝固的蛋清细纤维网牢牢地黏着在豆荚上。无论刮风下雨，都打不下来。

豌豆象妈妈产宝贝经常是成对的，一个宝贝在上另一个在下，而常常是上边的那个宝贝能够成功地孵化，而下边的那个则干瘪而死。为了保证成功地被孵化出来，需要什么呢？或许是需要阳光的沐浴吧，而下边的宝贝正好被上边的遮挡着，没有适宜的温度。或者是由于不适合的挡板遮挡的影响，还是别的什么原因，反正孪生宝贝中的先产下极少得到正常的发育，大部分都在豆荚上干瘪，没有出世便夭折了。

但也有例外，有时候，成对的宝贝两个都发育很好，但这种情况确实罕见，所以这样成双地产宝贝，豌豆象的家族成员几乎要减少一半。有一项不利于我们的豆荚但却对象虫科昆虫有利的临时措施能减少这种毁灭：大部分的宝贝都是一只一只地产下的，并且是独自待在一处。

显示出孵化不久的标记是一条曲曲弯弯的淡白色或苍白小带子，它在宝贝的壳周围翘起，撑破豆荚的皮层。这是虫宝贝的产物，是皮下通道，宝贝在其当中蠕动，寻找钻入点。找到这个钻入点以后，全身苍白、头戴黑帽、身长刚刚一毫米的虫宝宝就在豆荚上钻孔，钻入豆荚宽敞的肚子里。

它爬到豆粒处，在离它最近的那颗豆粒上安顿下来。我用放大镜观察它，同时观察它的豌豆地球——它的世界。它从豌豆的球面上垂直地往里挖出一个井洞。我曾见过一些宝贝前半个身子钻到井洞里去，后半身则在井里外边蹬踢助力。不一会儿，宝贝消失在了自己的家中。

入口较小，但一眼就能找到，因为它在豌豆金黄色或淡绿色的衬托下呈褐色。入口并没有固定的位置，除了豌豆的下半部以外，几乎豌豆表面的所有地方都可以钻洞，因为下半部的底端是悬韧带的肥硕之地。

豌豆的胚胎就在这里，但它没受到宝贝的损害，而且还发育成为胚芽，尽管豆粒上面被豌豆象成虫钻了个大洞。为什么这个部位可以完好无缺呢？是什么原因让它幸运地免遭宝贝的侵害的呢？

肯定不是豌豆象关心园丁的效益。豌豆是为它而生，只为它才生。它之所以不去啃那几口使种子死亡，目的并不是减轻灾害。而是有另有其它的原因。

请注意，豌豆是一粒粒互相紧贴在一起的，寻觅下嘴部位的幼虫并不能在豆粒上自如行走。还要注意，豌豆的下端因肚脐的瘿瘤而变厚，钻孔就非常困难，而在只有表皮保护的其余部分就不许面临这样的困难。甚至可能在肚脐这一特殊部位有一些特别的液汁是宝贝所不喜欢的。

毋庸置疑，这就是豌豆被豌豆象蚕食却照样能够发芽的秘密所在。豌豆虽破损，但却并没死去，因为入侵针对的是空着的上半部，那是既容易钻入又不是致命的地方。另外，由于整粒豌豆对于单独一个消费者来讲是富余的，所以受害部位只是这个消费者所喜爱的部位，而不是豌豆生命关键的部位。

在另外的一些条件下，比如在种子个头儿非常大或太小的情况下，可能我们看到情况就大不一样了。在种子不够大的情况下，由于宝贝吃不着什么，胚芽就会一起被吃掉了，而在种子个头儿超大的情况下，食物足够丰盛，就可以接待多个食客。如果豌豆象喜爱的豌豆短缺，豌豆象就退而求其次，转向马蚕豆和野豌豆，这两种植物也为我们提供了相似的证据。野豌豆颗粒小，被吃得只剩下一层皮，根本没法发芽生长。马蚕豆个头大，尽管上面有豌豆象的多间住宅，但照样能破土发芽。

我们已知豆荚上的虫卵的数量总是大于荚内豆粒的数量，每个被占有的豆粒是一只宝贝的私有财产，那就不得不问了，那些多余的宝贝会有怎样的下场呢？当最早成熟的宝贝一个个在豆荚食橱里占领了位置时，多余的那些宝贝是不是就在外面凄惨地死去了？还是被先行占领阵地的宝贝无情地咬死了？都不对。情况是这样的。

就在此时，在豌豆象成虫钻出来时留下了一个大圆洞的老豌豆上，通过放大镜能辨别出一些棕红色的斑点，数量不一，但是斑点中间全有钻孔。我数过，每粒豌豆上都至少有五六个钻孔。那么这些斑点又是什么呢？我想我不会弄错：有几个钻孔就有几个个宝贝。几个宝贝同时钻进了一个豆粒里，但长大长肥、能存活的、变为成虫的却只有一个。那么其它的呢？我们马上来瞧瞧。

五月底和六月份是产卵期，豌豆依旧又绿又嫩。所有被宝贝侵入的豆粒几乎都有很多斑点，这我们已经从豌豆象遗弃的那些干豌豆上见过了。这是不是好多宝贝聚在一起的标志呢？没错儿。我们将所讲的那些豆粒的子叶分开，必要时再加以细分。好几个蜷在豆粒内的很小的宝贝暴露出来。

聚在一块儿的这些宝贝貌似相安无事，安静和睦。邻里间互不相争和平相处，进餐开始，食物丰盛，就餐者被子叶还没被触动的部位所形成的膈膜分开着，各自乖乖地待在自己的小间中，不会相互争斗，没有任何无意的碰触或恶意的挑衅引发的大动干戈。对每一个占有者来讲，所有权一样，胃口一样，力量一样。那么共同享用同一个豆粒的情况将如何结束呢？

我把一些被认为有豌豆象居民的豌豆剖开以后放在玻璃试管里。我每天都剖开一些，通过这种方法了解共处一室的豌豆象的生长发育过程。一开始并没有什么特别的情况。每只宝贝都独自在自己的狭小的窝里，咀嚼自己附近的食物。它省着吃，不闹也不吵。它还太小，稍稍吃一点食物就饱了。然而，一粒豌豆无法供养这么多宝贝长大。饥饿随时有可能发生，除了其中幸运的一只以外，剩的全部得死去。

的确，事情很快就发生了变化。宝贝中位于豆粒中间的那一只发育得明显比其它的宝贝要快。当它稍微比自己的竞争对手们个头儿大一点的时候，后者就都停止进食，抑制自己向前探索食物。它们一动不动，听天由命，这样静静地死去了。它们消失了，灭亡了，溶解了。这些可怜的牺牲者是那样的弱小！从此，那粒豌豆整个儿地属于那个唯一的存活者了，在这个享有特权者的身旁，其他的都一个个地静静地死掉了，这到底是怎么回事呢？我没有确凿的答案，所以只能提出一种假设。

豌豆的中间比其他地方更加受到太阳的光合作用的偏爱，那也许有一种更适合豌豆象宝贝那娇弱的胃的松软婴儿食品。在豌豆的中间，宝贝的胃或许受到一种味美、松软、香甜、更富有营养的食物的滋养，变得强健，能够消化一些难以消化的食物。婴儿一般吃流食，在吃大人吃的蛋糕之前，是吃奶的。豌豆的中央部分是不是就像是豌豆象妈妈的乳汁？

豌豆粒的所有占据者有一样的雄心，它们拥有相同的权利，所以全都往最美味的地方爬去。行程充满艰苦，临时的栖身之地反复出现，以便休息。在期盼着更好的食物的同时，它们也凑合着吃点自己身旁已成熟的食物，但它们更多的是用牙来为自己开辟通道而不是进食。

最后，那个掘挖方向正确的掘土工成功地抵达了豆粒中央的乳制品厂。于是，它就在那里安顿下来，而一切已成定局：其它的宝贝只有死路一条。那么其它的宝贝是怎么知道中心部位已被占有了的呢？难道它们听到了自己的那位同胞在用大颚击敲其小房间的墙壁吗？还是它们很远地就感觉到有啮啮的动静了呢？可能出现过某些相似的情况，因为从此，它们就不再往前探路了。迟到的宝贝们没有去同幸运的优胜者硬拼，没有试着去将它赶走，而是选择了静静地等待死亡。我很欣赏太晚赶到的虫宝宝们的那种淳朴的忍让精神。

还有一个条件在这件事里起着作用，那就是空间条件。在我们的那些豆象中，豌豆象是个头儿超大的。一旦成年，它就需要一个更宽敞的住所，而其他的豆象在成年时并没有这种要求。一粒豌豆很轻易就能为豌豆象提供宽敞的一个住所，但是要住两个人就困难了，因为即便紧挨着也不够宽。如此一来，就不得不残酷地精简人了，所以在一粒被侵入的豌豆中，除了一只虫宝宝以外，其余的竞争者一个不剩地被除掉了。

而蚕豆则不一样，虽然它和豌豆一样深受豌豆象的喜爱，但它却能接待好些个豌豆象同时下榻一家宾馆。刚才所说的那种独居者在蚕豆这里就变成了同居者。蚕豆住房宽敞，可容下五六只甚至还多的虫宝宝而又互不侵犯对方的领地。

此外，每只虫宝宝都会有最初几天的松软面包在自己的嘴旁，也就是远离表面、硬化缓慢、味道保存得最好的那一层。这一层是蛋糕心，其余的都是蛋糕皮。

在豌豆里，这松软的一层位于最中央的部位，是豌豆象虫宝宝必须到达的一个超小的点，到不了那里，它就必死无疑。而在蚕豆这块大圆蛋糕里，这个内层覆盖着两片非常扁平的豆瓣。如果在这巨大的豆粒上随便咬上一口的话，每只虫宝宝只需在自己面前向下稍稍一钻，很快就能钻到想吃到的食品。

这样会出现怎样的情况呢？我算了一下在一个蚕豆荚上的虫宝宝的固定数目，又数了一下豆荚里蚕豆粒，两数比较，我便知道如果按五六只虫宝宝计算，这只蚕豆荚有富余的空间容纳全部的家庭成员。这就不存在从宝贝中孵出之后就立即死去的多余者了，个个都能有一份丰盛的食物，人旺家兴。食物的丰盛保证了这种粗放式的产宝贝办法的继续。

如果豌豆象一直都是以蚕豆作为自己全家的住处的话，我就很能理解它为什么在同一个豆荚上产下那么多的宝贝了：食物丰盛，又能轻松吃到，当然能招引豌豆象大量地产宝贝。而豌豆就让我困惑不已了。是什么原因促使豌豆象妈咪毫无选择性地把宝宝产在粮缺的地方，活活地被饿死呢？为什么要让有那么多食客围着只能坐一人的餐桌呢？

在生命的过程中事情可不是这样发展的。某种预见性在暗中调节着卵巢，使它清楚地根据食物的多寡产下自己的宝贝的。泥蜂、金龟子、葬尸虫还有其他为儿女们储藏食品罐头的妈妈们，都很严格地控制自己的生育，因为它们蛋糕铺里的松软蛋糕，它们一筐筐的野味肉，它们埋尸坑里的腐肉块等等都是通过辛苦得劳动获得的，并且数量稀少。

反之，肉上的绿头苍蝇则在上面成堆成堆地堆积它的虫卵。它相信尸肉是取之不尽的财富，便在上面大量下蛆，根本不在乎下了多少。此外，昆虫常常狡猾地掠抢食物，因此往往会导致死亡事故的发生，因此昆虫妈妈也就用大量产宝贝的方法来减小意外死亡的损失，以保持繁殖的平衡。芜菁科昆虫就属于这种情况，它常铤而走险抢掠他人财物，因此它的繁殖能力就超强。

豌豆象既不知道被迫减少家庭人口的劳动者的艰辛，也不了解被迫大量增加家庭成员的寄生者的苦衷。它们自由自在，从不费劲地去寻找，只是在明媚的阳光下在自己所喜爱的植物上溜来荡去，便轻松地给自己的每个宝贝留下了足够财物。它能轻易做得，并且还疯婆子似的想让更多的宝贝生在一个豌豆荚上，致使绝大多数宝贝饿死在这间营养不足的育婴室里。这种愚蠢的做法我无法理解：它同昆虫妈妈的母性本能固有的远见卓识背道而驰。

因此我认为，在地球上的财富分享中，豌豆并不是豌豆象最初所取得的那一份，大概是蚕豆才是，因为一粒蚕豆就足以养育半打甚至更多点儿的食客。种子个头儿大，昆虫的产卵与可吃食物之间的明显不协调也就不存在了。

此外，毋庸置疑，在我的园中种植的各种豆类里，蚕豆是历史最久远的。它个头儿超大，而且口感极好，必定自古以来就受到人类的关注。对于饥饿的种族来说，它是现成的，营养丰富的食物。因此，人们便急不可待地在自己宅边园地里大量地种植它，这就是农业的开始。

中亚地区的移民用他们那长满胡须的牛拉着的车，一站站地长途跋涉后，首先为我们的蛮荒地区带来了蚕豆，之后是豌豆，最后防止饥荒的谷物也被带来了。他们还给我们带来了羊群牛群，让我们知道了青铜——那是最早的加工工具的金属。就这样，文明的曙光在我们这诞生了。

这些古代的先驱在给我们带来蚕豆的同时是不是不知不觉地也带来了今天同我们争夺豆类植物的昆虫呢？这种猜测不是毫无道理。豌豆象大概是豆类植物的原居民。至少我发现它曾对当地的很多种豆科植物征收过贡税，特别是在树林里的山黧豆上大量繁殖，因为美丽的山黧豆有一串串花朵和长长的豆荚。山黧豆的籽粒个头儿不大，远比我们的豌豆粒要小。但是，它的籽粒皮很薄，虫宝宝可以吃，所以每粒籽粒都足够让居住者长大长肥。

也请大家注意，山黧豆的豆粒十分多。我曾数过，平均每个豆荚内约含有二十多颗豆粒，豌豆就算产量最高时也达不到这个数字。因此，没太多渣滓的优质山黧豆足够供养活在它的豆荚上的昆虫家庭。

如果树林中的山黧豆突然变了，豌豆象就会转向另一种味道差不多的植物，但这种植物的豆荚又无法饲养它全部虫宝宝，比如在人工种植的豌豆上或野豌豆上产卵。在食物不丰富的豆荚上也产下了很多宝贝，因为起源时期的植物可能因籽粒个头儿大也可能是种类繁多，可以提供丰富的食物。假如豌豆象真的是外来者，它开始阶段的食物假定是蚕豆，如果豌豆象是原住户，那就假定它开始的食物是山黧豆。

古老岁月里的某一天，豌豆来到了我们这儿。人们渐渐发现它好于蚕豆，后者在为人做出了很多贡献之后将地位让给豌豆了。象虫也是这样认为的。象虫虽没完全丢弃山黧豆和蚕豆，却把自己的军营建立在一个世纪以来逐渐广泛种植的豌豆上。今天，我们必须和豌豆象共享豌豆，豌豆象将它得意的一份提取之后把剩下的部份留给了我们。

我们优质丰富的产品所产生的儿女——昆虫的这种兴旺繁衍，从另一角度来看却是没落衰败。对于象虫来说，食物方面的进步，并不一直是完美的，这和我们人类一样。食不厌精，种族遭殃；省吃俭用，种族则更得益。豌豆象在山黧豆和蚕豆这两种粗糙食物上建立了婴儿低死亡率的移民所。在它们上边，人人吃得上饭。而在味美食品——豌豆上，大部分食客则因饥饿死亡。份额不多的豌豆上，食客却很多。

我们无须在这个问题上过多地耽误时间。来瞧瞧由于姐妹兄弟全部死去而成为豌豆唯一的主人的豌豆象虫宝宝吧。它在这种大死亡中毫发未伤，是运气帮了它的忙，仅此而已。在豌豆粒中间这个丰润的僻静处，它开始做起自己的唯一的本行——吃。它从自己周围的食物开始下嘴，进而扩大范围。只见它的肚子越来越鼓，窝儿越变越大，但随后也被大肚子填满。它丰满迷人，身轻体健，透着健康的光彩。要是我拨弄它，它便在自己的宅子里懒散地打着个盹儿，头还轻轻地点着。这是它对我的打搅表示厌恶的一种方式。我们让它安静，别打搅它了。

它发育得又快又好，酷热来临时，它已经在忙着即将到来的外出了。豌豆象成虫没有准备为自己在豌豆中打通一条通道钻出去的精巧工具，而豌豆此刻已经完全变硬了。虫宝宝知道自己即将面临的这种无奈，它早有所预见，用一种非常巧妙的技艺摆脱了困境。它用自己有力的颌钻出一个圆圆的安全洞口，四壁非常光洁。我们用再好的雕琢象牙的工具也做不到这么好。

事先准备好逃跑的天窗还不行，还必须好好考虑如何保证干细致工作时所需要的宁静。擅闯民宅者常常会从开着的天窗溜进来，进而伤害毫无防御能力的蛹。因此这个天窗一定要关上。怎么关呢？窍门在这里。

虫宝宝在钻逃逸的出口时，啃啮面粉状物质，一点儿渣渣都不剩。待钻到豆粒表皮时，它便会突然停下。这层半透明的薄膜，是供虫宝宝变态用的凹室的防护屏，以防不法之徒的入侵。

这也是成虫移居时可能遇到的唯一的障碍。为了使这道屏障轻易脱落，虫宝宝曾在里围绕着盖子细致地划刻出一道阻力很小的沟槽。发育成成虫后，只需用肩膀轻轻一碰，额头稍稍一顶，圆盖就能被微微顶起，像木锅盖一样掉下来。出洞口透过豌豆那半透明的表皮展现出来，因室内阴暗很不明亮，因此看起来就像一个宽大的环状斑点。下面发生的事由于隐蔽于类似毛玻璃的东西下面，所以看不清楚。

这种舷窗盖的构思真是奇妙，既是防御入侵者的街垒，又是豌豆象成虫在适当时机用肩膀轻轻一顶就打开的活门。我们要向豌豆象表示敬意吗？这灵巧的昆虫可能想出这样的高招儿，思考出这样精密的一个计划，进而一步步地付诸行动吗？如果象虫的小脑袋有这本事那可是了不起。在下结论以前，我们还是先进行一下实验吧。

我将剥掉被豌豆象虫宝宝占领的那些豌豆的表皮，再把这些豌豆搁在玻璃试管里，以免它们过快地变干。虫宝宝在当中和在没有剥去表皮的豌豆里发育得一样好，到时候便准备开始出屋。

要是虫宝宝矿工是在自己的灵感的引导下工作的话，如果它认为被不时地仔细检查的顶板已十分单薄而不再继续挖它的通道的话，那么在现在的这种条件之下，会发生怎样的事呢？虫宝宝觉得自己已经贴近表面，将停止钻探，它不会损坏无表皮的豌豆的最后的那一层，从而获得一个不可缺少的保护屏。

类似的情况并没有出现。井坑在被充分地挖掘，出口在外面张开，就像表皮仍在保护着豌豆似的同样宽大，同样经过精雕细琢。安全的原因丝毫没有影响虫宝宝的习惯动作。对于敌人能够进入这间来去自由的小屋，虫宝宝好像并不担心。

当它没有将有表层的豌豆钻透时，并没有更多地想到这些。之所以突然停止，是因为没有面粉的薄膜不合它的胃口。我们不也一样把那些没有营养价值的豌豆皮从豌豆泥中剥出去吗？因为它们没有用。看上去，豌豆象虫宝宝和我们一样：豌豆粒上那层硬的如羊皮纸一样的咬不动的表皮并不讨它喜欢。到了表皮那它便驻足不前了，它知道那东西很难吃。从这种厌恶的心情中却产生出一个很微小的奇迹。昆虫没有思维，但它被动地听从一种高级逻辑。它只是听从，自己却意识不到自己的技艺，它的这种无意识就像可结晶物质能有条不紊地聚集其大量原子一样。

八月份，或晚些或早些，在豌豆上呈现出一些，每粒上都只有一个，无一例外，这就是出口舱。九月份，其中大部分都会打开。就像钻孔器钻出的舱门盖整齐划一地分离，落在地上，住房的出入口便畅通无阻了。豌豆象以它最终的形象衣着鲜亮地爬了出来。

美好的时节，经雨水灌溉的花朵都盛开。从豌豆中出来的移民在秋天的喜悦中前来赏花。紧接着，寒冬来临，移民们纷纷寻找避难处所藏躲起来。其他的一些也并不急着离开出生的豆粒，整个寒冬腊月，它们都逗留在出生的豆粒里，躲在不敢触动的保护屏下边，一动不动。小屋的门只有等到酷暑返回时才会在铰链上，也就是抵抗力较弱的沟槽上发挥用途。到那时，迟到的虫宝宝才开始大搬家，与之前到达的小虫们会合，待豌豆开花时分，共同准备工作。

从各角度去观察昆虫变化多端、无穷无尽的本能的表现，对于观察者来说是研究昆虫世界极大乐趣，因为没有什么东西比这更能体现生命中的各种事物那奇妙的配合了。这样去了解昆虫学，我清楚并不是人人都赞同的；人们对一心扑在昆虫的一举一动上的天真的人是不屑一顾的。在急功近利的功利主义者眼中，一小把未被豌豆象糟蹋的豌豆远比一大堆没有直接利益的观察报告要重要得多。

缺乏信仰的人呀，谁说今天没用的东西明天就一定无用武之地？了解了昆虫的习性，我们才能更好地保护我们的财富。如果藐视这种理想主义的想法，我们一定会追悔莫及的。正是经过这些马上可以付诸实践的和不能马上付诸实践的观念的积累，人类才能够越变越好，今天比以前好，将来比现在好。如果说我们需要豌豆象同我们争夺的蚕豆和豌豆，我们同样需要知识，因为知识宛如一个巨大而坚硬的和面缸，进步这块蛋糕就在其中揉拌，发酵。同样重要的还有思想观念和蚕豆。

思想观念还特别嘱咐我们："贩卖谷物者不用费尽心思同豌豆象进行斗争。当豌豆被运到谷仓时，无法弥补的损失已成定局，但这种损失不会继续扩大的。完好无缺的豌豆完全不用担心与受损害的豌豆为邻，不管它们会混在一起多久。豌豆象到时候会从这些受损坏的豌豆中出来，只要有逃离的机会，它们就会从粮仓里飞走的。要是情况正好相反，它们也会不对完好无缺的豌豆造成丝毫的损伤地死掉。在我们食用的干豌豆中从来没有发现过豌豆象宝贝，也从来没有新的一代豌豆象出现。同样，更没见豌豆象成虫所造成的损伤。"

我们的豌豆象并不是定居在粮仓当中，它们同样需要新鲜空气、阳光和原野的自由。它吃得很少，尤其是坚决不吃蔬菜的硬部分。对于它那细小的嘴来讲，在花间吮吸几口蜜汁就足够了。除此之外，虫宝宝需要的是正在豆荚里孕育的松软蛋糕——绿色豌豆。正因为这些原因，粮仓中没有出现开始就进入当中的豌豆象宝贝发育成长之后又继续繁殖下一代的现象。

灾害的根子藏在田野里。在同这种昆虫进行斗争时如果我们不是无动于衷的话，就特别应该在田野上监视豌豆象。豌豆象数量惊人，个头儿又小，且非常狡猾，所以很难消灭，因此，它对我们人的愤怒嗤之以鼻。园丁气愤地又骂又叫，象虫却依然无动于衷。它依旧一如既往地得意洋洋地继续做它那收税官的工作。好在有一些好心的帮手前来帮我们的忙，它们比我们更有耐心，灭虫活动卓有成效。

八月的前七天，当成熟的豌豆象开始迁移时，我看见了一种十分小的小蜂，它是我们豌豆的忠实而有力的守护者。我看见它在我的那些作培育用的短颈大口瓶里，从象虫那里蜂拥而出。雌性小蜂头前胸呈棕红色，肚腹是黑色的，并带有长长的螺钻。雄性小蜂个头儿微小一些，浑身黑色。雌雄两性都有泛红的爪子和丝状的触角。

为了钻出豌豆，豌豆象为自己最终能逃脱而在豌豆表皮上别有用心地雕刻出的天窗封盖上开启一扇小窗户。被吞食者为吞食者铺平了逃生的道路。看到这一细节，下边儿的就不难猜测了。

当豌豆象虫宝宝变化的最初阶段完了时，当出口已经钻通，小蜂突然匆忙而至。它细细查看还长在茎上的豆荚中的豌豆，用敏锐的触角试探来探去，最终它发现了表皮上的薄弱部分。于是，它毫不客气地便竖起它的探测尖桩，插入豆荚，在豆粒的薄薄的封盖上打孔。象虫的虫宝宝或者是蛹，不管藏匿在豆粒多深的部分，小蜂的长尖桩都能触及到。小蜂会在象虫的虫宝宝或蛹上产下一只小宝贝，一切就大功告成了。象虫现在还处于半休眠状态或者呈蛹状，所以无法进行反击，所以这个胖宝宝将被吸干，最后只剩下一个皮囊。

真遗憾，我们不能随心所欲地帮助这些热情的歼灭者大量繁殖！这就是令人大失所望的恶性循环，我们无法放开手脚，因为如果想有更多的豌豆的探测者——小蜂来祝我们一臂之力，首先就必须有大量的豌豆象。

灰蝗虫的故事

我刚刚看到一件令人振奋的事：一只蝗虫在进行最后的脱皮，成虫从虫宝宝的皮套中钻了出来。情景相当壮观。我观察的那只灰蝗虫，是蝗虫族类里的巨人，九月葡萄收获时节常常会在葡萄树上看到它。它身体只有一指长，所以比别的蝗虫观察起来简单得多。

虫宝宝肥胖难看，但已略有成虫的大致模样，通常呈淡绿色，也有的是青绿色、红褐色、淡黄色，甚至有的已是成虫的那种灰色了。它前胸呈清晰的流线型，上面还有圆齿和小的白点，多疣；后腿已跟成年蝗虫一样粗壮有力，佩有红色纹络，而长长的上爪上长着双面锯齿。

鞘翅再过几天就会大的超过肚子，但目前还只是两片不起眼的三角形小羽翼，它们的上部贴在流线型前胸上，下部边缘微微向上翘起，呈尖形披檐状。鞘翅勉强能挡住裸体蝗虫背部，就像西服的燕尾，为了省料子而剪得不够长，非常难看。鞘翅遮住的是两条细长小带子，那是翼的比鞘翅还要短小的胚芽。

总之，即将变得漂亮灵巧的羽翼，眼下还是两块为省布料而剪得相当难看寒酸的破布头。从这堆破烂东西里会变出什么来呢？答案是一对宽阔而美丽的双翼。

咱们先细细地观察一遍事情的经过。虫宝宝感到自己已经成熟，能蜕变的时候，就用后爪和关节部位牢牢地抓住网纱。而前腿交叉在胸前收回等待，以支持背朝下躺着的成虫掉转身来。鞘翅的鞘那三角形小翼成直角地张开它的尖帆，那双翼胚芽的细小的长带子在显露出的间隙处的中央竖起，并微微分开。这样，蜕皮的架势就已妥妥当当地摆好。

首先一定要让旧外套裂开。在前胸端下部在一缩一张的推动下，动力就产生了。在颈部前端，可能在要裂开的外壳下面藏着的身体都在进行着这种一缩一张的反复运动。关节部分的薄膜细薄，在这些裸露地方的一眼就能看到张缩运动，但前胸的中间部位因有护甲遮着无法看见。

蝗虫中间部位的血液一退一涌地流动着。血液涌动的时候就像液压打桩机一样一下下有规律地撞击着。血液的这种撞击，机体竭尽全力产生的这种喷射下，它的表皮终于沿着因生命的准确预见而准备好的一条阻力超小的细线慢慢地裂开。裂缝沿着整个前胸的流线体缓缓张开，活像从两个对接部位的焊接线裂开一般。外套的其他部分都太坚硬了，没法挣开，只能在这个比其他部分都薄弱的中间地带寻找突破口。裂缝往后微微延伸了一点，到翼的连接处转到头部，然后直到触须底端，在这里形成左右短叉。

苍白软软的背部从这个裂口微露出来，稍微带点灰色。它的背部缓缓地拱起，越拱越大，好不容易都拱出来了。

之后头也拱出来了。外壳被完好无损地丢在原地，只是两只玻璃状的眼睛已经什么也看不见了，样子很诡异；触须的套子没有一丝皱纹，未见任何异样地处于自然状态，耷拉在这张已经变成半透明的没有生气的脸上。

从这样窄小又裹得这样紧的外套中钻出来，触须并没有遇到什么阻力，所以外套没有被翻转过来，没有被挤压变形，甚至连一点儿皱纹都没有。触须与外壳的体积相同，而且同样是有节瘤状的，可它却并没有损坏外壳，很轻易地从中钻了出来，就像一个光滑直溜儿的物体从一个没有设置障碍的管子里滑落出来一样。后腿的伸出更加让人震惊。

该是前腿和关节部分摆脱护手甲和臂铠的时候了，同样也没见有一点的撕裂褶皱，也没有一点的自然位置的变化。这时蝗虫只用它长长后腿的爪子勾住网罩，头冲下垂直悬挂着，当我一碰纱网，它就像钟摆一样的一下一下地摆动起来。支撑它悬挂起来的支点是四个细小的弯钩。

如果这四个弯钩一松，这只蝗虫就一命呜呼了，因为除了只有在空中它的超大翅膀才能张开。但是，它们牢牢地抓住，因为在它们从外壳伸出来以前，造物主就已经让它们变得牢固坚硬，足以承受之后从外壳中挣脱的使命。

现在翅膀和鞘翅在慢慢出来。那是四个窄小的破片，隐约可见一些纹络，最多只有总长度的四分之一，犹如被撕裂的小纸绳。

它们极软，因为无法支撑自身的重量，而耷拉在头朝下的身子两侧。本该冲着后部的翅膀后端没有依靠了，现在冲着倒挂的蝗虫的头部。蝗虫将来飞行器官的惨相就像原本嫩绿嫩绿的四片小叶子被暴风雨打得破烂不堪的一样。

为了使自己趋于完善，必须进行一项深入细致的调查。这项机体内的工作其实早已热火朝天地进行着，也就是把黏液凝固，让不成样的结构定型。但是，从外边儿根本看不出来它内部进行的这种诡异的实验。看上去，蝗虫好像毫无生气。

这期间，它的后腿也出来了。粗壮的大腿显露出来，向侧的一面呈淡粉红色，很快又变成了鲜艳的胭脂红。后腿很轻易地就出来了，把收缩的骨头一伸，道路就畅通无阻了。

但小腿又是另外一回事了。当蝗虫成变成虫时，整条小腿上长满了两排坚硬锋利的小刺。另外，在下部顶端还有四个有力的弯钩。这是一把有两排平行的锯齿的无法抵挡的锯，相当粗壮有力，除了块头小点以外，它真可以和采石工人的大锯相媲美。

虫宝宝的小腿结构也一样，同样是裹在有着相同装置的外套里。每个弯钩都镶在一个对应的钩壳当中，每个锯齿都与另一个同样的毫无缝隙地锯齿相吻合，即使是用刷子在壳上刷上的一层清漆也不如它同蜕掉的外壳那样紧紧相贴的。

而令人大为惊叹的就是，从中蜕出的胫骨的这把锯子没有让紧贴着外壳的任何地方有一丁点损伤。如果我没有一而再，再而三地细细观察，我是永远不会相信的。被抛弃的小腿护甲完好无缺。不管是末端的弯钩还是双排锯齿都没有把嫩软的外壳弄破。那外壳脆弱得一口气都能把它吹破，而在中间滑动的尖锐的大耙却没留下一点的擦伤。

我远远想不到会是这样的情况。当我见到那披着刺棘的铠甲时，就认定小腿上的外壳会像死皮一样的一块块自己脱落，或者被擦碰落下。但事实却大大出我所料！

刺棘和弯钩都毫不费力地从薄膜里出来了，但它们可是可以将软木头锯断的锯子呀。脱下来的没有一丝裂缝和褶皱的衣服靠着它爪状的外皮，钩在网罩的圆顶上，用放大镜看不到有任何硬擦伤，蜕皮前后完全一个模样。那蜕下的护胫也和那条真腿没有任何的差别。

谁要是让我们将一把锯子没有丝毫损坏地从贴在极薄的薄膜套里抽出来，那我们当然是哈哈大笑，因为这根本就不可能。但生命却跟这样的不可能开了个玩笑。生命在必要时总会有办法实现荒唐的事情。这一点蝗虫的爪子很清楚地告诉了我们。

胫骨锯出了套竟然是那样的坚硬，所以紧紧地裹住它的套子不被弄碎的话它肯定是出不来的。但困难被它绕开了，因为胫甲是它唯一的悬挂绳，必须绝对地完好无缺，才能给它在它完全摆脱之前给它提供牢固的支撑。

正在努力挣脱的腿还是无法行走的肢体，它还没有达到足够行走那种硬度。它很软，也很容易弯曲。我对它蜕掉的皮做了实验，将网罩斜放，就会看到已经蜕皮的部分因受重力影响，随我的意志在弯曲。呈细小绳状的弹性胶质也没什么弹性了。但是，它马上就硬了起来，只花了几分钟工夫，它就具有了所必需的硬度。

再往前些，那些被外套挡住的我见不到的部分里，小腿肯定处于一种相当有弹性的柔软的状态，甚至可以说是流体状的，这让它几乎能像液体一样的从通道中淌出来。

小腿上这时已经长了锯齿，但并没有它出来时那样尖锐。的确，我可以用小刀尖为小腿部分剔去外皮，并拔除被模子紧缠着的小刺。这些小刺是柔软的锯齿的胚芽，稍加外力就会弯曲，一旦外力除去又马上恢复原状。

这些小刺向后倒仰以便蜕出，而随着小腿的往外伸出，它们也在渐渐地竖起，变硬。我所观察的不是简单地把护腿套蜕去，露出在盔甲中已成形的胫骨的过程，而是一种其迅速令我惊叹不已的诞生过程。

螯虾的钳子在蜕皮时同样会把两只柔嫩的手指从硬如石块的旧套中挣脱出来时，情况似乎一样，但精细的程度却远不及蝗虫。

现在，小腿终于获得自由了。它们软软地折进大腿的骨沟里，悄无声息地成熟起来。紧接着肚子蜕皮了，那件精致的外套上开始出现了皱纹，逐渐蜕到顶部，但顶部却不幸卡在壳内了，除此以外，蝗虫全身都已露在外面。

它头朝下垂直地倒挂着，用已经空了的小腿护甲的爪钩钩住。

蝗虫一动不动，破旧衣衫固定着后部。它的肚子鼓胀得非常大，看上去应该是由储存的机体汁液撑起来的，鞘翅和翅膀很快就能用上这些液汁了。蝗虫在小憩在恢复元气。这样足足等了有二十分钟。

然后，只见它脊椎一用力，用前跗节抓牢挂在头上的旧皮，由倒悬成正挂。用脚倒钩高空秋千倒挂着的杂技演员，也没有在腰部这么使劲儿的。这么用力地一个翻转之后，其余的就小菜一碟了。

蝗虫靠着自己刚刚抓住的支撑物慢慢往上爬，碰到了罩子的网纱，这网纱现在就充当着在野地里蜕变时所依靠的灌木丛的角色。它将自己用四只前爪稳固在网纱上。这么一来肚子的末端就可以解脱了，然后再猛地最后一挣，旧壳就轻易地掉了下去。

我对旧壳的落下倍感兴趣，它使我想起了蝉衣是怎样顽强坚毅地顶着刺骨寒风而一动不动地挂住的小树枝上的。蝗虫的蜕变方式与蝉差不多。可为什么蝗虫的悬挂点会那样不牢固呢？

只要挺身动作没完，弯钩就会一直牢牢地钩住，一旦这个动作一做完，就好像全身都动摇了，稍稍一动便很快就脱落下来。可见这时相当的不稳定，这就再一次突出了蝗虫是多么得精确无误地从外套出来啊。

因为找不到更好的语言，所以就用了"挺身"一词，其实这个词并不很贴切。"挺身"带有猛烈地意思，而这个动作并不猛烈。因为平衡的不稳定的缘故，所以稍微一用力，蝗虫就会惨烈地摔下来，一命呜呼，最后干死在那里，或者至少因为无法展开它的飞行器而将成为一堆破烂。蝗虫并不是硬挣脱出来的，它是十分小心翼翼地从外套中滑动出来的，就像有一根柔软的弹簧将它轻轻弹出。

我们再回头瞧瞧那些蜕皮之后表面上毫无变化的翅膀和鞘翅吧。它们依旧残缺不全，就像上面有细竖条纹的小线头，要等到虫宝宝完成蜕变并恢复正常的姿态以后才可能展开。

我们刚才见到蝗虫翻转身子，头朝上了。这种翻身动作足以让翅膀和鞘翅恢复到正常位置。原先它们因自身重量而相当柔软地弯曲地垂着，自由的那一端朝着倒放的头部。

此时，它们仍然通过自身的重量修正自己的姿势，使它处在正常方向。已不再有弯曲的花瓣，颠倒的部分也调正过来，但这并没使它们那不起眼的外表有什么的大的改观。

羽翼完全张开时呈扇形。翅膀上的一束轮辐状的粗壮翅脉，成为张缩自由的翅膀构架。翅脉间，有很多层层叠起的横向排列的小支架，它们使整个翅膀成为一个矩形网眼的网络。鞘翅粗糙但太小，也是用这种网络结构，只是网眼是方块形的。

当翅膀和鞘翅形如小绳头时，都无法看出这种带网眼的组织来。上面仅仅是几条不清晰的弯曲的小沟和皱纹，这正说明这些残废肢体是经过精巧折叠使体积达到最小织物构成的东西。

翅膀是从肩部周围开始展开的。那儿一开始看不出有什么变化，但很快便现出一块半透明的有着美丽而清晰的网络的纹区。

慢慢地，这块纹区用一种连放大镜都难以观察的缓慢速度一点点扩张，导致末端那无比胖的东西也相应地缩小。在已经扩展和逐渐扩展的这两部分的交接处，我还是看不出个所以然来，就像我在一滴水中什么也看不出来一般。但是，请你稍安勿躁，不一会儿那方块网络组织就非常清晰地显现出来了。

根据初步观察，我们真的会认为这种能组织成实物的液体会突然凝固成带肋条的网络，我们可能觉得眼前的是一种晶体，因为它们很像显微镜载玻片上的溶化盐。其实并不是这样的。生命在它的创作中是没有这种突如其来的。

我折断一个已经发育了一半的翅膀，对着它用大倍的显微镜细细观察。这一次，我满意了。在逐渐结网的两部分的交接处，这个网络实际上早就存在着。我能很清楚地分辨出其中的已经成熟的竖翅脉，还看见当中横向排着的支架，虽然它们的确还很苍白而且还不凸出。我展开末端的几块碎片，找到了我想找的一切。

一切已经证明了。翅膀此时并不是正在织布机上由电动梭子生产出来的一块粗糙的布料，而是一块已经完全织好的成品。它所欠缺的只是刚性和展开，不需费多少事了，只需像熨衣服时用熨斗一熨便成了。

三个多小时之后，翅膀和鞘翅就完全展开了。它们站立在蝗虫背上，呈一张大帆状，一会儿五颜六色，一会儿又变成嫩绿，就像蝉翼最初的那样。想到它们开始只是个不起眼的小包袱，而如今竟然展开得这样宽大，真让人不得不惊叹。这么多东西怎么装进那个小包包里的呀！

小说中曾提过一粒大麻籽儿里装着一位美丽公主的全套衣服。而这里所看到的是另一颗更加惊人的籽儿。小说里的那粒大麻籽儿为了发芽不停地繁殖，最后用了许多年才长出足以装下嫁妆的大麻来，而蝗虫的这颗"籽儿"，短短几天内便长出一对美丽的大翅膀来了。

这个竖起四块平板来的美妙大翅膀慢慢地变坚硬，还添上了色彩。次日，颜色就已经定型了。翅膀第一次折合成一把扇子，贴在自己该在的地方，鞘翅则把外边缘弯成一道钩贴在体内。蜕变就这样完成了。接下来大灰蝗虫只剩下在明媚的阳光下让自己变得更加壮实，让自己的外衣晒成灰色了。让它独自去享受自己的欢乐，我们还是稍稍回头瞧瞧吧。

前面说到过，顺着底部中线，紧身甲裂开了，此后不久那四个残缺不全的东西就从外套里跑了出来，带着有着翅脉网络的翅膀和鞘翅。这网络虽然算不上完美无缺，但至少从整体来看细部差不多已经定型了。为了打开这寒碜的包，并让它变成美丽的翅膀，只需要让机体把储存着为此时而用的液汁注入已准备好的里面去便可，此时机体起着压力泵的作用，而这一刻是最为辛苦的。通过这个事先弄好的管道，翅膀被一股股细流给撑开了。

但是，依旧包裹在外套中的这四片薄纱到底是什么情况呢？虫宝宝翅膀的镘刀、三角翼端是不是一些模具，依照它们那折叠弯曲的皱襞的样子，将包裹着的东西制作定型，从而编织出翅膀和鞘翅的网络？

如果我们看到的不是个真正的模具，就可以稍微歇上一会儿了。也许我们会想：用模具铸出来的东西跟凹模一样是件很容易的事情。但是，我们脑子是不会真正地休息的，因为我们一定会想，模具那么复杂的结构也必须有它的出处吧！我们先别问得那么深。对我们来讲，这一切可能都是无从所知的。我们就局限在所观看到的情况就行了。

我把一只即将蜕变的虫宝宝的一个翼端放在放大镜下细细赏玩，看到上面有一束呈扇形辐射状的粗壮翅脉。在其中，夹杂着另外一些细小而苍白的翅脉。最末端还有很多更加细微的很短的横线，弯成人字形，加固了这个组织。

这就是未来鞘翅的基本形状。它同成熟了的鞘翅真有天壤之别！与建筑物大梁的翅脉的辐射状布局完全不一样，由横翅脉构成的网络与它最后的复杂结构一点不像。粗略雏形是相当复杂的结构，是在粗糙基础上的趋于完美。翅膀的翼及其结果——最终的翅膀也是一样的情况。

当最终状态和准备状态都呈现在眼前时，我们就全明白了：虫宝宝的小翅膀并不是用来制作材料和鞘翅的简易模具。

所期待的包裹状薄膜还不在这个雏形里，这个包裹一旦打开，其组织不仅大，而且相当复杂。或者更准确地说，这个包裹状的薄膜虽然就在雏形中，但却还处在潜在状态。在成为实物以前，它只是个虚拟形态，但最终它会变成实物。它存在于雏形当中，就像橡树就存在于橡栗当中一样。

翅膀的鞘翅和镘刀的翼端没有被一圈半透明的小肉丸所包围的固定边缘。经高倍放大镜放大以后，可以看到其中有几个模糊不清的锯齿的雏形。这也许就是生命促使物质运动的工地。没有任何能看得见的东西能使人感受到那个神秘的网络的存在，我们无法知道这个网络的每一个网眼都有自己明确的形状和精确的位置。

因此，要使这种能组织起来的材料变成薄纱状，并让脉序构成一个复杂的迷宫，就必须有比模具还高妙的结构，和一张标准的平面图，有一个让每一分子进到规定位置的理想的详细施工说明书。在材料动起来以前，外形已经准确地勾勒出来了，供塑性流质流动的管道也已经铺垫好。建筑物所需的砾石已遵照建筑师写好的施工说明书摆放好，它们先按想象的摆放，然后才开始真正地垒砌起来。

同样，蝗虫从丑陋的外套中挣脱出来的华丽的花边薄翼，让我们了解了有另一位建筑师画出让生命按照它们去创造的一些平面图。

生物的诞生方式各不相同，还有比蝗虫的降生更让人惊讶不已的，它们都在不知不觉中悄悄地进行的，被时间这超大的帷幕遮挡住了。如果我们没有持之以恒的耐心，我们就无法在那缓慢的神秘进度中看到激动人心的场面。而蝗虫的蜕变却截然不同地快得出奇，所以即使全神贯注，也一定不能放松警惕。

谁要是想了解生命以多么让人不可想象的灵巧在工作，却又不想乏味枯燥地等候的话，就去看葡萄树上的大蝗虫好了。种子发芽，花朵绽放，叶子舒展这些生命绽放的过程都相当缓慢，很难满足我们的好奇心，但葡萄树上的大蝗虫都能代替它们，以了却我们的心愿。虽然我们无法看到小草的缓慢成长，但我们却能清楚地观察到蝗虫的翅膀和鞘翅蜕变的全过程。

看到这个大麻籽儿几个小时就变成了一张美丽的大帆，我真是吓得目瞪口呆。啊！生命真不愧是个能工巧匠，编织着蝗虫的翅膀，而蝗虫仅仅是那些不起眼的昆虫中的一种而已。老博物学家普林尼谈到它时说过："葡萄树蝗虫在向我们示意那些不为人知的角落，显示出它的强大，聪慧和完美！"

我听说有一位博学的研究者以为，生命仅仅是化学力和物理力的一种冲突罢了，他冥想苦思，期待着有一天能以人工的办法获取那种可加以组织的材料，也就是专业术语中所说的"原生质"。假如我有这种能力，我一定会满足这位雄心勃勃的人的。

就这样，准备好了各式各样的原生质，经过细致的研究、深思熟虑、谨慎耐心，于是你的愿望实现了。你从实验仪器中提取出一种容易腐败、不久就会发臭的蛋白质黏液，总之，那是一种很脏的东西。你将如何处理它们？

你会将它们组织起来吗？你能给它活的建筑结构吗？你能够将它用注射器注入两片不会振动的薄片中间去，以获得哪怕一只小飞虫的翅膀？

蝗虫就是这样做的。它把它的原生质注入小翅膀的两个胚层当中，它们就在当中变成了鞘翅，因为在那里它们有我们之前所讲的模型作为指引。它在自己流淌的迷宫里按照早就在那儿而且已制定好的施工说明书行动。

这种对形状进行调整的原型，这个早已存在的调节物，你的注射器里有吗？没有。所以丢掉你的产品吧。生命是绝不可能从这种化学垃圾中产生出来的。

欧洲大孔雀蝶

这是一个难忘的晚会，一个大孔雀蝶晚会。有谁不知道这种美丽的蝴蝶呢？它是欧洲个头最大的蝴蝶，身穿褐色天鹅绒外套，胸前系着白色皮毛领带，翅膀布满灰白相间的斑点，一条淡白色的"之"字形线条从中穿过，线条的周围呈烟灰白，翅膀中间长着一个圆形斑点，像一只黑色的大眼睛，闪烁着彩虹状变幻莫测的色彩，白色、黑色、鸡冠花红色、栗色、鸡冠红等颜色呈弧形组合在一起，千变万化。

大孔雀蝶的毛虫同样惹人注目，它们的身体隐约呈黄色。它那稀疏地环绕着一圈黑色纤毛的体节的后端，镶嵌着一颗淡绿色的珍珠。它奇特的粗壮的褐色茧的口部如渔民的捕鱼篓一般紧贴在老巴旦杏树根部的树皮上。毛虫就是以这种树的叶子为食的。

5月6日上午，就在我实验室的桌子上，一只雌性的大孔雀蝶在我眼前破茧而出。因孵化时的非常潮湿，它全身都湿漉漉的，我灵机一动用金钟将它罩了起来。这并不是事先的安排。之所以把它关起来，只是出于观察者的习惯，因为我总是很关心以后可能会发生什么事情。

幸好我这样做了。晚上九点钟左右，全家人都躺下睡觉了，我隔壁房间乱糟糟发出的一阵声响。小保尔只穿了一点衣服，又蹦又跳地来回走动，又跺脚又踢东西，还把椅子弄翻，简直像疯了一样。忽然听见他在叫我。"快来呀，快来看这些蝴蝶呀，跟鸟一样大的蝴蝶！房间里到处都是！"

我赶忙跑过去。孩子的兴奋和夸张的呼喊不是没有道理。那是从未发生过的私闯民宅的事情——巨大蝴蝶入侵了。有四只已经被抓住，放进了麻雀笼里。其余的则成群结队地在天花板上飞舞。

看到这番情景，我想起了早上被我关起来的那只雌蝴蝶。"赶紧穿上衣服，孩子，"我对儿子说，"放下你的笼子搁在那里，跟我走。咱们去瞧瞧稀罕东西。"

我们下楼，直奔我的工作室，它在住宅的右侧。经过厨房的时候，我们遇到了保姆，她也对眼前发生的事惊讶不已。眼下她正在用她的围裙驱散那群大蝴蝶，起初，她还认为是蝙蝠呢。

看来，大孔雀蝴蝶已经占领了我住宅的各个角落。它们肯定是那只被囚女俘引来的，它周围的那块天地会变成什么样子啊！幸好，实验室的两扇窗户有一扇是开着的，保证了道路的畅通。

我们拿着蜡烛，走进那个工作间。眼前的景象叫人终生难忘。一群大蝴蝶轻打着翅膀，围着钟形罩跳舞，它们落在罩子上，一会儿飞走，一会儿又飞回来，有时候向天花板飞去，不一会儿又飞下来。它们扑向蜡烛，翅膀一扇，蜡烛就灭了。它们又突然向我们肩头来，钩住我们的衣服，轻擦着我们的面孔。这屋子已经成了巫师招魂的密室，成群的蝙蝠在舞蹈。为了壮胆，小保尔将我的手抓得比平时更紧了。

这些蝴蝶有多少只呢？大约二十来只。再加上那些误撞进厨房、孩子们的卧室和其他房间的大孔雀蝶，总共四十多只。不得不说，这是一次难忘的晚会，一次大孔雀蝶的盛大派对。那四十多位情郎不知怎么得到了消息，从四面八方赶来，殷勤地向今天早上在我那神秘的工作室出生的婚龄淑女表示爱意。

今天，我们就别再打搅这一大群追求者了。来访者被蜡烛的火焰伤到了，它们冒冒失失地向火扑去，点着了自己的身子。明天，我们事先准备好实验的问题，再继续研究吧。

现在，我们先要清理场地；然后谈一谈在我观察的这八天里，每一次都会发生的同样的事情。每次在晚上八点到十点之间发生。那是暴风雨的天气，蝴蝶们是一只只飞来的，天空乌云滚动，一片漆黑，露天的树丛内，花园里，伸手不见五指。

除了黑暗之外，来访者还必须克服进屋前所遇到的重重困难。房屋掩映在高大的梧桐树下，屋前有一条两边长着厚厚的玫瑰和丁香树篱的通道，和外前厅一样，还有丛丛杉柏和松树做成的屏风抵挡着凛冽的西北风的进攻。大门近处还有一道由小灌木丛形成的壁垒。大孔雀蝶必须在黑暗中穿过这些杂乱的树枝，迂回转折，才能最终到达它们朝拜的圣地。

在这样的情况下，连猫头鹰也不敢贸然离穴。但大孔雀蝶装备考究，长着多面的小光学眼睛，比只有大眼睛的猫头鹰技高一筹，它们毫不迟疑地勇往直前，顺利通过，没有发生一丝的碰撞。它们曲折迂回地飞行着，方向掌握得非常之好，所以尽管越过了重重障碍，到达时它们依旧精神抖擞，大翅膀完好无缺，没有丝毫的破损。对它来说，黑暗无异于光明。

即使大孔雀蝶具有某些普通视网膜不具备的特殊视觉，它也不可能通知大孔雀蝶。这种超乎寻常的视力也不能成为它隔着一段距离获得消息并飞来的原因。对它来说，黑暗无异于光明。

而且，除非光的折射造成迷路——但在这里并没有折射的现象存在——大孔雀蝶才会直扑它所看到的东西的，因为光线的指引通常是相当准确的。不过大孔雀蝶也有犯错的时候，但不是错在要走的大方向，而是引诱它前去的那个事情发生的准确地点。我刚才提过，到访者们的真正目的是在我的实验室对面，在我们秉烛闯入以前，那儿已经被一群蝴蝶占领了。它们肯定是因太心急而搞错了。厨房里的那些也一样，满腹疑问，因为在厨房里有一盏灯，很亮，光线对于夜间活动的昆虫来讲是一种无法抗拒的诱惑，足以让它们偏离目标。

那么，让我们只考虑那些黑暗的地方吧。那里，迷路的蝴蝶并不少见。我在它们要前往的目的地周围几乎都能发现一些。因此，当女囚身陷我的实验室的时候，蝴蝶们并不全都从那个直接而可靠的通道——开着的窗户飞进来的，虽然那通道离钟形罩下的女囚只仅三四步远之遥，是最直接、最准确的通道。一些蝴蝶从楼下进来，在前厅里游荡，最多到达楼梯，而楼梯是一条死路，因为它的尽头是一扇关着的门。

如果大孔雀蝶是通过某种光线的辐射——无论这种辐射人体是否能感觉得到——来获得信息的，那么这些前来参加婚庆的客人们会直奔目的地。然而，从观察到的情况来看，事实并不是这样。一定有什么东西在远处给它们暗示，将它们引到准确地点周围，却又让它们在犹豫和寻找中不知所措。我们通过味觉和听觉得到的信息几乎也是相同的情况。当必须准确地弄清气味或声音的来源时，听觉和味觉只能大致地为我们指引方向。

处于发情期的大孔雀蝶在黑夜里长途跋涉，它的感知器官究竟是什么呢？人们怀疑是它们的触角。雄性大孔雀蝶的可能确实是用它们那带有广阔的羽状薄翼的触角在探测。这些美丽的佩饰仅仅是一些普通的装饰，还是也有引诱求爱者找寻气味的作用呢？要进行一个带结论性的实验似乎并不难。我们就做一个实验吧。

发生入侵的第二天，我在工作室里发现了前一天晚上的八只来客。它们盘旋在关着的那第二扇窗户的横档上。其他的在一场飞舞尽兴之后，在晚上十点钟左右从之前进来的那个通道，也就是从不关闭的那第一扇窗户飞走了。这八只坚持留下来的蝴蝶，正是我做实验所需要的。

我用一把小剪刀把这些蝴蝶的触须齐根剪断，但丝毫没有碰到它们身体的其它部位。它们对这种手术并没有什么反应。谁都没有动，只是稍微振动了一下翅膀。手术很成功：可能是伤口不怎么严重。被剪去触角的大孔雀蝶并没有疼得乱飞乱撞，这对我的实验计划来说是再好不过的了。一整天过去了，它们全都安静地待在窗户的横档上。

接下来还有另外几件事要做。尤其是当被剪去触角的大孔雀蝶在夜晚活动时，必须给女囚换个住处，不能让它待在求爱者们的眼皮底下，以保证研究成果的准确性。因此，我给女囚和钟形罩搬了家，我将罩子放在门廊底下的地上，住宅的另一边，那儿离工作室约有五十多米。

夜幕降临了，我最后一次去探视那八位伤员。其中已经有六只从敞开着的那扇窗户逃走了，只余下两只，但是已经跌落在了地板上，我将它们翻过来，仰面朝天，发现它们都没有力气翻转身子了。它们已经累得精疲力尽，奄奄一息了。这可不是手术的过错。即使我没有剪去它们的触须，它们同样也会这样迅速地衰老。

另外六只蝴蝶精力相对充沛，已经离开了。它们还会回来寻找昨天引诱它们飞来的那个诱饵吗？没有了触角，它们还能找到那只钟形罩吗？那只钟形罩已经被挪到了别处，离原先的位置很远。

钟形罩被淹没在黑暗之中，几乎是在露天。我总是时不时地提着一只提灯和一个网跑过去瞧瞧。来访者一旦被我捉住，就马上被分类，辨认，并放在我关上了门的旁边的一间屋子。这样做能够准确地计数，以免同一只蝴蝶被算上好几次。另外，这间临时的囚室空荡宽敞，一定不会擦伤被捉住的蝴蝶，它们在囚室里一定会觉得非常安静，而且空间充裕。在以后的实验中，我也将采取同样的预防措施。

十点半，再也没有新的来访者了。这次实验宣告结束。一共捉住了二十五只雄性，其中只有一只是失去触角的。昨天被做过手术的那六只身强力壮的大孔雀蝶得以飞出我的实验室，回到野外，可它们当中只有一只回来寻找那只金钟罩。如果就这样肯定或者否定触角的向导作用，那我还不敢相信这种确定性不大的成果。我必须做一个规模更大的实验。

第二天早上，我去探访了昨晚抓住的囚犯。看到的景象并不怎么令人振奋。和上回一样，许多都落在地上，已经没有了生气。我用手指夹住它们，只有几只稍微有点生命的气息。这些瘫痪了的囚徒还有什么用处？还是试一试吧，也许当跳爱情圆舞曲的时刻来临时，它们又会变得生机勃勃。

那二十四只新被抓住的大孔雀蝶接受了触须切除手术。先前被剪去触角的那一只被排除在外了，因为它已经奄奄一息了。在这一天余下的时间里，监狱的大门是敞开的，谁愿意飞走就飞走，谁愿意去奔赴那盛大晚会就去参加吧。为了让飞出去的正常地接受试验，它们在门口一定会看到的那只钟形罩又被挪了地方。我将它放置在一楼对面那边的一个套间里。当然，到达这个房间的道路也是畅通无阻的。

在二十四只被切除触须的蝴蝶中，只有十六只飞到了屋外。另外八只已精疲力尽，过不了多久就会死在这儿。飞走的那十六只中，有几只会在晚上回来围着钟形罩跳舞呢？一只也没有。第二天晚上我只抓到七只，全都是新飞来的，也全部是羽饰完好的。这一结果似乎表明剪去触角确实是比较严重的事。可我还不想下结论：还有一个疑点，而且是非常重要的疑点。

刚被人残酷地割去耳朵的小狗穆菲拉尔说："我现在的样子多不好看！我仍然敢出现在其他狗的面前吗？"。我的蝴蝶们是不是有同小狗蒙拉法一样的担忧呢？一旦没有漂亮的装饰，它们就不敢再出现在情敌们面前向雌性求爱吗？它们害怕了吗？还是因为它们少了导向器的缘故呢？或者是因为它们等待得太久，短暂的热情已经消逝，它们筋疲力尽了？实验会告诉我们答案。

　　第四天晚上，我又捉到十四只蝴蝶，同样全部是新来者，它们先后被关到一个房间里，将在那里度过黑夜。次日，我趁它们习惯于昼间休息不动的时候，拔掉了一些它们前胸的毛。拔去这么一丁点毛对昆虫并没有大碍，因为这种丝质的下脚毛可以很轻松地长出来，所以不会伤及它们在返回到钟形罩前的时刻到来时所必备的完好的器官。对于这些被拔毛者来说这没什么，而对于我来说，这是重新来访的大孔雀蝶的真正标记。

　　这一次，没有一只蝴蝶身体衰弱、不能起飞。到了夜晚，十四只被拔毛者重新回到野外了。毫无疑问，钟形罩又被我换了地方。两个小时里，我逮住了二十只蝴蝶，其中只有两只是拔过毛的。至于前天晚上被剪去触角的大孔雀蝶，没有再出现过。它们的婚期已经过了，结束了。

　　十四只被剪去绒毛的蝴蝶，只有两只飞回来。其他的十二只虽然有着我之前所推测的导向器，有着它们的完整的触角羽饰，为什么还是没有回来呢？另外，为什么囚禁了一晚上以后，总是有相当多被证实为体弱的呢？对此我只有一个回答：大孔雀蝶们被强烈的交配欲望折磨得精疲力竭。

　　为了它生命的唯一目标——结婚，大孔雀蝶有着非凡的天赋。它能飞过遥远的距离，越过艰难的障碍，穿过无尽幽深的黑暗，奔向自己喜欢的人。两三个晚上的时间里，它会用几个小时拼尽所有的热情和力量去寻找，去调情。一旦不能如愿，一切就全完了：准确的罗盘失灵了，明亮的灯火熄灭了，从今后活着还有什么意义呢！于是，它清心寡欲地退居一隅，就此长眠不醒，把幻想和苦难一同结束。

　　大孔雀蝶只是为了繁衍后代才以蝴蝶的形态出现的。它从不进食。如果说其他的蝴蝶都是欢快的美食家，在花丛中飞来飞去，伸出它吻管的螺旋形器官，将它插进甜蜜的花冠的话，那大孔雀蝶可是个无人能敌的禁食主义者，它完全不受胃的驱使，即使不进食照旧恢复体力。它的口腔器官只是没用的装饰，而不是真正的能够使用的工具。它从没吃过一口食物：如果它寿命很长的话，这可是个绝妙的长处。灯如果想长久地不灭就必须给它添油。大孔雀蝶则从不添油，但是它也因此而活不久。它的生命只有两三个晚上，刚好够它和配偶相遇相识，仅此而已：大孔雀蝶也算享受过生活了。

那些被剪去了触须的蝴蝶没有再飞回来，这意味着什么呢？它们是不是在说明没有了触角它们就无法再找到那只在等候它们的钟形罩中的女囚呢？当然不是。就像被拔掉毛身体受损却依旧安然无恙的昆虫一样，它们同样宣布着自己的寿命已经终结了。不管它们是被截肢还是身体完好，现在都因年岁大的缘故而无用武之地了，它们的存在与否已毫无意义。由于实验所需要的时间不够，我们无法了解清楚触角的用途。这作用以前是一个谜，以后也仍将是一个谜。

被我囚禁在钟形罩下的那只雌性大孔雀蝶存活了八天。每天晚上，它都根据我的意愿，在住宅的这里或那里，为我引来一大群数量不定的访客。我用网随时捕捉，然后马上把它们关进封闭的房间，让它们在那过夜。第二天，我给它们做上标记，至少是在它们的胸部剪掉一点绒毛。

这八天晚上飞来的大孔雀蝶总数达到了一百五十只，考虑到往后的两年我可能需要为了继续这项研究大费周折地寻找这种活物实验的话，这个数目已让人瞠目结舌。大孔雀蝶的茧在我的住所周围虽然说并不是没有，但至少是十分罕见，因为它的毛虫的栖息地老巴旦杏树并不多。那两年的冬天，我都逐一检查过这些衰老的树，翻查它们那藏于一些杂乱的木本植物中的树根，有很少次我都无功而返，空手而归呀！因此，我的那一百五十只珍贵的大孔雀蝶一定是从十分遥远的地方，或许是从方圆两公里之外甚至更远的地方飞来的。它们怎么会知道我工作室里发生的事情的呢？

在远距离信息传递中，有三种元素能够被感知：光、声音和气味。大孔雀蝶从敞开的窗户飞进来以后，是视觉在引领着它，但仅此而已。但在进来以前，在外面那未知的环境中则完全不同！说大孔雀蝶具有猞猁那种穿墙视物的视觉是不能说明问题的，还必须解释它怎么会有这种敏锐的视觉，能够神奇地看见几公里以外的东西。这都是些荒谬的说法，根本不值得讨论，我们还是谈谈其他东西吧。

声音同样也与信息传递无关。丰满的雌性大孔雀蝶虽能够从遥远的地方招来情人，可它却非常安静，就连最敏锐的耳朵也无法听见它的声音。如果说它有春心萌动，激情抖动的时候，也许用高倍显微镜就能幸运的观察得到，严格地讲，这是有可能的。但是，别忘了，到访者应该是在数千米的距离之外获取信息的。在这种情况下，我们就不用去考虑声学的因素了，否则，就等于是在要求让周围寂静的虫子们激动起来。

剩下的就是气味了。在感官范围内，某种散发气味的物体，比其他任何东西都能更好地大致解释为什么大孔雀蝶会赶来并在经过迟疑之后才能找到吸引它们的诱饵。是不是确实有这么一种相似于气味的散发物呢？这种散发又是相当难以被察觉的，是我不能感觉到却又可以让比我们的嗅觉更敏锐的生物能够感觉出来？为此必须做一个实验，这实验很简单，就是把这些气味的散发物掩盖起来，用气味更大更浓烈而且更长久的一种气味压住它们，让这种强烈耐久的气味来主宰嗅觉。极为强烈的气味可以压制微弱的气味。

我事先在雄大孔雀蝶晚上将要抵达的那个房间里撒上樟脑。另外，在钟形罩下，那只雌性大孔雀蝶的附近我也放了一只装满樟脑的宽大圆底器具。大孔雀蝶即将来访的时候，只要待在房间门口就能闻到这股浓烈的樟脑味儿。我的妙计未能奏效。大孔雀蝶们像往常一样，如约而至。它们穿过那股强烈的气味，闯进房间，准确无误地飞向钟形罩，就好像在没有干扰气味的环境下一样。

我对气味的信心动摇了。但是，我现在已经没办法继续实验了。第九天，我的女俘因久等无果已精疲力尽，将未能孵出虫宝宝的卵下在钟形罩的金属纱网上之后便悄悄地死去了。由于没有了实验对象，我在明年之前都将无事可干。

这一次，我将会精心准备，大量储存，以便如我所愿地不断重复已经做过的或进行我想着做的实验。干活吧，别拖拉了。

夏季里，我以每只一苏①的价钱买了一些大孔雀蝶毛虫。这笔买卖把邻居的几个小孩——我的供应者们乐坏了。每个星期三，他们在摆脱那让人厌恶的动词变位的学习之后，就会跑到地头田间，有的时候会找到一条大毛虫，用小棍子尖头挑着给我送来。这群胆小的小鬼不敢碰毛虫，当他们看到我用手指抓起它，就像他们抓起熟悉的蚕一样时，全都惊得目瞪口呆。

我用巴旦杏树的枝叶喂这些毛虫，没过几天，它们就为我结出了漂亮

---

① 法国旧辅币，二十个苏相当于一法郎。

的茧子。到了冬季，我常常在老巴旦杏树根部仔细地寻找，总会有很多收获，补足了我的储备物。一群对我的研究感兴趣的朋友也跑来帮我。最终，通过求人代捉，细心饲养，四处搜寻，讨价还价，还在荆棘丛里擦破了皮；终于，我拥有了一大批各种各样的大孔雀蝶的茧，其中有十二只特别大、特别重，我就此推断里面是雌蝴蝶。

可是，一场挫折在等待着我。五月来临，这是个气候变化多端的月份，将我的心血化为泡影，让我痛心疾首，愁苦不堪。话说又到了冬季。刺骨的寒风将梧桐树的新叶吹落一地。天气寒冷得如同十二月份。人们不得不重新燃起夜晚的炉火，穿上刚刚脱下的冬衣。

我的大孔雀蝶们也饱尝艰辛。它们孵化得很迟，而且孵出的都是些迟钝麻木的蝴蝶。在一只只钟形罩里，雌性大孔雀蝶根据出生先后顺序一只一只地住了进去，可是很少甚至压根儿就没有雄性大孔雀蝶从外面飞过来探望。在周围倒是有一些，因为我在收集着长着美丽羽饰的用来做实验的雄性大孔雀蝶，一旦孵化出来，辨认清楚以后就会马上被关进园子里。可无论是远处还是附近的蝴蝶，来这里的都很少，而且没有一点激情。它们进来一会儿，然后就消失了，一去不返。恋人们都非常冷淡。

也许低温与提供信息的气味散发物是相悖的吧；炎热会使它增强，而寒冷则使它削弱，就像普通气味的情况一样。我这一年的心血又白费了。哎！这种实验真是不容易呀，它总是受到季节变换的反复无常和快慢的制约！

我开始了第三次试验。我饲养毛虫，同时也到田野里去找寻虫茧。到了五月份，材料已经收集了很多了。季候很不错，正好符合我的要求。我又看到大量雄蝴蝶涌来的场面，这场面和刚开始蝴蝶入侵我家的时候一模一样，当时让我感到如此地震惊，并促使我开始进行这一实验。

每天晚上，雄蝴蝶们成群集队地赶来，有时只有十一二只，有时候会有二十多只。雌性大孔雀蝶肚子鼓鼓的，紧贴在钟形罩的金属网上。它静止在那，就连翅膀都没抖动一下。好像对周围所发生的一切事情都不感兴趣。我家人中嗅觉超灵敏的也没有嗅出什么气味来，被拉来作证的听觉超敏锐的亲朋好友也没听见任何声响。雌蝴蝶纹丝不动，屏息凝神地等待着。

雄蝴蝶三三两两，或者更多地扑向钟形罩的圆顶，在那里飞来飞去，不停地振动着翅膀，用翅尖拍打着圆顶。它们互相间并没有因争风吃醋而发生争斗。每只雄性大孔雀蝶都在竭尽全力闯进钟形罩，看不出对其它的献殷勤者有什么的嫉妒。一番徒劳的尝试以后，它们厌倦地飞走了，混入正在跳舞着的蝶群中。还有几只绝望的马上就从那扇敞开的窗户飞走了。一些新来的代替它们占领了钟形罩的圆顶，一直到十点钟左右，雄蝴蝶不断地重复着接近雌蝴蝶的尝试，它们一会儿就会感到厌倦，但很快又会重新开始。

每天晚上，钟形罩的位置都会被移动。我把它放在或南边或北边，或二楼或楼下，放在住所左翼或右翼五十米以外，或者放在一间僻静小屋的暗处甚至露天地里。这一番神不知鬼不觉的难以预料的挪动，如果不知情者想找可能都找不着，但是却一点儿也骗不过聪明的蝴蝶们。我想欺骗它们，可这不啻是在浪费时间和心计。

对于地点的记忆在这里不起作用。就像那晚上，那只雌性大孔雀蝶被放置在住处的某间房间里。羽饰漂亮的雄性大孔雀蝶飞到那里折腾了两个小时，甚至还有一些执着者在那里过夜。次日的日落时分，当我转移钟形罩时，雄性大孔雀蝶全在待外面。虽然寿命转瞬即逝，但新来者仍然有能力进行第二次、第三次的夜间远行。那么，这些朝生暮死的情场老手首先会飞到哪里去呢？

它们知道前一天夜里约会的准确地点。我原本以为它们会凭着记忆回到那里去。当在那里发现人去楼空时，它们便会飞往别处继续寻找。但事实上并不是这么回事：与我的期盼恰好相反，没有一只雄蝴蝶再次出现在昨夜门庭若市的约会地点，甚至没有一只在那里做短暂停留。此地早就没有人烟了，记忆也许并没有提前为它们提供任何情报。一个比记忆更加可靠的向导把它们召唤到了别的地方。

到目前为止，雌性大孔雀蝶一直暴露在金属网罩里。那些到访者在漆黑的夜晚目光仍然极好，它们凭借那对我们而言伸手不见五指的夜色中的一点弱光是可以看见那只雌性大孔雀蝶的。如果我把雌性大孔雀蝶关在不透明的玻璃罩中，那会出现什么样的情况呢？不同质地的容器，是否能使传递信息的气味自由传播，或将其阻隔呢？

今天，物理学为我们造出了依靠电磁波来传达的无线电报。在这方面，大孔雀蝶会不会比我们领先一步呢？为了刺激附近的雄性大孔雀蝶，吸引几公里之外的求爱者，刚刚孵化出来的适婚雌性大孔雀蝶难道就已经拥有未知的或已知的磁波和电波了吗？这种磁波、电波难道会被某种屏障隔断而在另一种情况下自由通行吗？总而言之，它是否会按照自己的办法使用某种无线电呢？我看这不无可能；昆虫都习惯于这些不可思议的发明创造。

于是，我把雌蝴蝶关进各种材料的盒子里。有木质的，白铁的，硬纸壳的。将它们全部关得严严实实，甚至还用油性胶泥给封上。我还用了一只玻璃钟形罩，罩子被放在一块玻璃窗的绝缘支撑物上。

在这样严格封闭的条件下，不管宁静柔和的夜色多么惹人喜爱，雄蝴蝶是不可能再飞来的，哪怕是一只都不可能。不管是什么材质的——玻璃，金属，木质的还是硬纸壳的密封盒，对传达信息的气味构成了不可逾越的障碍。

有着两指之宽厚度的棉花层，也能起到同样的效果。我把一只雌性大孔雀蝶放进一只超大的短颈大口瓶里，用棉花盖上瓶口，扎紧。这足以使附近的雄性大孔雀蝶丝毫无法了解我实验室的秘密了。没有一只雄蝴蝶前来。

相反，如果我们使用关得不严、微微打开的盒子，再把它们藏进抽屉或衣橱里，即使在这样加倍隐蔽的情况下，雄性大孔雀蝶仍旧蜂拥而至，多得就像把钟形罩很明显地放在一张桌子上时一样。女俘被细心地放在帽盒里，裹入一只关好的壁柜等待着的雄蝶蜂拥而至的情景至今仍历历在目。雄性大孔雀蝶们扑向壁柜门，用翅膀疯狂地扑拍着，发出巨大的啪啪声，试图闯进去。这些路过的朝圣者穿过田野，不知来自何处，但它们对橱门后面盒子里的东西却一清二楚。

这样看来，任何类似于无线电报的信息传递手段，都是不能令人接受的解释，因为只要出现一道屏障，无论它的传导性能好还是不好，一旦出现就会立刻阻断雌性大孔雀蝶的信号。为了让信号畅通无阻地传得更远，必须具备一个条件：囚禁雌性大孔雀蝶的屋子不能关得密不透风，室内外的空气必须流通。这又把我们引向了气味的可能性上面，而这一可能性已经在我前面的樟脑实验中被否定了。

　　我的大孔雀蝶茧子已经用完，可问题还是没有解决。第四年我还应该继续研究下去吗？我放弃了，原因如下：跟踪观察一只大孔雀蝶夜间婚礼中的亲昵动作是非常困难的。献殷勤的雄性为达到目的肯定是不想要亮光的，但人的微弱视力在没有亮光的夜间是什么也看不见什么的。我起码得点上一支蜡烛，但又总是被跳舞的群蝶给扑灭。灯笼倒是可以帮我避免烛火熄灭的情况，但它的光线太暗，又有一圈大大的阴影，根本不适合我这个细致的观察者，因为我不但要观察，而且要观察得清楚。

　　不仅如此。灯的亮光还会把蝴蝶的兴趣从它们的目标那引开，无法成其美事，而且照得太久，还会严重影响整个晚会的效果。来访者一飞进屋里，就会疯狂地扑向火光，身上的绒毛就会被烧坏，而且，因为被烧伤变疯狂，从此以后就无法拿来取证了。即使它们没有被烧到，而是被火光外的玻璃罩隔着，它们也会停在火光边，一动不动，仿佛着了魔一般。

　　一天晚上，雌蝴蝶被放在餐厅的饭桌上，正对着打开的窗户。点着一盏煤油灯，灯上罩着一个搪瓷质地的宽大灯罩，吊挂在顶上。一些来访者落在钟形罩的圆顶上，在女囚面前一副亟不可待的样子，另外的一些来访者，经过女囚室时向里致意一番，便飞向了煤油灯，在搪瓷灯罩的发射光的照射下盘旋片刻以后，它被照得晕晕乎乎的，便贴在灯罩下面一动不动了。孩子们已经想动手去捉。"让它们去吧，"我说，"让它们去。我们要显得好客一点，别打扰这些来光明圣龛的朝圣者。"

　　整个夜晚，它们都没有动弹过。次日，它们依然待在原地。醉人的灯光让它们把甜蜜的爱情忘得一干二净。

　　大孔雀蝶对光亮如此痴迷，使我不可能进行精确而持久的观察，因为观察者需要灯光。我放弃了对大孔雀蝶及其夜间婚礼的调查计划。我需要一种具有不同习性的蝴蝶，它得像大孔雀蝶一样，在实施恋爱幽会的壮举时灵活能干，但这幽会应该在白天进行。

　　在对一只符合以上条件的蝴蝶进行研究以前，我们暂时撇开事情发展的时间顺序，谈谈一只新来的蝴蝶吧，它是我在结束了对大孔雀蝶的研究之后飞来的。那是一只小孔雀蝶。

有人不知从哪儿给我带来一只非常漂亮的茧子，上面每隔一段距离就裹着一层宽大的白色丝套。从这个不规则的有大褶皱外套中，很轻易就能抽出一只外形酷似大孔雀蝶茧只是体积要小一些的茧来。外套端口用既松散又聚集的细枝结成精巧的网状，只能出不能进，这让我一看就知道里面是夜间活动的大孔雀蝶的同类。它的外套上印着编织者的大名。

果然，三月底，圣枝主日①那一天的清早，那只带有树枝网格的茧子给了我一只雌性的雀蝶；它一出茧，就被我关进了工作室的钟形金属网罩里。我大敞开房间的窗户，好让这件事散布到田野里去，而且确保可能前来的探访者自由进入房间。被困的这只雌蝶紧紧地附在金属网纱上，整整一个星期都纹丝不动。

我的这位囚徒非常漂亮，身着呈波纹状的褐色天鹅绒套装，上部翅膀尖部长有胭脂红色的斑点，活像四只大眼睛，同心月牙，白色、黑色、赭石色和红色混在一起。如果不是色泽不是那么暗的话，就能做大孔雀蝶的饰品了。这种服饰和体形如此华丽的蝴蝶，我一生中只遇到过三四次。昨天我看见了茧，但从未见到过雄性蝶的影子，只是从书本上得知，它们比雌性蝶小一半，颜色更鲜艳、更花哨，下方的两瓣翅膀呈橙黄色。

这优雅的陌生人、这戴着美丽羽饰却又不为我所知的雄蝴蝶，在我们这一带似乎十分罕见；这一回，它们会不会光临呢？在它那遥远的藩篱墙中，它能知道那只适婚雌蝶正在我实验室的桌子上巴巴地等着它吗？我敢保证它会来的，而且一定错不了。它们来了，来得甚至比我料想得还要快。

中午，全家人都在吃饭，只有小保尔因为关心可能发生的事情，迟迟没来。突然，他一脸春风地跑了进来。只见一只美丽的蝴蝶在他的指间挣扎着扑扇着翅膀，正当它在我实验室对面忘乎所以地跳舞时，被小保尔一

---

① 基督教节日，复活节的前一个星期日，纪念耶稣进入耶路撒冷时受到人们挥舞棕榈枝夹道欢迎。

下子捉住了。小保尔将它递过来给我看，并用目光询问着我。

"哇！哇！"我兴奋地说，"这正是我们要等的朝圣者。大家折起餐巾，去看看发生了什么事吧。午饭过一会儿再吃。"

眼前的奇异景象让我们忘记了吃饭。雄性小孔雀蝶令人难以置信地被女囚给按时神奇地召唤来了。它们经过艰难曲折地翱翔，终于一只一只地从北边飞来了。这个情况非常有价值。确实，乍暖还寒已经七天了。北风凛冽，吹落了老巴旦杏树新绽放的花蕾。这是一场无情的风暴，通常也是春天来临的前奏。今天，温度突然回升了，但北风依然呼啸着。

在这第一场观察中，所有奔向雌性囚犯的雄蝴蝶都是从北面飞进花园的。它们是顺风而飞的，没有一只是逆流而上的。假如它们有和我们相似的嗅觉作为指南针，或者是受分解在空气中的有味道的微粒所引导，那它们应该是从南方飞来才对。要是它们是从南面飞来的，我们就会推测它们是因为嗅到风吹来的气味才找到准确地点的；在北风凛冽，空气澄净，什么味道都闻不到的天气里，要怎么相信它们在能很远的地方就闻到了我们所说的气味从北方飞来呢？气味微粒的走向与风向相反，所以气味传递信息的假设是不可接受的。

来访的雄蝴蝶们沐浴在明媚的阳光下，在工作室前来来回回地飞了两个小时。其中大部分都在一个劲儿地找寻着什么，或掠地而过，或撞墙越人。见它们这样不知所往，大概是因找不到引它们飞来的那个诱饵的具体位置而非常焦急吧。它们从老远飞来，方向十分准确，可到了地方却又不确定地点了。但是，它们早晚会飞进屋内向女囚致意的，但也不会恋战。两个小时后，一切都结束了。总共飞来了十只小孔雀蝶。

在整整一个星期的时间里，每天中午，太阳最强烈的时候，都会有雄蝴蝶飞来，只是数量越来越少。前后加起来一共有四十只左右。我觉得不需要在做实验了，因为不会为我提供更多的资料了，所以我只是在注意两个情况。首先，小孔雀蝶是在白天活动的，也就是说它们是在光天化日之下举办的婚礼。它们需要灿烂的阳光。而成虫的形态和毛虫的技术都与它类似的大孔雀蝶则截然不同，它们需要日落天黑以后进行婚礼。谁要是有能力，就来解释两者在习俗上的这种奇特差异吧。第二，一股从相反方向吹散的强气流能够将信息分子提供给嗅觉，但却不会像我们的物理学所假定的那样，阻止雄蝴蝶逆着气味到达目的地。

为了继续研究，我们需要的是在夜晚举办婚礼的大孔雀蝶，而不是在白天举行婚礼的小孔雀蝶。后者出现得太晚了，我已经没有任何问题需要它来解答。我需要的是大孔雀蝶，不管是什么样的，只要它在婚礼上灵活敏捷就行。我能得到这种大孔雀蝶吗？

金步甲的婚姻

众所周知，金步甲是毛虫的克星，因此无愧于它那园丁的美名。它是菜园和花坛的警惕忠实的田野护卫。虽然说我的研究不能在这方面为它增添更多的美誉，但至少我能从下面的介绍中向大家展现这种昆虫的鲜为人知的一面。它是个凶猛的吞食者，对所有力不如它的昆虫来说，它就是恶魔，但它也会有遭到杀身之祸的危险。谁能够它吃掉的呢？是它自己和其它很多昆虫。

有一次，在我家门口的梧桐树下，我看见一只金步甲神色慌张地爬过。朝圣者总是受人欢迎的，它将使笼中居民增加团结。我毫不费力地将它抓住，发现它的鞘翅末端受到了伤害。是争夺配偶留下的伤痕吗？我看不出蛛丝马迹。重要的是它可不能伤得很严重。我仔细地检查了一遍，并没有伤残，可以大加利用，因此就把它放进玻璃屋中，同那二十五只常住居民为伴。

次日，我去查看这个新来者。但它已经死了。头天夜里，同室居民凶残地袭击了它，那破败的鞘翅没能将肚子护住，被对手给掏空了。破腹手术干净利索，肢体没有受到一点伤害。胸部、爪子、脑袋，全都完好无缺，只有肚子被开了膛，里面的内脏被掏得干干净净。眼前我所看到的是一副金色的贝壳架，由双鞘翅合垂死地拢护着。即使是被掏空软体组织的牡蛎，也没有它这样干净。

这种结果很让我非常惊讶，因为我一向非常注意查看，不会让笼子里的食物短缺。毛虫、蚯蚓、螳螂、鳃角金龟、蜗牛以及其它可口的美食，我总是换着花样地放进笼中，菜量绰绰有余。我的那些常客们把一个容易攻击、盔甲受损的同胞给吞食掉，饥饿是不足以作为借口的。

它们当中是否有这样的潜在约定，伤者必须被杀掉，即将变质的内脏必须掏空？昆虫之间是没有任何恻隐之心可言的。面对一个绝望挣扎的垂死者，同类中没有一个会停止杀戮，更不用说试着前去帮它一把。在食肉者之间事情会变得更加的残忍。有时候，还会有一些过往者奔向受害者，是为了安抚它吗？当然不是，它们是去尝尝它的味道，如果它们觉得味道鲜美，便会将它整个吞食掉，让它彻底地解脱。

那时候，有可能是那只鞘翅受损的金步甲不小心暴露了它受伤的部位，同伴们受到了血肉的引诱，将这个受伤的同胞视为一只可以随时开膛破肚的猎物。然而，如果先前它们当中并没有谁受伤，那它们是不是会互相尊重呢？各种迹象表明，一开始的相处还是平安无事的。进食时，金步甲们之间从没开过战，顶多是互相从口中夺食罢了。它们常常藏在木板下睡午觉，而且睡得很久，依旧没见有过打斗。我那二十五只金步甲把身子半埋在凉爽的土里，安地详打着盹儿，消食，彼此相隔不远地各自睡在各自的小坑里。如果我把遮阴板拿开，它们马上就会惊醒，纷纷四下逃窜，不时地互相碰撞，但却并不会引起战争。

宁静祥和的气氛十分浓烈，似乎这样的气氛会一直持续下去。可是，六月，当天开始热时，我却发现有一只金步甲死了。它并没有被肢解，好像一只金色贝壳，跟刚才被吞食的那只伤残者的样子一样，让人想到被掏干净的牡蛎。我仔细查看了残骸，除了肚子开了个大洞以外，其余的地方都完好无缺。由此可知，当其他的金步甲在对它进行这种残暴的行为时，那只受伤的金步甲是处在正常状态的。

不几天，又有一只金步甲被残害，和先前死的一样，护甲全都没有丝毫的损坏。把死者腹部朝下摆好，看起来好像它还活着一样，而如果让它背冲下的话，就会发现它只是一只空壳，没有一丝肉的空壳。不久，又发现一具残骸，然后是一只接着一只，越来越多，导致笼中的居民迅速减少。如果继续这样下去的话，那我的笼子很快就回空的。

我的金步甲们是因为年老体衰，自然死亡，让幸存者们瓜分自己的尸首呢，还是牺牲好端端的同伴以减少数目呢？想弄清楚并不是容易事，因为开膛破肚的事也是在晚间展开的。但是，因为我时刻保持警惕，终于在大白天碰见了两次这种大开膛。

快近六月中旬，我亲眼看见一只雌金步甲在折磨另一只雄金步甲。后者体形稍小，一看就知道是只雄性的。手术马上开始了。雌性攻击者稍微撬起雄金步甲的鞘翅末端，从背后将受害者的肚子末端咬住。它使劲全身力气地又咬又拽。受害者虽然精力充沛，却并不反抗，也不翻转身来，这令我非常的诧异。它只是尽力向相反的方向挣脱，以使自己从攻击者那可怕的齿钩下逃脱，只见它被攻击者拖得忽近忽远的，却没有任何反抗。搏斗持续了十五分钟左右。几只路过的金步甲突然停下脚步，似乎在想："接下来该轮到我登场了吧。"最后，那只雄金步甲使出浑身气力挣脱开，逃之夭夭。可以肯定，如果它没能挣幸运地脱掉的话，那它就一定会被那只凶狠的雌金步甲破了肚了。

几天过去，我又看到类似的场面，但结局还不错。依旧是一只雌性金步甲从背后咬住一只雄性金步甲。被咬者不做丝毫的反抗，只是徒劳地挣脱，以求摆脱。最后，皮开肉绽，伤口扩大，内脏被那个凶悍的雌性金步甲拽出残忍地吞食。那强悍的雌虫一头扎进同伴的肚子里，把它掏个干干净净。可怜的受害者爪子一阵抽搐，就一命呜呼了。刽子手并没有因此心软，它继续尽可能地往腹部的深处掏挖。死者只剩下合抱成小吊篮状的鞘翅和依旧完好的连在一块的上半身，其他一无所有。被掏得干干净净的空壳被弃置在原处。

金步甲们好像都是这样死去的，并且死的总是雄性，我总是会在笼子见到它们的残骸。幸存者最后的死法也一样。从六月中旬到八月一日，笼内由开始时的二十五个居民骤减到五只。二十只雄性全部被开膛破肚，掏个干净。是被谁杀死的呢？看样子凶手是雌金步甲。

首先，我亲眼所见的那几幕这可以作证。我两次见到雌金步甲在光天化日之下把雄的在鞘翅下开膛后吃掉，或者至少开膛未遂。至于其它的残杀，虽然我没有亲眼所见，但我却有一个很有力的证据。众所周知：被抓住的雄金步甲并没有抵抗，也没有进行自卫，只是拼命地挣脱，逃跑。

如果这只是一般的对手之间的寻常打闹的话，那么被攻击者显然会转过身来的反击，因为它完全能做到。只要身子一转，便能以牙还牙，回敬攻击者。以它强壮的善于搏斗的体魄，定能占上风，可这傻瓜却任由对手肆无忌惮地啃自己的屁股。也许是一种难以压制的厌恶在抑制着它转守为攻，也去啃咬正在啃自己的雌金步甲。这种容忍让人不禁想起朗格多克蝎，每当婚礼结束的时候，雄蝎总是任由新娘吞食却从不使用自己的武器——那根足以将那个恶妇致伤的毒螫针。这种宽容又让我想起那个雌螳螂的情人，即便被咬剩一截，仍然不遗余力地继续自己那未完的事情，最终不做任何反抗的被一口一口地吃掉。这就是婚俗使然，雄性对此不能有一丝的抱怨。

被我饲养在笼子里的金步甲中的雄性，一个个地被开膛破肚，没有一个幸免这是在告诉我们它们的习性。它们成为已经对交尾感到满意的雌性伴侣的牺牲品。从四月到八月的这四个月里，每天都有雌雄在进行着配对，有时只是浅尝辄止，有的时候，并且比较经常的结合都是有效地。对于这些火辣的性格来讲，这绝对是没有终结的。

金步甲在爱情方面总是快捷利落的。在众目睽睽之下，不用丝毫的酝酿，一只过路的雄金步甲便向正好出现在眼前的雌金步甲扑上去。雌金步甲被紧紧地抱住，稍微昂起点头来，以示赞同，而在它上面的雄金步甲便用触角尖端用力地抽打对手的脖颈。随后就交配完了，双方立刻分开，各自跑开去吃蜗牛，接着又各自另寻新欢，重结良缘，只要有雄金步甲可利用就行。对于金步甲来讲，这就是生活的真谛。

在我养的金步甲园地里，男女比例严重失调，共有五只雌的和二十只雄的。但这没有关系，不会引发争风吃醋的搏斗。雄性平和地占用、滥交遇上的雌性。有了这种忍让精神，早一天晚一天都没关系，机会多的是，经过几次相试相遇，每个雄性都能充分满足自己的强烈欲望。

我本是希望让雌雄比例趋于平衡的，造成这种比例的严重失调纯属偶然。初春季节，我在周围石头下寻找并捕捉所有遇到的金步甲，无论它是公的还是母的，而且只从外形去看也很难分辨出雄雌。后来，在笼子里饲养以后，我才渐渐知道，雌性明显地要比雄性大一些。所以说，我那金步甲园地里的雌雄比例严重失调一定是个偶然。可以相信，在自然条件下，不可能是雄性比雌性多这么多的。

再说，在自由状态当中，是很难看到这么多金步甲在一块石头下边集聚的。金步甲几乎是独自生活的，极少看见三两只住在同一个屋檐下里。一下子将这么多都聚在我的笼子里实属例外，而且即使这样也没有导致斗争。玻璃屋中的空间够大，足够让它们自由自在地爬来爬去，悠哉悠哉。想独处就能独处，要是想找伴儿马上就能找到伴儿。

而且，囚禁生活好像并不是让它们很厌烦，从它们一刻不停地大吃大咀，每日屡次地寻欢作乐就能很明显地知道。在野地里虽然说是挺自由的，但却没有这里享受，可能还不如在笼子里呢，因为野地里没有笼子里那么丰富的食物。在舒适度方面，也很符合囚徒们的要求，完全满足了它们的日常习惯的需要。

只不过在这里遇见同类的机率比在野地里高得多。或许这对雌性来说是个极好的机会，它们可以任意地伤害它们不再想要的雄性，可以随意地咬雄性的屁股，甚至掏光它们的内脏。这种猎杀自己旧爱的现象因为互相比邻而更加严重，但是绝对没有因此增加花样，因为这种习性并不是一时兴起的而是在大自然的长期适应的过程中逐渐形成的。

交尾一结束，如果雌金步甲在野外遇见一只雄性的金步甲，它便会把对方当成食物，将它嚼碎，以此结束了它们的婚姻。我在野地里翻动过许许多多的石头，却从未见过这样的场景，但这没有关系，我笼子里的情况就足以告诉我一切。金步甲的世界是多么的残忍呀，一个悍妇一旦有了身孕，情人已经没有利用价值的时候，便把后者吃掉！生殖法规将雄性当作什么，竟然这样伤害它们？

这类相爱之后互相残杀的现象是不是很多呢？就目前来说，我知道的已经有三类昆虫是这种情况了：螳螂、金步甲和朗格多克蝎。在飞蝗这个种族里，情况没有这么可怕，因为被吃掉的雄性是已经死了的而不是活着的。白额雌螽斯总是很享受的一点一点地嚼着已死的雄性的大腿。绿蚱蜢也一样。

在某种程度上，这里面涉及到饮食习惯的问题：首先绿蚱蜢和白额螽斯都是食肉的。遇见一个同伙的尸体，雌虫总是会吃上几口，无论它是不是其前夜的情郎。猎物就是猎物，根本不分什么情郎不情郎的。

可是素食者为什么也这样呢？接近产卵期时，雌性距螽竟然对它那还活蹦乱跳的雄性情侣下手，它剖开后者的肚子，狠吃一通，直至填饱肚子为止。一向温顺可爱的雌性蟋蟀的凶悍的性格会突然暴露，它们会把刚刚还给它弹奏动情的小夜曲的雄性蟋蟀重重地打倒在地，撕扯它的翅膀，砸碎它的小提琴，甚至还会咬小提琴手几口。因此，可能这种雌性在交尾以后对雄性大开杀戒的情况是非常常见的，尤其是在食肉昆虫当中。这种残忍的习性到底是什么原因导致的呢？要是条件允许的话，我一定要把它查个水落石出。

奇特的菜豆象

如果说上帝在世上创造过一种蔬菜，那它一定是菜豆。菜豆有特别多的优点：口感松软，味美香甜，质高量大，价格便宜，营养丰富。它是一种植物性的肉，却不会让人看着难受，不带鲜血，不像屠户在砧板上切下的肉那样。为了让人们牢牢地记住它的优点，普罗旺斯方言称它为"穷人的糕点"。

你是神圣的豆子，是穷人的慰藉，你价格低廉，你让劳动者们，让那些好运从来不眷顾的善良而又有才华的穷人们可以填饱肚子。忠厚的豆子，加上两三滴香油和一丁点醋，这曾是我青少年时期最爱的佳肴，虽然现在我已年迈，可你依旧是我那粗茶淡饭中最受欢迎的一道菜。让我们像好朋友一样一直互相陪伴直到我生命的终点吧。

今天，我并不打算称赞你的功绩，我只想好奇地想问你一个问题。你的祖籍在哪里？你是不是和豌豆与马蚕豆一起从中亚地区流浪过来的呢？你和那些农作物先驱者从他们的辛勤耕作的小园子里为我们带来的那些种子是一起的吗？远古时期的人们认识你吗？

消息灵通的、准确的昆虫回答道："不，这一带的古人并不认识菜豆。这种珍贵的豆子并不是经过相同的路径和蚕豆一起来到我们这里的。它是个外来者，很晚才引进旧大陆的。"

昆虫的话语值得我们认真地思考，因为这番话非常有道理。情况是这样的，长久以来，我一直都在关注农业方面的事情，却从未见到有菜豆受到任何一种昆虫，尤其是专门侵害豆科植物的象虫的抢劫的。

我曾经就这个问题咨询过我的那些朴实善良的农民邻居。一谈到他们的收获物，这些农民就特别地警觉。威胁到他们财产的利益，当然是不可饶恕的，他们很快就能知道是谁做坏事。此时，农妇们正在家中从盘子里一粒一粒地扒出准备下锅的菜豆，她们心灵手巧，一遇到歹徒就能很快地把它捉出来的。

看，他们全都对我所提出的问题报以善意的微笑，那笑容是在嘲笑我对小虫子方面的了解少得可怜。他们说："先生，您难道不知道，菜豆里是从不长虫的。它是上帝赐福的豆子，象虫从来不敢轻易碰它的。蚕豆、扁豆、山黧豆、豌豆、小豌豆等等全都会生虫子的。可唯独菜豆——穷人的糕点——是从不生虫的。我们是穷苦人，如果虫子也来和我们争夺它的话，我们可怎么活呀？

的确，象虫科昆虫确实是看不起菜豆，如果大家看看它们是怎么疯狂地侵害其他的豆类的，你就会觉得这种对菜豆的轻视非常的奇怪了。所有的豆类，即使是最小的小扁豆都在劫难逃，而个头儿大的菜豆，味道又美，却安然无恙。这让人很费解。无论好的还是坏的豆粒，豆象都毫不犹豫地要吃，为什么却唯独不吃最可口的菜豆呢？它吃了豌豆吃山黧豆，吃了蚕豆吃豌豆和野豌豆，不管豆粒多大它全都满意，可偏偏却对菜豆的诱惑不屑一顾。为什么会这样呢？

显然，它还不了解菜豆。而其他的豆类，不管是当地的还是来自遥远的东方都已经适应了当地的水土的，经过了几百年，它对此都已经十分熟悉了。它每年都要尝尝这些豆类是不是优质，而且坚信过去所获得的经验教训，依照古代流传下来的风俗为将来拟好计划。对于它来讲，菜豆作为它根本就不了解的新来者，是让它生疑的。

昆虫的行为完全证明了菜豆是新来者这一点。它是从相当远的地方，很可能是从新大陆来的。任何能食用的东西都会吸引一群有意者去尝试它。如果菜豆；来自旧大陆，那么它就会像小扁豆、豌豆和其它的豆类一样招来自己的消费者。就连豆类植物中最小的、甚至没一个针尖大的豆子都能供养自己的豆象——一种矮小的昆虫，它能耐心地咀咬小豆粒，并在其中造窝筑房，可饱满鲜美的菜豆怎么就被放过了呢？

对这种奇怪的赦免权，除了下边的解释以外没有其它更好的解释：同玉米和土豆一样，菜豆是新大陆带给人们的一件礼物。它没有在昆虫的相伴下来到我们这里，它的合法开发商被留在了当地。而在我们这里的田野里，它遇见了另外一些同样吃豆粒的昆虫，可这些昆虫偏偏又不认识它，所以便对它视而不见了。同样，在我们这儿玉米和土豆也没受侵扰，除非偶然有从美洲输入的专门打劫者突然而至。

昆虫上面所说的那些话也被一些古老的经典作者作品中的话语所证实：菜豆从未出现在农民们那粗茶淡饭的餐桌上。在维吉尔的第二首牧歌里唱到特斯悌利丝为收割庄稼的劳动者们准备菜饭：

特斯悌利丝的饭菜

丰富多彩。

这些各式各样的饭菜就像普罗旺斯人爱吃的蒜泥蛋黄酱一样。写在诗中十分美，但却显得华而不实。这里的人爱吃的是能长时间提供能量的食物——用切成细丝的洋葱拌的红菜豆。这种菜肴味道棒极了，既保存了农家风味，又能吃饱，一点儿也不比大蒜差。酒足饭饱以后，收割庄稼的农民们便会在露天地里，在麦堆的阴凉地儿小憩一会儿，慢慢地消化刚吃下去的食物。我们现在看到的特斯悌利丝们和她们古代的姐妹们并没有太大差别，十分留心为大肚汉们准备这种经济实惠的好吃的东西——穷人的糕点。诗人笔下的特斯悌利丝没有想到这一点，因为她不了解穷苦的大肚汉。

维吉尔还向我们介绍了热情招待自己的朋友梅里贝住了一夜的蒂迪尔。可怜的梅里贝被渥大维的士兵赶出家园，一拐一瘸地跟在牛群后面凄惨地离开。蒂迪尔安慰他说："我们就会有奶酪、水果、栗子的。"这则故事并没有告诉我们梅里贝是否被引诱了，真遗憾。但在这顿简单的饭菜中，我们清楚地了解到了古代的牧羊人是没有菜豆可充饥的。

奥维德在一个动听的故事中向我们叙述了波西斯和菲雷蒙款待他们陋室的客人——两个不相识的神明的事情。三条腿的餐桌用一块砖垫稳，上面放着他们端上来的萝卜汤，在热炉灰里焐了一会儿的鸡蛋，在盐水中腌渍的水果、蜂蜜、小冠花等。在这么多诱人的乡村食物里，唯独没有我们农村里的波西斯们不会忘记的一道主食——在猪肉汤之后的一盘菜豆。擅长细微地表现情节的奥维德为什么没有提到适合放在菜单中的菜豆呢？原因是一样的：他大概也不知道有这种豆子。

我在搜索自己曾经读到的很少的一点关于古代农村膳食的知识，但没有任何结果，想不起有叫菜豆的东西。在种植庄稼和葡萄的农民的沙锅里，倒是见到了蚕豆、羽扇豆、小扁豆、豌豆之类的，唯独没有这种优质的菜豆。

此外，豆子享有很高的美誉。有人说："它吃着让人高兴，吃了以后，就可以放松自己。"因此它适合普通老百姓用来说些粗鄙的笑话，特别是当这些笑话由像普劳图斯和阿里斯托芬这样的天才不知羞耻地说出口来，就更是这样的效果。这种蚕豆吃多了会让人放屁的比喻会产生什么样的舞台效果呢？雅典内河航船上的辛苦的水手们和罗马的挑夫们如果听到了会发出多么爽朗的笑声啊！当这两位喜剧大师在他们忘乎所以时，用一种很不雅致的词汇谈论时，他们谈到菜豆了吗？根本没有。他们对这种豆子只字未提。

菜豆一词本身就让人捉摸不透。这是一个很怪的词，同我们的词汇没有什么亲缘关系。它的形态和我们的音节组合完全不同，它使我们联想到加勒比海地区的俚语方言，比如可可和橡胶。菜豆是不是源自美洲的印第安人呢？我们是不是连同这种豆子一起或多或少地接纳了保留着其乡土气息的名称呢？可能就是这样的，但这又是怎么知道呢？菜豆，怪异的菜豆，你给我们提出了一个奇怪的语言学方面的问题。

法语称菜豆为 faseole，flageolet；普罗旺斯方言中叫它 faioa 和 faviou；卡塔卢西亚语称它为 fayol；西班牙语中是 faseolo；葡萄牙叫它 feyolo；意大利语称它为 fagiuolo。因此，我在思考，拉丁语系里的各种语言虽然词尾都不可避免地会有所变化，但却保存了 faseolus 这一古词的一部分。

如果查阅我收集的一些词汇卡片，就能找到表示"菜豆"的词汇有 faselus，faseolus，phaseolus 等。词汇学家，请允许我纠正您：您翻译得不准确，faselus，faseo—lus 并不能表示"菜豆"。我有毋庸置疑的证据：维吉尔在他的《农事诗》中告诉我们 faselus 适合在什么季节种植。他说道：

如果想种 faselus，

那就祈祷着天蝎星座把黑夜的

征兆传递给你，

然后开始播种，

继续耕作到一周期的中间。

没有什么能比这位深谙农事的诗人更明白地告诫人们了：必须在夕阳西下天蝎座消失在墨色的空中的时候，也就是说在将近十月末开始播种 faselus，直至降霜中期才停止播种。

按这种说法，菜豆则一定不是这样的：菜豆是一种不堪一击的脆弱的植物，忍受不了一丁点儿的寒冻。冬季对它来说是个致命的季节，即使是在意大利南方非常温暖的气候条件下。而山䓲豆、蚕豆、豌豆以及其它的豆科植物则不一样，由于其发源地的关系，它们能够有很强的抗寒能力，秋天播种，冬天长势旺盛，只要不是特别的冷就行。

那么，《农事诗》中所说的 faselus，也就是将这一名称传给拉丁语各种语言中的"菜豆"，这种有争议的豆子到底是什么东西呢？鉴于诗人曾在诗里用"鄙俗"一词来批判它，我不由得想起了有可能指的是䗫黑豆，也就是不太受普罗旺斯农民欢迎的那种煤玉豆。

我正在猜想着，而且侵害这种豆子的昆虫这唯一的证据几乎要澄清这一事实，突然，一份意想不到的资料帮我彻底地解开了这个谜的谜底。还有一位诗人，也就是那位远近闻名的约瑟—玛利亚·德·埃雷迪亚帮了博物学家一把。我的一位好朋友，在村里的中学任教的教师，给了我一本小册子，他不会想到这竟然帮了我的大忙。我在这本小册子中读到这位十四行诗的著名作家和一位询问他最喜欢的作品是哪部的女记者的下面的一番对话：

诗人说："您要我怎样回答您呢？这问题让我很犯难的……我不知道自己最喜爱哪一首十四行诗。我写每一首诗时都经过了冥思苦想，费尽心血……您呢，您更喜欢哪一首呢？"

"亲爱的大师，件件珠宝都妙不可言，要怎么从中进行选挑呢？您让红宝石、绿宝石、珍珠熠熠生辉，让我眼花缭乱，我又怎么可能只喜欢绿宝石而拒绝珍珠呢？整条项链我都爱不释手。"

"对！可我，有一件事却让我无比自豪，它比我全部的十四行诗更令我骄傲，而且它比我的诗更让我享有荣誉。"

女记者睁大了眼睛好奇地问道：

"到底是什么事？是什么？"

大师狡猾地看了女记者一眼，他的眼睛充满了自豪的光芒，青春的亮光在他已不年轻的脸上浮现，他激动地说道：

"我找到了菜豆一词的来源！"

女记者惊讶得都不记得哈哈大笑了。

"我可是跟您说正经事呀。"

"亲爱的大师，虽然我早就知道您颇负盛名，学识渊博，但我却想不到您会为了找到了菜豆这个词的来源而感到无比自豪。啊，我真没想到是这么回事！您能详细地告诉我您是怎样发现的吗？"

"当然。是这样，我在阅读艾尔南德斯的十六世纪的那本自然史巨著《新世纪植物史》时，找到了一些与菜豆相关的资料。直到十七世纪以前，菜豆这个词在法国还没有人知道。大家一直将它称为"菜豆属"或"蚕豆"，而在墨西哥语中则有'阿雅科特'（ayacot）一词。墨西哥在被征服以前，就种植有三十种菜豆。今天，那里的居民们仍旧称这三十种菜豆，尤其是那种带红斑和紫斑的菜豆为阿雅科特。有一次，我在加斯东·帕里斯的家中碰见了一位大学者。他一听见我名字，就上前问我是不是那个找到了菜豆这个词的词源的人。他对我的诗一无所知，更不知道《战利品》这部诗集……"

啊！把十四行诗这艺术瑰宝的地位置于菜豆之下，这可真是不可思议的事情！轮到我为阿雅科特一词而心花怒放了。我曾经怀疑菜豆这个奇怪的词儿中有印第安语的成分该是多么的有道理呀！以这种方法告诉我们这种珍稀的种子源自美洲大陆的昆虫真是实在！蒙特儒马的蚕豆，阿兹特克人的阿雅科特，在没有改变自己原始的称呼的情况下，从墨西哥来到了我们的菜园子里。

可是，它的消费者——昆虫——却没有陪伴它来到我们这里，然而在它的故乡，一定也有一些象虫科昆虫专门征收这些丰产豆子的税吧。我们这些外来者并不被我们本地的豆粒消费者接受。它们还没有机会去熟悉这个外来者，更不用说去评价它的优点。它们小心翼翼地克制着，不敢轻易去碰这个因其初来乍到而颇为可疑的阿雅科特。因此，在今天之前，这些墨西哥蚕虫都一直安然无恙，没有受到一丝的侵害，这和其它的豆子截然不同，它们全都深受被象虫的侵害。

这种状况不可能一直继续下去。如果说在我们的田间地头没有偏爱这种豆子的昆虫，那么在新大陆一定有它的追捧者。通过来来往往的商业贸易，总会有一天会有这么一两袋生虫的菜豆将它带来的。这是不可避免的事。

根据我所掌握的资料，新近的这种入侵似乎并不少见。三四年以前，在罗讷河口地区的马雅内，我找到了一直在我家周围寻找无果的东西。当我在寻找时曾讯问过农民和家庭主妇菜豆虫的下落，他们对我提出的问题感到深表惊讶。他们根本就没有见过所谓的菜豆虫，甚至都没有听说过。我的几个朋友知道了我在找寻这种虫子的事情，立刻从马雅内给我邮来了一份东西，这份东西可以说是大大地满足了我这个博物学者的好奇心。那是一斤受到严重蛀蚀的菜豆，千疮百孔，呈海绵状。在这些豆子里蠕动着数不清的一种象虫，和小扁豆中的小象虫一样小。

寄豆子给我的那些朋友告诉了我马雅内所遭受的损失。他们说，这种可怕的虫子袭击了大量庄稼。这真是一次前所未见的大虫害，菜豆全被它们给吃没了，主妇们已经没有菜豆可用来下锅了。对于这罪魁祸首的习性和活动情况，大家丝毫不知。这必须靠我的试验，才能弄清到底是怎么个情况。

得赶紧进行试验。现在是六月中旬，环境和条件很适合做试验。我的园子里有一片地长着早熟菜豆，是比利时黑菜豆，种来自己吃的。就算要付出损失这珍贵的豆子的代价，也必须把这可怕的虫子放到这片绿色植物上去。据我观察到的豌豆象的状况来看，这些珍贵的比利时黑菜豆已然成熟：花繁叶茂，豆荚也非常饱满，大小不一，翠艳欲滴。

我将两三把马雅内菜豆放在一只碟子里，并把蠕动在太阳下的虫子放在比利时黑菜豆地边儿上。我差不多已经猜到将要发生的情景了。获得重生的虫子和在阳光刺激下很快就会解脱的虫子都会飞起来。它们将在周围寻找自己的食物，然后便在上面停住，将它占为己有。我将会看到它们小心地探测豆荚和豆花。过不了多久，它们就会在上面产下宝贝来。因为这样的情况下，豌豆象也会这么干的。

可是，事情并没有像我想象的那样进行下去。我很诧异，为什么会和我预想的不一样。昆虫们在太阳下动来动去将近持续了有几分钟的时间，它们稍微张开鞘翅，然后又闭合上，为飞行器助力，然后就起飞了，一只接着一只。它们向明晃晃的天空飞去，慢慢飞远，逐渐消失在我们的视野里。我一个劲儿地盯着，仍旧一无所获，飞走的一只也没在菜豆上停留。

满足了获得自由的欢快满以后，今天晚上，明天或者后天它们还会飞回来吗？没有，它们一直没有飞回来。整整一个礼拜，我都在最佳观测时间细细查看一垄一垄的菜豆，一朵一朵的花，一个一个的豆荚，从头到尾彻底地看了一遍，依旧没见着菜豆象的踪影，也没看到虫宝宝。可是，这正是产卵的最佳时期，因为被我囚于短颈大口瓶内的孕妇们此时正在大量地将它们的宝贝产在干菜豆上。

我决定换个季节再试一试。我安置了另两块地，在上面种上了晚熟菜豆——红菜豆，有一些是供家里人食用的，但最主要的是为菜豆象预备的。这两块地隔开一段距离，整成梯形，一块预计八月成熟，另一块会在九月或更晚些时候成熟。

我用红菜豆重新进行以前用黑菜豆所做的实验。我曾几次在适当的时间把一窝一窝菜豆象放进绿叶丛中。它们都是从总仓库——我的短颈大口瓶里——拿出来的。很遗憾，每次的结果都以失败告终。整个收获时节里，我几乎每天都会适当延长研究时间，直到两次收获全部结束，但是全都以失败告终。到最后我也没能发现一只被虫子占据的豆荚，甚至连在植物上驻足的象虫都有。

我一直在密切地监视着。我还同时叮嘱我的家人要尽其所能地看管那几垄为做研究所专门种植的地，并嘱咐他们在采摘的时候，千万要留心可能出现在豆荚上的宝贝。我自己则每次都事先用放大镜认真检查一遍之后，才将豆子给妻子，然后把豆荚给剥掉。结果是所有这一切都是白费功夫，没有一丝菜豆象宝贝的踪迹。

这些实验，我不仅在露天地里做，而且同时也在玻璃瓶子做。我把枝上的颜色各异的新鲜豆荚装在长形的瓶子里，每只瓶子里都放了不少的菜豆，有碧绿的，还有胭脂红的，豆荚的豆粒都接近成熟了。这一回，我终于获得了一些菜豆象宝贝，但我对这些宝贝没有什么把握，因为菜豆象妈咪把这些宝贝产在了玻璃瓶内壁上，而不是豆荚上。但这没关系，反正它还在不断地孵化。不久，宝贝孵出来了，孵出的虫宝宝游来荡去了几天，以同样的兴奋劲儿好奇地探测豆荚和瓶子内壁。最后它们一个个都壮烈牺牲了，放在瓶里的食物它们一口也没动。

可想而知，鲜嫩的菜豆并不是它们所想要的。与豌豆象完全不同的是：菜豆象从来不会把自己的儿女们产在不是自然成熟或者因干燥而变硬的豆荚里。它没有在我的苗圃上停留的必要，因为这里没有它所需要的食物。

那么它到底需要什么呢？它需要的是掉在地上像石头子儿一样嘭嘭响的又老又硬的豆子。这太容易办到了，我现在就让它满意。我把那些经过长时间的太阳光照射而变干变硬的豆荚放进装着菜豆象的玻璃瓶里。这一回，菜豆象开始活跃起来，虫宝宝们透过干干的豆荚壳触到了豆粒，它们开始在豆粒上进行打洞工程，这之后的一切便顺理成章了。

根据观察得到的结果，让我们明白了为什么农民的谷仓会有菜豆象。收获时的时候，田地里留下的一些菜豆经过太阳光的强烈照射，变得干而硬。这主是为了方便脱粒。但这同时也为菜豆象提供了适宜的产房。收获时，农民把产有菜豆象宝贝的豆荚连同好的豆荚一并带回家里。

不过，菜豆象钟情的豆子。象鼻虫专爱嚼咬粮仓中的麦粒却对田野里麦穗的麦粒不感兴趣。在这一点上菜豆象和象鼻虫很像，它们也讨厌鲜嫩的谷粒而喜欢定居在谷堆上那又静又暗的环境当中。这些对农民来说无疑是致命的打击，但对于储粮商来说则更是如临大敌。

这种祸害一旦在我们宝贵的谷仓中定居下来，它们的破坏性可是无法想象的！我的小瓶子就充分地说明了这一点。小瓶子里，光一粒菜豆上面就住了一大堆菜豆虫，一般有二十来个左右。而且还不止一代，一年当中足有三四代在这里定居。只要是豆皮下有能吃的东西，就会有新消费者定居在这里，直到那可怜的菜豆粒被吃得只剩个外壳，惨不忍睹。虫宝宝对豆粒的表皮不感兴趣因此豆粒最后成了一个全身布满窟窿眼儿的空袋子，稍稍用指头一碰，袋内的物质便马上化作一摊让人作呕的粉状物团团。菜豆被完全毁坏干净。

一粒豌豆上只有一只豌豆象，它只将为了挖掘自己狭小的孵化室所必需消灭的物质吃掉，剩下的部分则毫无损坏，因此豌豆粒依然能发芽，并且还仍可以食用，只要你不觉得恶心就行，况且，这也没什么可觉得厌恶的。美洲的菜豆象则比这凶悍多了；它一定要把自己那颗豆子吃的干干净净才肯罢休，最后只剩下一堆连狗都不理会的垃圾。美洲来势汹汹地把它的昆虫灾难带给了我们。根瘤蚜这种害人极深的虱子就曾是从美洲带过来的，我们的葡萄种植者们直到今天一直在和这种害虫进行斗争。而今天，美洲又给我们带来了菜豆象，这一定会在将来对我们构成严重的威胁。从我做的几次实验中，能看出其危害的严重性。

近三年来，在我的昆虫实验室的桌子上，大大小小地置列了好几十只瓶了，它们全部都由纱罩罩住了瓶口，既可防止外来物的入侵又可让保持空气流通。这些瓶子是我的困兽笼。我在瓶子里培育菜豆象，并随便改动它们的饮食供应。我从这些瓶子中得知了菜豆象对住所的选择并不是很挑剔，除了少数几个以外，它们都挺适应我们的各种豆子的。

不管是黑的还是白的，杂色的还是红的，小的还是大的，是好几年前收获的还是当年收获的似乎根本煮不烂的，各种菜豆都适合于菜豆象。而且脱了粒的菜豆更受欢迎，因为它们比较容易侵入，但是如果脱了粒的不够的话，被豆荚保护着的豆粒也一样受到菜豆象的青睐。刚出生的虫宝宝会将又硬又皱的豆粒及豆荚钻透。菜豆象就是这样在田间地头侵害菜豆的。

优质的长荚果扁豆同样得到了菜豆象的认可。我们这称这种扁豆为独眼菜豆，因为在豆荚的梗凹处长着一个黑点，就像带眼囊的眼睛，因此而得名。我甚至看出那些菜豆象寄宿者们更加偏爱这种扁豆。

在这以前，都没有出任何异常情况：菜豆象从在菜豆属植物这一范围之外寻找食物。但是，这以后，情况变得危险了，菜豆象开始向我们展露出它让人没有预料到的一面。它毫不迟疑地去吃干豌豆、蚕虫、鹰嘴豆、野豌豆、山黧豆等等一切它可以吃到的豆类。它总是津津有味地吃了这种吃那种，同吃菜豆一样，吃这些豆类同样让它们的儿女们长得膘肥体壮的。只有小扁豆不太受欢迎，可能是因为个头儿太小的缘故。这种美洲来的象虫科昆虫可真是个可怕的侵害者！

如果像我一开始所担心的那样，菜豆象总这样贪吃，从豆类吃到谷物，那灾害就会变得相当严重。但好在事情并没有严重到如此地步。在我的短颈大口瓶中，跟小麦、稻谷、大麦、玉米等待在一块的菜豆象全都无一例外地还没能到繁殖就死去了。它和油性种子，如向日葵、蓖麻等一类的在一块时情况与这相同。除了豆类，别的东西都不适合菜豆象的胃口。尽管有局限，但它的胃口还是相当大的，并且吃起来相当疯狂，祸害不浅。

它的宝贝是白色的小圆柱状。它们产卵无序，对产卵地点也不挑剔。菜豆象妈妈产卵时，或只产下一个，或一次性产下一小堆，有的时候产在短颈大口瓶的内壁上，当然也会将它们产在菜豆上。在粗心大意的时候，它甚至还会把宝贝产在咖啡、玉米、蓖麻或者其他种子上，但是儿女们却会因为找不到合适的食物便很快地死去了。在这里，作为母亲的远见丝毫不起作用。虫卵不管是下在豆荚堆中的任何地方，都是适合的，因为新生宝宝会自己去寻找并总能找到侵入点的。

宝贝最多五天就能孵化出来。刚孵出来的小幼虫是个红棕脑袋的白色小东西，是个勉强能用肉眼看见的一个小点。虫宝宝上身拱起，好让自己的工具——大颚这个圆凿——更加有力，因为它将要用这唯一的工具在坚硬如木头的种子上钻孔。这一点，它们和树干上的矿工——天牛和吉丁的虫宝宝一样。小爬虫一出生就以一种难以置信的积极劲头儿随处地溜达着，这种劲头不像是它这样的小小年纪会有的，它只是想尽快地找到栖身之地和食品。

到了第二天，大部分虫宝宝都完成了自己的任务。我看见它们在种子的坚硬表层上认认真真地钻孔，它们那执着劲头儿让我钦佩。我还偶然见到虫宝宝半个身子下到刚凿开一点的坑道的开口处，坑口旁边堆着白色的粉末，那是钻孔时产生的废弃物。接着它钻进洞中，钻到种子的中间部位。它长得十分快，五个星期过后，就已经长大成为成虫，然后再从洞中爬出来。

菜豆象的成长发育的速度之快使它一年就能繁殖好几代。我就见过四代。与此同时，仅仅一对夫妻便为我提供了八十个儿女。如果我们只按一半来计算，毕竟夫妻双方是两个人，我是按两个性别的等量加以计算的。如此算来，到了年底的时候，这一对夫妻所生的后代数目将会是四十的四次方，也就是说幼虫时期的菜豆象总数将是五百多万只。这是个多么庞大的数字啊！这样一个强大的军队要糟蹋掉多少菜豆呀！

不管从任何方面看，菜豆象的本领都与我们所了解的豌豆象不相上下。每只勤劳的虫宝宝都会在菜豆内给自己凿个小屋，但并不碰坏菜豆的表层这个天然的保护屏障，等到长成成虫要出去时，只需要稍稍一顶，封盖就会轻松自动地脱掉。在蛹发育到末期时，小屋就像一颗颗暗淡的星星一样在菜豆里面上闪烁。最后，封盖脱落，虫宝宝从屋里爬出，在菜豆上留下一个个小洞，里面住着多少只虫宝宝就有多少个小洞。

尽管菜豆象成虫食量很小，有点粉质碎屑就足够填饱肚子，但这么多的食物上只要有能够利用的东西，它就不想将它们舍弃。菜豆象在菜豆堆里交配，雌性菜豆象随即在菜豆上产卵。宝宝们被安顿在菜豆，有的住在完好无缺的饱满的豆粒里，有的则在被钻了洞但并没被完全吃光的豆粒里休息。每隔五个星期，在风和日丽的日子里，就会有新的虫宝宝在菜豆堆里开始钻来钻去。到最后，最末尾的那一代，也就是九月或十月的那一代，就不得不在小屋中独自昏昏睡去，等待下一个夏天的到来。

菜豆的毁坏者一旦变得非常的危险，歼灭它们是轻而易举地事。从它们的生活习性中我们知道了要采用什么方法。它们以人们收回来储存在谷仓里的干燥豆类为食，因此想在田间地头对付它是很困难的，而且也是很难有成效。它总是在我们的仓库里干坏事。这时候，敌人就潜伏在我们家中，在我们触手可及的地方。我们只需用农药轻轻地一喷，三下五除二就能把它们除尽。

爱唱歌儿的意大利蟋蟀

　　我们这里见不着那种常常光顾蛋糕铺和乡间灶屋间的家蟋蟀。不过，虽然说在我们村子里的壁炉石板下面的缝隙里听不见蟋蟀的叫声，但是作为补偿，夏夜的田野里美妙的歌声却总是此起彼伏，那是北方听不见的。春天阳光灿烂的时候，蟋蟀便开始在田间地头唱起了交响曲；夏日里，当夜深人静时，则有树蟋蟀，或者叫意大利蟋蟀在高声歌唱。一个是昼间蟋蟀，一个是夜间蟋蟀，它们平分了那美妙的季节的歌唱家的殊荣。当前者停止歌唱的时候，后者便开始唱起小夜曲来。

　　意大利蟋蟀不是黑色的，而且体形也没有一般蟋蟀粗笨。而恰恰相反，它身材纤细，瘦弱，几乎全白，正好适合在夜间活动。捏在手里都担心会把它捏碎。它在各种低矮的小灌木上，或者高高的草丛中蹦来跳去，很少乖乖地待在地上生活。从七月一直到十月，它们总是在傍晚时分就开始歌唱，一直唱到大半夜，一刻也不停歇，是一场非常美妙盛大的音乐会。

　　这儿的人们对这歌声都特别地熟悉，因为不管多小的荆棘丛中都会有这种交响乐的忠实演唱者。它们甚至还在粮仓里歌唱，那是因为运草料的时候不小心把它们夹带了来，它们迷了路，不知道如何回去。这种苍白的蟋蟀出没神秘，所以谁也不知道到底是什么蟋蟀唱出的如此动听的小夜曲，人们误以为它们只是普通的蟋蟀，可是这个季节普通蟋蟀还没有长大，根本就不会歌唱。

　　意大利蟋蟀的歌声是"格里—依—依""格里—依—依"这种舒缓而又柔和的声音，声音微微的颤抖，使歌声更加的动听。你一听就会想象它的振动膜是多么细薄而宽大。如果它待在无人惊扰的叶丛中的话，它的声音就会一直单调的重复，但只要稍有动静，这位歌手便立刻改用腹部发声。你刚才明明是听见它一直在你面前歌唱，可突然间，却听见的那声音从二十步开外的地方传来，但音量减弱了，所以你会误以为是距离刚刚好。

当你跑过去时，却什么也没发现，因为声音仍旧是从原来的那个地方传来的。不仅如此，这一次声音听起来像是从左边传来的，又好像是从右边或者是从后面传来的。你完全被弄糊涂了，无法清醒地凭借自己的听觉去辨别蟋蟀的鸣叫到底是从哪发出的。你必须极有耐心地提着提灯，还得小心翼翼地不出任何声音，才可能在灯光的辅助下成功地捉到这个歌唱家。我就用这样的方法捉到过几只，放进笼中观察，多少帮助我了解了一些迷惑我们听觉的演唱家的事情。

蟋蟀的两片鞘翅都是由宽大的半透明干膜组成的，如一片白色洋葱片一般轻薄，能够整个一起颤动。鞘翅的上端略小，形状如圆的一端。圆的这一端沿着一条粗重纵翅脉折成直角，再按照鞘翅凸边沿体侧往下，在蟋蟀休息时，包裹住它的身体。

蟋蟀的右鞘翅交叠在左鞘翅上，几乎将后者全部覆盖住，除了裹住两侧的皱襞之外。右鞘翅的内侧靠翅根的地方有一块胼胝，一共辐射出五条翅脉，两条向下，两条冲上，而第五条几乎是横向的，稍微泛红，它是鞘翅的基本部件，也就是琴弓，一看其上横向的细锯齿就知道了。鞘翅的其它地方还有几条较细的翅脉，作用是绷紧薄膜，但不是摩擦器的组成部件。

左鞘翅——或者说下鞘翅——的结构与右鞘翅相似，唯一的区别就是琴弓、胼胝以及由胼胝辐射出去的翅脉都位于上部表面。此外，我们还能观察出左右两把琴弓呈斜向交叉状。

当蟋蟀放声高歌时，它的左右鞘翅总是高高地竖起，好像一张薄纱船帆，不同的是它们是内边缘相互接触。这时候，左右两把琴弓是彼此斜着咬合在一起的，它们相互摩擦造成了紧绷薄膜的剧烈的震动。

根据每把琴弓摩擦的部位不同，发出的声音则有所不同，比如另一个鞘翅的胼胝（其本身也是粗糙的）上和在四条光滑的辐射翅脉中的一条上摩擦发出的声音就很不一样。这也许在一定程度上说明了为什么胆小的蟋蟀怀疑遇到危险时能够用不同的声音诱导我们，让人觉得声音发自前后左右，难以摸清它的真实方向。

声音的强弱、音量和音色都会使人产生距离上的错觉，这是蟋蟀这个腹语者所使用的高超艺术手段，而这种错觉的产生还有另外一个很容易被发觉的原因。当声音洪亮时，鞘翅是完全竖起的，而当声音沉闷的时候，鞘翅则稍稍有些下垂。当鞘翅处于下垂状态时，其外侧边缘也不同程度地压在了蟋蟀柔软的侧部，随之振动部分的面积减小，声音也就自然变小了。

用手指轻轻触碰敲响的玻璃杯，它的声音便变得低沉，犹如远处传来一般。灰白色蟋蟀深知这个伟大的声学奥秘。每当有人去捉它时，它便会立刻将振动片的边缘压在柔软的腹部，使人不知它躲在何处。我们的乐器中有制振器和消音器，而意大利蟋蟀的制振器、消音器可与之媲美，而且它们结构简单，效果奇好，更胜我们一筹。

田间地头的其它种类的蟋蟀以及同类昆虫也同样使用这种消音方法，它们把鞘翅边缘压在肚腹的或高或低的地方，以减轻振动，但是它们中没有谁能与意大利蟋蟀的能力匹敌，产生如此奇特的功效。

当我们的脚步声一接近，即使是很轻很轻的，蟋蟀就会用这方法迷惑我们，扰乱我们的判断。除此之外，它发出的声音非常纯正，带有柔和的颤音。仲夏夜，当夜深人静的时候，有哪一种昆虫的鸣叫能胜过意大利蟋蟀呢？那声音是如此的优美，如此的清脆。不知有多少次，我都会席地躺在迷迭香花丛中悄悄地躲着，偷听那令人流连忘返的草地音乐会啊！

在我的花园里，夜间歌唱的蟋蟀有很多。每一簇红花岩蔷薇都有它自己的合唱队员，每一束薰衣草里也都藏着自己的乐队。那枝繁叶茂的野草莓树丛和那笃耨香树丛，都成了蟋蟀们的天然演唱场地。在这个小天地中，小生物们都是以它们自己那婉转动听的声音彼此询问，相互应答，也有的干脆将别的歌手置之不理，只是自顾自地在抒发着自己的情怀。

高处，在我的头顶上方，天鹅星座在银河中伸长它那恢宏大气的十字架。而下方，就在我的身边，蟋蟀正演唱着交响曲，声音忽高忽低，悦耳动听。在歌唱着自己快乐的心声的这些娇小可爱的生命竟使我忘记了闪烁的繁星，美丽诱人。天空中的那些明亮的眼睛冷静淡漠地眨巴着，仿佛在注视着我们，但我们对它们却一无所知。

科学告诉了我们它们与我们的距离有多远，它们有多快的速度，多大的体积，它们的质量有多重，还告诉我们它们不胜枚举，这些都令我不可思议，但是却从未使我们有一丝的激动。这是为什么呢？因为科学没有包含那个伟大的秘密，即生命的秘密。天上到底有些什么？太阳又在用它的光芒温暖着什么？理性告诉我们说，宇宙中有一些与我们相类似的世界，有一些孕育着其中无止境地进化发展的生命的大地。这种宇宙观可谓无比宏大，但却仅仅是一种观念罢了，并没有确凿的证据证明它的真实性。确定的事实才是至高无上的，是看得见摸得着的。所谓"可能"，甚至"极有可能"，都不是"显然"，并不具有有目共睹、天衣无缝的真实性。

可我的蟋蟀们却是我最忠实的伙伴，它们用它们的生命之歌使我感受到生命的颤动，而生命正是我们的灵魂。正因为如此，我才会倚靠在迷迭香树篱旁，仅仅是漫不经心地随意抬头瞟了一眼天鹅座，我的心思都专注在你们那婉转动人的小夜曲上了。

一小块注入了生命的能品尝生命的苦与乐的蛋白质，远比庞大的无生命的原料有意义得多。

仪表堂堂的松树鳃角金龟

在最初描述松树鳃角金龟时，我是有意地在散布异端邪说。这种昆虫的实际名称是"缩绒鳃角金龟"。我很清楚，不必过于追究术语分类法。你只需要随意地发出一种声音，再给在末端缀上个拉丁文词尾，你就会拥有一个与昆虫学家标本盒上贴着的那些标签意思相近的词。倘若这个粗俗的术语词表示的是它所标示的那种昆虫而不是其它东西，那么这个词就有些难听了，但是，这个通常都是从希腊文或其他语言的词根翻查出来的词意思都差不多。但是，刚接触的人总希望从这里面了解到一些东西。

这样他就完蛋了。那个学术味的词告诉他的只是一些无关紧要的意思，所以他常常被那些词语弄得头晕脑涨，甚至被引向一些与我们的观察毫无关联的现象。这有时会给你一些不常见到的暗喻，造成非常荒谬的错误。如果想要名称好听，那么找一些无法分析的词语岂不是更好！

假如说有那么些词让人无法立即想到其本义的话，那么"fullo"（缩绒）一词就属于此列。这个拉丁文词的意思是"foulon"（缩绒工），就是对呢绒进行加工处理，将呢绒浸湿，使它变得柔软的工人。本篇所述之鳃角金龟与缩绒工有哪些联系呢？我绞尽脑汁也想不明白，也始终找不到一个合理的解释。

老博物学家普林尼在他的著作中以 fullo 一词给一种昆虫命名。其中有一篇，他谈到了一些用于治疗黄疸、发烧、水肿的药物。他的古方中非常的齐全：黑狗的大长牙，包着粉红色布的鼠嘴，从活的绿蜥蜴身上摘下来搁在羊皮袋里的蜥蜴右眼，用左手掏出的蛇的心脏，用带着毒螫针的四条蝎尾用红布包好（三天内不允许病人看到此药甚至包括制作此药的人）。此外，还有不少稀奇的东西。我连忙合上这本书，被这种治疗办法吓得浑身发抖。

在这些以医学作为幌子的荒谬药方中就有缩绒。书中写道，将缩绒金龟子分为两半，将一半贴于左臂，另一半贴在右臂。

那么这位古博物学家在书中所提到的缩绒金龟子是什么东西呢？我并不太清楚。他在描述中说，这种东西身上带有白点，这与松树鳃角金龟的相同，后者也有白点，但这并不能说明它就是松树鳃角金龟。普林尼自己也不能肯定这种药物到底是什么东西。在他那个时代，人们还不会用肉眼去观察这种昆虫，因为它太小，仅仅是能作为儿女们的玩物。他们用一根长线绑着它，抢着玩，有教养的大人可是从来不关心它这种不起眼的小东西的。

这个专有名词貌似是农村那些没有文化又喜欢起绰号的观察者创造的。老博物学家未多加核实就采纳了这个也许是儿女们想像出来的乡野叫法，差不多就这么用上了。这个词非常古朴地出现在了我们面前，现代博物学家们欣然接受了它。这就是我们最漂亮的昆虫之一变成缩绒工的过程。多少个世纪以来都沿用着这个奇怪的称呼。

尽管我非常敬仰那些古老的语言，但那个术语还是不讨我喜欢，因为它用在这儿是毫无道理可言。常理应该修正分类目录中产生的偏差。为什么将它称为松树鳃角金龟，以纪念那种它所喜欢的树呢？那是它的乐园，它就在那生活了两三个星期。其实这是很简单的道理，是理所应当的事。

在明确的真理被找到之前都必须经历在荒谬的黑夜之中的久久徘徊。所有的科学都向我们证明了这一点，包括数字科学。如果你试着将一组数字用罗马数字相加，那你一定很快就会放弃，那些复杂的符号会把你弄得头晕脑涨而放弃，而且一定会让你不得不承认零的发明在计算科学史上是多么的伟大。它就是哥伦布的那只蛋，虽然它们不是一回事，但是必须想到它。

在将来把不合乎情理的"缩绒工"这个词放弃之前，我们提前将它称作松树鳃角金龟吧。用这个称呼谁也不会弄错，因为松树是我们的这种昆虫的最爱。

它一表人才，可与葡萄根蛀犀金龟媲美。如果说它的衣服没有金步甲、吉丁、金匠花金龟金灿灿的金属外衣那么气派的话，至少也是难能可贵的高雅。在黑色或栗色的底色上均匀地散布着一层厚厚的散花白绒点，既朴素又大方。

雄性松树鳃角金龟在短须尖上有七片重叠的大叶片，那是它们的头饰，它们可以根据情绪的变化或呈扇形张开，或合拢起来。一开始人们可能会把这簇漂亮的叶子当作一个高灵敏度的感觉器官，即使是极微弱的气味也难逃它的灵敏的嗅觉，它能感受到听不见的声波，可以获知那些我们的感官所感觉不到的信息。与雄性的松树鳃角金龟相比，雌性松树鳃角金龟的感官就显得迟钝，但是作为母亲的职责要求它也必须像父亲的一样拥有灵敏的感觉，然而它的触须头饰很小，由六片很小的叶片组成。

雄性松树鳃角金龟那呈扇形张开的大头饰是用来做什么的呢？对于松树鳃角金龟来说，那个七叶器官就相当于大孔雀蝶颤动的长触角，就像牛蜣螂额上坚硬的全副甲胄，又像鹿角锹甲大颚上长出的枝杈。等到繁殖的季节，它们则会尽显其能，以求得异性的青睐，进行交尾。

美丽的鳃角金龟一般在夏天出现，与第一批蝉出现的时间相差无几。由于它每次出现的时间很准确，因此在昆虫历中都标得很明确，而昆虫历和四季年历一样精确。当最长的白昼来到，天总是很晚才黑，麦地里一片金黄，这时，鳃角金龟总会准时地爬上自己的那棵树上。村里的孩子们为了纪念太阳节，会在村子里的大街小巷点起圣诞节欢乐的篝火，但这个节日还不如鳃角金龟出现的日子准确。

每天当太阳快下山的时候，如果天气晴朗，鳃角金龟就会光临院子里的松树。我细致地观察它的一举一动。尤其是雄性鳃角金龟，它们总是在暗暗地使劲儿，飞来飞去地尽量把自己的触角饰张大。雌性鳃角金龟正在树杈上等待着它们，它们飞去那。它们飞过来飞过去，在太阳收走它最后一丝光亮之前，在天空中画出一道道黑线。歇了一会儿，它们又飞起来，继续开始忙碌劳累的巡查。这样热闹的景象，大约要维持半个月，它们都在树上做些什么呢？

显然，它们是在向异性示爱，直到天黑甚至第二天的清晨，雄雌鳃角金龟通常都占据着那些矮枝。它们都独自安静地待在那儿，对周围的一切都置若罔闻。即使用手去捉它，它也丝毫不惧怕，也不逃走，任你的摆布。它们大多数都后爪吊住身子，咀咬着一根松针，在那悠悠地打着盹儿。傍晚时分，开始聒噪起来，它们又开始嬉戏调情。

想观察它们是如何在树的高处嬉戏是不太可能的。我们只能试着把它们捉来察看。清晨，我捉了四对，将它们放进一个躺着一根松枝的大笼子里。我所看到的情景与我的期望相差甚远，因为囚禁在里面的它们失去了飞翔的自由。最多也就是不时地能看到一只雄性鳃角金龟渐渐靠近它所心爱的雌性。它向异性展开自己的宽大有力的触角叶片，轻轻地抖动它们，也许是在试探对方。它把自己想象成美男子，骄傲地炫耀着自己无与伦比的触角。但它未能如愿，对方毫无反应，好像对它的展示并不感兴趣。囚禁的生活使它们很难过，难以克制自己的情绪。我没有继续观察下去。交尾应该是在深夜进行的，因此我错过了良机。

有一点使我非常感兴趣。雄性鳃角金龟能够发出乐声，雌性也一样。这种乐声是不是雄性作为挑逗和召唤雌性的手段呢？雌性在听到求爱者的乐声时是不是也会用同样的乐曲回应对方呢？正常条件下，在树冠中这种情况的发生是极有可能的，但我无法确定，因为无论是在松树上还是在笼子里，我都没听见过相同的乐声。

这是从其腹部尖端发出的声音，当腹尖轻轻地交替着抬起落下，尾部环节就会摩擦静止不动的鞘翅后边缘。摩擦面和被摩擦面上并没有什么特殊的发声器。我用放大镜反复察看，仍旧未发现专门用来发声的细微条纹，这两个面都是光滑的。那么它是怎样发出声音的呢？

如果我们用湿手指在一块玻璃上划过，就会听见一阵刺耳的声音，与鳃角金龟所发出的声音有些类似。要是用橡皮摩擦玻璃，会收到更好的效果，发出的声音与鳃角金龟所发出的声音更相似。倘若你注意音乐节拍，一定能以假乱真，因为实在是太像了。

鳃角金龟腹部的柔软部分，就像是手指头上的肉或那块橡皮，而窗玻璃或玻璃片就相当于那光滑的鞘翅，它极硬而且很薄，还很容易产生震颤。因此，鳃角金龟的发声原理是非常简单的。假如你想让它发出声音，只需用手指捏住它，并稍稍碰它一下就行。但这并不是在唱声，而是一种凄惨的哀诉，是对自己不幸的命运的抗争。在它的世界里，歌声表达的是痛苦，而沉默则代表了欢乐。

奇怪的象态橡栗象

我们的机器中有一些东西很奇怪，在它们静止不动的时候，你无法知道它们是怎么运作的。一旦机器开始转动，奇特的装置便咬住齿轮，打开、闭合连动杆，我们就能看见各部件的巧妙结合，每个部件都在独具匠心地各司其职，为了实现预定功效。这便是各种象虫，尤其是橡栗象的情况。正如它的名字所描述的那样，橡栗象生来就是对付橡栗、榛子以及其他各种坚果的。

在我们那儿，最引人瞩目的就是象态橡栗象。它的名字起得非常巧妙！会让人产生很好的联想啊。瞧它那副可笑的模样，嘴上还叼着一只长烟斗呢！这烟斗细如马鬃，棕红色，几乎是笔直的，奇长无比，所以橡栗象只好斜着身子，让它伸直，以免被折断，就像在头前伸出一支长矛一样。这样长的一根尖桩，这样怪的一个鼻子，橡栗象会用它来做什么呢？

我看见有的人对此耸耸肩，他们对此不屑一顾。如果说人生的唯一目的就是通过各种明的或暗的手段挣钱的话，那这种问题问得的确有些荒唐了。

好在还有一些人不是这么想，在他们眼里什么事都是重要的，没有什么是微不足道的。他们清楚思想的蛋糕总是由一些细碎的面团揉成的，它们并不比收获的粮食显得更无关紧要。他们清楚不管是耕耘者还是询问者都在用聚集起来的蛋糕屑养活这个世界。

我只是对这种问题表示一下我的怜悯，让我们继续叙述下去。不用一刻不停地盯着橡栗象做事，我们也能猜测到它的奇形怪状的长嘴上一定有一个好像我们用来钻坚硬物体的钻头。它的大颚是两个钻石尖，构成钻头尖端的强度超大的齿甲。这种象虫类似于菊花象，但它的条件要不如后者，它们只是用这种钻头来开道，以便安放自己的虫宝贝。

但是，虽然这种猜测不是没有道理，但毕竟不是确定无误的。因此只有盯着橡栗象工作我才能知道其中的奥妙。

耐心的人早晚会被机会眷顾的，在十月初我终于幸运地看到橡栗象在工作了。我惊讶极了，因为当时节气已很晚了，这时候一般所有技术性的工作都完成了。初寒一到，昆虫的季节便结束了。

那一天，天气很糟，凛冽的寒风呼啸着，将人嘴唇吹得像被刀割一样。在这样的天气蹲到荆棘丛去观察，必须要相当坚强的意志。但是，倘若长嘴橡栗象真的像我猜测的那样用长杆工具钻橡栗，那就必须赶紧去看，要不然可能就要错过良机了。橡栗还是绿色的，但已经长得很大了。再过两三个星期它们就会变成栗褐色，全部熟透，随时可能掉到地上的。

我疯看了一番，有很大的收获。在墨绿的橡树上，我看到一只橡栗象，已经有一半长鼻子钻进一只橡栗中去了。想要仔细察看它是不可能的，因为树枝被寒风吹得挥舞个不停。于是，我想到掰断那根树枝，将它轻轻地放在地上。那只橡栗象没有觉察到被搬了家，依旧继续工作着。我躲在一丛矮树后面，蹲在它的旁边，细细地看着它工作。

象态橡栗象的脚上穿着有黏性的套鞋，能牢牢地贴住光滑浑圆的橡栗，后来，它也是靠着这种黏性套鞋在我的实验室里的玻璃壁上垂直地爬来爬去的。此时，橡栗象正在象栗上用自己的弓摇钻在忙地热火朝天。它缓慢而笨拙地围着那根插入橡栗中的钻杆挪动着画着半圆，圆的中心就是钻孔，接着又折回头来，画一个相反方向的半圆。它就这样反复地画来画去，就好像我们运用手腕的力量用钻子在木头上转来转去地钻洞一般。

长鼻子一点点地钻进橡栗。一小时后，长鼻子不见了。它就保持这个状态休息了一会儿。最后，长鼻器具被抽了出来。随后会发生什么事情呢？这一回没有别的事发生。橡栗象扔下了它刚刚钻探的那口井，一本正经地退了出来，蜷缩在枯树叶中。今天我估计是不可能得到更多的资料了。

但我依旧没有放松警惕。在这个有利于捕捉虫子的无风的日子里，我又回到了原来常去的地方，不一会就捉到了一些，将它们装进我实验室的金属网罩里。由于这是一项慢工细活，我知道一定会遇到很多的麻烦，所以我情愿在自己家里不紧不忙地细细观察研究。

这样做的感觉棒极了。如果我还像刚刚那样继续待在树林里观察橡栗象的工作的话，即便我能找到一些为我观察所需的橡栗象，我也没有耐心把它们选择钻孔、橡栗、和产卵的情况从头到尾的观察一遍，因为它们工作又细致又缓慢的。

一共有三种橡树组成了我的橡栗虫所光顾的矮树林：短柔毛橡树、绿橡树和胭脂虫栎树。如果樵夫不那么早将它们砍伐掉的话，短柔毛橡树和绿橡树最后会长成很美丽的树木，而胭脂虫栎树则只是一种丑陋的荆棘罢了。绿橡树是这三种树木中挂果最多的，它们是橡栗象的最爱。它的橡栗又长又坚硬，中等大小，硬壳并不粗糙。短柔毛橡树的果实短小而又皱巴，常常没熟就掉落了。塞里昂丘陵的干燥气候很不利于这种橡树的生长。因此，橡栗象只能在退而求其次的情况下才会选择它。

胭脂虫栎树则是一种短小的灌木，十分矮小，一迈步便能跨过去，但它的果实却有丰富的汁液，和树那可怜的外表形成很大的反差。它的果实胖胖的，呈粗大的鹅卵形，壳上带有粗糙的鳞片。橡栗象找不到比这更完美的住所了，既是坚固的住宅又是丰富的粮仓。

我把几根这结满果实的三种橡树的树枝摆放在我的金属网罩圆顶下边，将一头浸在水里，以保持它的新鲜。小树枝上摆了数目合适的若干对橡栗象，最后将它们整个放在我实验室的窗柜上，天气晴朗时，一天中的大部分时间都能照到太阳。现在，让我们耐心地时刻注意着，我们一定会得到回报的，因为钻探橡栗很值得一瞅。

我们并没等得太久。准备工作做好了之后的第三天，我在橡栗象开始工作的时候准时赶到。雌橡栗象比雄的体形更健壮，因此用手摇曲柄钻工作的时间也长得多，它仔细地观察那个橡栗，无疑是在计划着产卵。

它一步步慢慢地从上面爬到下面，从前头爬到后头，几乎爬遍了整个橡栗。橡栗壳非常粗糙，摩擦力很强，在上面爬动也很轻松。假设脚底没有穿黏性套鞋，没有装配在各种姿势下都能很好地保持平衡的刷子形鞋底的话，要想在橡栗的其它部分爬动就很难。橡栗象以同样从容的姿势在橡栗的上下左右轻松地爬来爬去，从没择落过。

它已经选好了，这个橡栗是它的最佳选择。现在要做的是用钻杆在这个橡栗上钻一个探测口。橡栗象的钻杆很长，操作起来十分困难。为得到最佳的效果，就一定要沿着被钻件凸面的法线把钻杆垂直竖立，然后在工作暂告一段落的时候，再把工作时间以外呈前伸状态的这个碍事的道具轻易地收回到橡栗象钻工的身体底下。

为了达到这一效果，橡栗象用强健的后腿撑起整个身子，立在后跗骨和鞘翅尖端形成的三角架上。没有比这个钻工更奇怪的工人了，它站立着，把长钻杆鼻重新缩到自己身下。

它成功了，长钻杆很直地竖了起来。开始钻探了。它的方法就是那天寒风呼啸时我在树林中发现的那种。它极其缓慢地钻着，接着从右往左，从左往右，这么循环反复地做着。钻头并不是像因一直朝着一个方向旋转而不停地往下钻的螺旋形开瓶器一样的工具，它是一种套针似地工具，先是啃咬，然后轮流向着两个方向磨蚀，一点一点往下扎去。

在接着往下叙述之前，我想先说一件偶然事情，它太引人注意，必须说一说。那就是我多次发现这种钻工死在自己的工地上。死者的姿态很诡异。如果死亡不是什么非常重大的事的话，特别是当它是突然发生的工伤事故的话，那这怪异的死亡姿态的确让人忍俊不禁的。

探杆尖恰好插在橡栗上。它已经开始在工作了。在钻杆这个尖利致命的尖桩的顶端，象态橡栗象垂直地悬在空中，没有其它的支撑点。它的身体已干瘪，爪子僵硬，缩在肚子下面，不知道死了有几天了。即使这些虫爪像活着时那样能灵活地伸长的话，它们也根本够不得着挂橡栗的枝杈的。究竟突然发生了什么事，把可怜的橡栗象的身体刺穿，就像我们所收集的标本那样，用大头针钉住标本的脑袋？

原来是突然发生的一起工伤事故。由于钻杆很长，象态橡栗象开始工作时需要用后腿支撑着站着的。一旦这笨拙的钻工一不小心脚下突然一拌，两只附着抓斗一时没有抓稳，身子就会立刻脱离橡栗，被稍稍弯曲的钻杆一弹就被甩出去老远，因为刚开始工作的时候，必须让钻杆稍微弯得多一些以便于钻探。因此，它便被狠狠地抛在离工地很远的地方，徒劳地在空中拼命地挣扎，它的跗骨——救命的钻头找不到一点可以用来抓着的东西。它因没有任何支撑点来使自己摆脱险境，最终用尽了全身力气，死在长钻杆的顶端。就像我们工厂里的工人们一样，象态橡栗象有时候也会成被自己的器具所伤到。还是祝它们好运吧，套上结实的黏性鞋套，小心翼翼地干工作，谨防滑倒。我们再接着叙述。

这一次，机械运转很好，但是非常的慢，因此用放大镜也看不出往下钻探了多少。但象态橡栗象一直不停地向下钻探，休息一会儿，又马上干起来。一个，两个小时过去了，因为必须时刻专注观察使我疲乏而紧张，我一定要瞧一瞧那关键时刻的工作情景：象态橡栗象把钻杆收回，翻过身来把虫卵放进井口。这样我至少可以看到事情是如何进展的。

两个小时过去了，我已经不耐烦了。我与家人商量，让家中的三个人交替轮值班，一刻不歇地盯着执着的象态橡栗象。我必须不惜一切代价将它的秘密弄清楚。

幸好找了帮手，他们愿意帮我留意地细细观察。持续地观察了八个小时以后，夜幕降临的时候，监视哨喊我过去。象态橡栗象的工作看样子已经结束了。它确实在往后撤，小心翼翼地在往回抽钻杆，生怕弄断了它。钻具终于抽出来了，它又笔直地伸向了前方。

原以为那一时刻终于到了。没想到我又上当了。我那轮番的八小时值班监视没有一点成效。象态橡栗象抛下那个加工好的橡栗离开了，还来不及使用它。是的，我完全有理由对自己在树林里所看到的结果质疑。在绿橡树中，忍受烈日的炙烤，全神贯注地等待着，这真的是一种不堪忍受的折磨。

整整十月份，有的时候在助手们帮忙下，我查看了没有下宝贝的许多钻井。观察的时间长短不一，一般是两个小时，有时候长达半天甚至超过半天。

钻这些劳民伤财而不用的井到底是为了什么呢？让我们先了解一下虫卵的位置以及虫卵最初的食物的情况，也许就会有答案了。

那些住有象态橡栗象卵的橡栗是挂在树上，嵌在橡栗壳中的，看起来并没有发生什么有伤于绒毛叶的奇怪事情。稍稍留意，你就可以很轻松地辨认出它们来。在离栗壳不远处的光滑绿油的外壳上，可找到一个小点，它确是被灵巧的针刺出来的。因为坏死而产生的一个窄小的褐色乳晕很快就包围了这个小孔洞。那就是钻井口。除此之外还有几次洞穴是穿过壳斗钻出来的，但并不常见。

我们挑选了些新近被钻孔的橡栗，也就是那些苍白的针孔还没被褐色乳晕围起来的橡栗。我们将它们的壳剥掉。它们里面很多都并没有什么奇怪的东西：象态橡栗象钻探了它们，却并没将卵产在里面。它们和我网罩里的那些橡栗一样的命运，被钻了无数小时，但然后却被抛弃在一边。很多里面都有一只宝贝。

不管井有多么深，这只宝贝总是待在井底，待在一堆绒毛叶里。那里有柔软的绒呢，它们是由壳斗提供的，还有滋养品的源泉——叶柄。我看见一条非常小的象态橡栗象的虫卵，我是亲眼看着它孵出来的。开始它只是小心地轻轻地咬那堆絮状的食品，那个加入了一些丹宁酸调了味儿的新鲜蛋糕。

这种像新生有机物一样多汁、易被小东西消化的可口的小点心，只有那里才有，而象态橡栗象的虫卵也正好待在那里，绒毛叶和在壳斗之间。象态橡栗象妈妈很了解最合适它的宝宝那虚弱的胃的食物在何地方。

相比较而言更上面是一些粗糙的绒毛叶蛋糕。宝贝在开始几小时里在餐厅里增加了体力，接着它通过它妈妈用探针捅开的狭道一头钻进了蛋糕房。狭道里散落着是蛋糕屑和吃剩的残渣。饱餐一顿这种沿路备好的稍稍有些粗糙的可口面粉，虫宝宝的力气倍增，于是就能够完全钻进橡栗那坚硬的果肉里去。

所掌握的这些情况很好地说明了产卵的象态橡栗象是如何工作的。在钻探以前，它前前后后，上下左右地仔细地看来查去的目的是什么呢？它是在试图弄清楚这个橡栗是否已经被占领了。虽然食物很丰盛，但不够两个人吃。我还从没在同一个橡栗里的发现过两只虫子。只有一只，从来都只有一只，这一只在享受完丰盛的食物，并且在消化完将食物变成橄榄绿色的小团之后，离开橡栗，跑到地上。丰盛的绒毛叶蛋糕顶多也就剩下一丁点儿蛋糕屑了。这一切的原则是：每只象态橡栗象都拥有自己的圆形大蛋糕，每个消费者都有一份属于自己的橡栗粮食。

把卵产到里边之前，先必须仔细检查一遍，看看这个橡栗是否已经被占领了。可能存在的那个占据者就藏在这个地下墓穴的底层，由布满鳞片的壳斗遮盖着。这个狭小的藏身处其实并不隐蔽。但是，假如没有橡栗表面的那细小的针孔的话，视力再好的眼睛也看不见里面隐藏的隐居者。

　　这个虽然很不起眼，但只要仔细辨认，它就能成为我的向导。它会告诉我橡栗是否有主人了，或至少是被用来做过与产卵有关的试验，如果没有发现它，我就能肯定这个橡栗还没有被任何人占据。毋庸置疑，象态橡栗象也是根据同样的办法得知情况的。

　　我目光敏锐，仔细地观察整体，必要时还使用放大镜观察。我把观察对象放在手里翻来覆去地看一会儿，情况就全了解了。而它，这个象态橡栗象观察者，由于近视所以不得不到处验来查去，一番费尽周折后才能准确地找到那个能明确说明问题的小孔。况且，是整个家庭利益在迫使它慎之又慎，而我只是受好奇心的驱使。因此，它对橡栗的检查是相当费时费力的。

　　橡栗一旦被确定是完好无缺的就行了。再用钻头往下钻，一干就是好几个小时。随后，有好几次，象态橡栗象都不屑一顾地抛下自己的劳动成果走开了，钻探完了之后没有立即产卵。那这么卖力地干了这么久又有什么用呢？仅仅是为了饮水解渴，恢复体力它才找这样一个橡栗随意地钻钻吗？它嘴上的吸管会不会下到井底深处，在最丰产的角落吸几口含有营养的饮料呢？它这样辛苦忙碌一通仅仅是为了解决自己的食物问题吗？

　　一开始，我真是这样认为的，因为我对它为了一大口饮料而这样坚持不懈的挖掘很是惊奇。但是，雄性象态橡栗象的情况让我明白了实情，我马上否定了这一想法。雄性象态橡栗象也长有一样的长嘴，必要的时候也能钻出一口井来，但我却从未见过有哪只雄性象态橡栗象趴在一个橡栗上面，呼哧呼哧地在那掘井。为什么要这么费力呢？这些进食很有节制的昆虫只要有一点点吃的便足够了。用它的长鼻尖端轻轻地刺破一张嫩叶，就足以维持它们的生命了。

　　如果说这些无所事事，不愁吃的雄虫没有过多的需要的话，那么那些忙于产卵的雌性又是怎么回事呢？它们有时间又吃又喝吗？没有，被钻了孔的橡栗并不是一个小酒馆，任你畅快地在那儿喝个没完没了。长嘴伸到橡栗里匆匆地尝上这么一小口倒是有可能。那么，那些碎屑是不是它的真正目呢。

　　我想我快发现了它这么做的真正用意了。我在前面说过，宝贝总是产在橡栗的底部，一些由叶柄渗出的甘露润湿的絮状物当中。虫宝宝刚孵出时，还无法咬动坚硬的绒毛叶，它们只能咬壳底柔软的毛绒，并且喝它的液汁。

但是，随着橡栗不断变熟，这个蛋糕也会渐渐变硬，它的味道和液汁的量都随之在发生着变化。湿润的部分变干燥了，柔软部分变硬了。在某个时期内，里面的舒适条件完全符合新生儿的需要。稍早点，舒适条件还未达到标准；稍晚点，那些条件就过分成熟了。

在外面，在橡栗的绿皮上，这种厨房内部的烹饪情况一点也看不出来。为了能让虫宝贝吃上最合适的食物，做妈妈的只好自己先用长鼻尖端尝尝粮库底部的粮食，因为只是从外表查看橡栗是不能很了解详细的情况的。

通常妈妈在喂宝贝喝粥之前，也都一样，会先用嘴唇去试下粥的凉热。雌性象态橡栗象也是以同样的慈母心去疼爱自己的虫宝贝。它把长鼻的尖端探到井底最深处，先看看里面的食物状况，然后再决定是不是将它留给自己的儿女。要是井底食物让它满意，它就把宝贝产在那；而如果它不满意那食物，它就不再往深下探，然后弃之而去。这就可以解释为什么它钻了半天最后弃而不用的原因了。那是因为再往下钻下去也毫无用处，井底的食物经仔细辨别根本不符合要求。为了自家儿女的第一口食物，这些象态橡栗象是多么的细心，多么的挑剔啊！

就算把新生儿放在可以找到柔软而多汁的、易于消化的食物的地方，心细挑剔的妈妈觉得还是不够。它们的无微不至的关怀还远胜于此。一个折中的办法也许行得通，就是让小宝贝从最初的吃软蛋糕渐渐学会吃硬蛋糕。这个折中办法就藏在母亲钻出的那个坑道里。那儿有一些碎末，是用长嘴上的剪刀剪碎的。此外，坑道的内壁因为受损而变软，比其他东西更适合新生宝贝娇嫩的颚。

在啃咬绒毛叶之前，宝宝的确是先钻进这个坑道的。它以沿路找到的粗面粉为食，收集那些挂在壁上的褐色微粒；最后，当它已足够结实的时候，它就将果仁那个圆形的大蛋糕弄破，钻到里面去不见了踪迹。当它的胃已经锻炼好了，剩下的事情就是放开肚皮使劲吃了。

这种管状育婴室需要一定的长度，以充分满足初生宝宝的需要。因此，做母亲的便孜孜不倦地用那把钻勤劳地工作。如果探测仅仅局限在品尝一下食物，打探橡栗底部成熟的程度的话，那么操作就格外的简单，只需要透过外壳在这块的下方不远处操作就行了。这一点象态橡栗象并不是不知道：我偶尔也会发现象态橡栗象在坚硬的外壳上做这样的事。

我从中了解到的只是急于了解情况的产妇的一种试验。要是橡栗很适合，钻探就会在刻斗外面稍高的地方重新开始。当到了宝贝的预产期时，按常理的确是钻橡栗，它们需要尽可能地在高处，只要钻杆够长就可以。

可为什么花了大半天劲仍未完工的那个长钻洞呢？它为什么这么坚持不懈地干呢？就在离叶柄不远的地方，只需要用很少的时间和少得多的劳累就能成功地钻到那个理想的地方，那个新生虫宝宝可以饮用的清泉泉眼。做母亲的如此费劲全力让自己疲惫不堪自然有它的道理：它这样做能到达橡栗底部的理想之地，因此就能获得最佳的效果，为自己的儿女精心地准备好一个吃不尽的面粉口袋。

这难道是些不值一提事吗？不，绝不是，这可是一些极其重要的事呀，这告诉我们象态橡栗象即使是在储存最不起眼的东西时都是那么的细致入微，这正向我们证明了一种调节细枝末节的高级缜密的思维。

象态橡栗象是一个非常棒的令人尊敬的教育家，有着自己的一套办法。起码乌鸫是这么看的，一到秋末，当乌鸫的浆果开始告急时，便会乐滋滋地拿这种长嘴昆虫填饱肚子。虽说还不够塞牙缝的，但味道却非常鲜美，比还没被严寒冻坏的橄榄好多了。

如果没有乌鸫和竞争对手的话，春天草木复苏时会是一幅什么样的景象呀！即使人类因自己所做的蠢事而消失于地球上，乌鸫用来庆祝万物复苏歌唱也一样是庄严隆重的。

除了因为满足森林的开心果——乌鸫的口福而受到人们赞扬以外，象态橡栗象还有另一个本领——调节植物的无序生长。和所有名副其实的强者一样，橡树也是非常慷慨大方的，它大量地为大自然提供橡栗。大地要怎样处理这么多的橡栗呢？森林过于拥挤就会窒息，树木过多就会殃及整片森林。

不过，由于食物充足，急于抑制过度生产的消费者纷纷从四面八方赶来。在一堆碎石中，在其草料床垫边，田鼠这个原始居民开始存储起橡栗来。松鸦这种外来者不知怎么得也得到了消息，成群结队地从远方飞来。接下来的几个星期，它们孜孜不倦地逐一地对橡树大加叼啄，不断地用被掐住的猫似的喵喵声表达者着自己的快乐与兴奋。任务完成以后，它们便飞回自己位于北方的家乡。

象态橡栗象动手比它们还早。它们把卵产在还很青的橡栗里。现在，橡栗散落在地上，早早地变成了褐色，而且还被钻了个圆孔，象态橡栗象虫宝贝在橡栗里面的食物吃完了就从可以顺着这个小圆孔爬出来。在一棵橡树下，这种被掏空的橡栗很快就能捡满一篮子。在整理过剩物资的工作方面，象态科昆虫的能力远超过了田鼠和松鸦。

人们为了养猪，很快就赶来了。在我们村子里，市村落击鼓宣布某日起可以在市村落树林里采摘橡栗可是件大事。前一天，最有闲情的人总是会先行跑去巡查地点，事先给自己选定一块最佳位置。次日，天刚蒙蒙亮，全家人就赶到早已选定好的地方。父亲负责用长竹竿敲打高处的树枝，母亲则穿着麻布大围裙，以便进到林子深处，采摘伸手就能够得着的橡栗；儿女们则跑来跑去捡拾那些不小心散落在地上橡栗。它们被一篮篮装满，倒进筐里，最后装进大布袋里。

继松鸦、田鼠、象虫以及其它很多动物之后，终于轮到人们高兴一把了。他们正在盘算着采摘了这么多的橡栗，自己的猪能长多肥壮。但是，开心之余还是有一点遗憾。眼看着这么多被钻了洞的橡栗散落地上，被糟蹋了得一点用处都没有，心里还真不是滋味儿。于是人们便开始责骂那些造成这种破坏的肇事者。听他们的语气，似乎这森林只是归他们所有一样，好像橡树结果只是为了喂饱他们的猪。

我特别想告诉这群自私的人，守林人是从来不会记录轻罪犯人的罪状的。而这样也好，因为自私的人们只能在收获橡栗中看到猪长肉，肉做肠，这种态度往往会造成十分严重的后果。橡栗是在邀请大家都来利用它的果实。而我们人从中略取了最大的一份，因为我们是最强大的。那是我们应得的权利。

但是，在不同的消费者中进行均衡的分配，这是高于一切的大原则。因为在这个世界上，每个物种都各有自己的作用，不管是弱小还是强大，都一样重要。如果我们把乌鸫为万物复苏而高兴、唱歌是看作一件大好的事的话，那我们也别轻易武断地认定橡栗被挖空是件坏事。因为蛀坏的橡栗里也在为鸟儿准备饭后的甜点呢，象态橡栗象味道鲜美营养，正好可以让鸟儿变得臀肥歌美。

让乌鸫歌唱去吧，我们还是回过头来聊我们的象虫科昆虫宝贝。我们知道宝贝就藏在橡栗的底部，那最鲜嫩多汁的果仁中。它是怎样进到那儿去的呢？那里可是离壳斗边缘上方的入口很远的，这确实是个小小的问题，甚至问得有些幼稚。但千万别对它不屑一顾，因为科学就是由一些幼稚好笑的不起眼的小事物组成的。

第一个用琥珀在衣袖上摩擦，随即便知道这块琥珀能吸麦秸的人，绝对想不到我们今天的电有多么的绝妙。他只是在天真地自取其乐罢了。但如果反复做这种看似幼稚的游戏，以各式各样的办法进行探索以后，它就变成了世界上最强大的力量之一。

观察者不应该忽视任何一种现象，因为人们永远都不会知道那些很不起眼的事物中会产生出来什么。因此，我又问了自己这样一个问题：象态橡栗象是通过什么样的办法住进了离入口很远的地方。

对于还不知道宝贝的确切位置但知道虫宝贝可能首先是从其底部开始吃橡栗的人来说，答案也许是这样的：虫卵产在管道入口的表面处，而虫宝贝则穿过母亲钻好的坑道，自己爬到储存婴儿食物的那个偏僻的地方。

在还没有掌握足够的材料的时候，我自己也是这样认为的，但我很快就发现这种解释是不正确的。当产妇把腹尖贴在刚用钻钻出的洞口便退走，之后不久，我就摘下了这个橡栗。宝贝大概就在那儿，在紧贴着表面的入口处……可事实并不是这样，那儿并没有虫卵，它在坑道的另一侧。如果我大胆地猜测的话，宝贝可能是同一块重重的石头一样的掉进坑底的。

我们还是赶快消除了这种愚蠢的念头吧！这条坑道相当狭窄，而且又堵满了碎屑一样的东西，所以是不可能这么直接掉下去的。再说，根据叶柄那直的或相反的方向，如果虫卵在一个橡栗里下落那就会在另一个橡栗里上升，这显然是不可能的。

因此我又进行了第二次大胆的猜想。我在想：布谷鸟总是在草地里随便找个地方下蛋，然后用嘴把蛋叼起，放进黄莺的狭小的窝里去，霸占了黄莺的家。象态橡栗象是不是也用的类似的方法呢？它会不会利用它的长嘴把它的宝贝运送到橡栗底部去呢？除此以外，我没发现它身上还有什么别的工具能够到达这个深洞的底层的。

然而，我们还是快些抛开这种怪异的解释，去寻找真正的解释。象态橡栗象是从不会在暴露的环境下产下宝贝，然后再用喙去叼住它的。要是它这么做的话，那娇嫩的宝贝在通过那堵塞而又狭窄的坑道时一定会被挤死。

这让我感到很尴尬。对象态橡栗象的身体结构非常了解的任何一位读者都会有这样的尴尬的。蚱蜢配着一把大刀，那是它的产卵工具，它可以用这把刀把宝贝送到它所希望的洞底深处去。而褶翅小蜂装备着一个探头，可以钻穿石蜂筑成的水泥建筑，把自己的卵产到后者睡意朦胧的胖虫宝贝的茧里去。但象态橡栗象却没有这样的匕首、短剑，它的腹部绝对什么都没有。然而，它只需要把腹尖贴在井的那个不起眼的孔眼上，就能轻而易举地把宝贝送到橡栗底层去。

解剖就会告诉我们它所使用的方法的奥秘。当我剖开象态橡栗象产妇，眼前的一切让我瞠目结舌。那儿躺着一部怪异的机器，一根坚硬的深红色尖头桩，与身体一般长，我想它可能相当于喙，因为它同头部的喙很相似。那是一根细如毛发的管子，空尖端微微张开，形状看起来像榴弹发射筒，前端鼓起，呈卵形泡状。

这就是它的产卵工具，与钻孔器一般粗。钻孔喙钻到哪里，这个内喙——宝贝探测器——就可以下到哪里。当产妇在橡栗上往下钻时，它一定会选择一个能让这两个相成相辅的工具都能够达到理想的地方——果仁底部的攻击点。

现在，一切都一目了然了。产妇的手摇曲柄钻挖好了坑道以后，它就会转过身来，将腹部的末端贴在那钻孔上。然后，它就把剑拔出，内喙便显现出来，这使它很轻易地就钻进了锉屑堵塞的坑道。引导探头上什么都看不出来，因为它运转地谨慎而敏捷。安置好虫卵之后，这个工具开始慢慢地往回收回腹内，一样是滴水不漏。大功告成之后，产妇就离开了，而我们却丝毫也看不出它的破绽。

我的始终坚持是有道理的吧。一个表面看来不值一提的情况刚刚以毋庸置疑的方式将菊花象使人生疑的地方告诉我。长吻管象虫有一个隐藏的内探头，一个从外部看完全看不出的腹部喙。它们在自己腹部的隐密秘处藏着一把类似于姬蜂和蚱蜢的刺刀一样的工具。

猎食的螳螂

再来看另外一种南方的昆虫，它和蝉至少一样有意思，但名声却远不如后者，因为它从不发出一点声音。如果老天赐予它一个能够使它深得人心的重要要素——音钹的话，凭借它习性与身体特征，它一定会让著名歌星的相形之下黯然失色。这种昆虫在这一带被叫作"祷上帝"，学名是螳螂，它还有一个拉丁文名称叫"修女袍"。

科学术语和农民朴素的词汇在这里不谋而合，它们都把这奇特的生命看作是一个占卜神谕的巫婆，一个出神入化的修女。这种比喻由来已久。早在远古时期，古希腊人就把这种昆虫称之为"先知"、"占卜者"。村里人也十分热衷于比喻的，他们总能在外表上加以发挥。有一天，他们在烈日炙烤的草地上看见一只仪态万千的昆虫挺直胸膛庄重地站立着。只见它那宽大轻薄的绿翅膀像一条亚麻长裙似的披在身后，两只前腿，可以暂时称之为两只胳膊，伸向天空，做祈祷状。只要有这些就足够了，剩下的就靠百姓们去想像了。于是，从远古时期的时候开始，荆棘丛里就住着这么一位占卜神谕的先知、一位诚心祷告的修女。

哦，善良幼稚的人们，你们知道自己错得多么离谱吗！它的各种祈祷一样的神态隐藏的是残忍习性。那两只祈求的双臂是可怕的行凶工具，它并不是在捻动念珠，而是随时准备着结束一切从旁经过的猎物。人们怎么也想不到螳螂竟然是直翅目①食草昆虫中的一个特例，它不吃草，专门吃活食。它是昆虫界温柔的笑面虎，是潜伏在草丛中，随时准备捕捉新鲜肉食的魔鬼。可想而知，它一定力大无穷，而且喜肉成性，再加上它那恐怖

---

① 如今昆虫分类学已将螳螂从直翅目中划分出来，独立设螳螂目。

而完美的猎食工具，使它完全成为野地上的霸主。"祈祷上帝之虫"也就成了穷凶极恶的吸血鬼了。

如果撇开致命的凶器不看，螳螂没有任何令人害怕之处。它丝毫不乏典雅优美，因为它体形健壮，通体呈淡绿色，上衣雅致，薄翼细长。它没有一副像剪刀一样的凶残大颚，而恰恰相反却是尖尖的小嘴，好像生来就是用来啄食的。它的头能够凭着从前胸伸出的柔软脖子左右转动，仰俯自如。昆虫当中，只有螳螂能引领目光，能观察打量，它几乎还有面部表情。

螳螂的整个身体透着安静和祥和，和它那可以被准确地称之为杀人机器的前爪相比起来，反差相当大。它的身体长而有力，这样的好处就是能向前伸出螳夹子，去捕捉猎物，而不是坐等送死鬼。捕捉器只有很细微的一点装饰，十分精致。腰肢内侧佩有一个美丽的黑圆点，圆点上有白色斑块，还点缀着几行精致的小珍珠。

螳螂的大腿更长，像扁平的纺锤，前半部分的内侧长着两排尖锐的锯齿。里面的一行有六对长短相错的齿针，短的是绿色，长的是黑色。这种长短齿针的相间增加了啮合点，让利器更加具有杀伤性。外面的一排简单得多，只有四颗齿针。两行齿针尾端有三颗最长的齿针。总之，大腿是一把带有两排平行刃口的锋利的钢锯，两排锯齿之间有一个空槽，可以让小腿折叠放人。

小腿和大腿的连接处非常灵活，它同样也是一把双列刃口钢锯，只是齿针比大腿上的钢锯微短一些，但数量更多更密。尾端有一硬钩，其尖利程度能与最好的钢针相媲美，钩下有一道细槽，槽上有两把刀片，像修树枝的剪子。

这弯钩是一件高度完美的刺割工具，曾给我留下过火辣的回忆。在捉螳螂时，我都不记得有多少次被这个我一把抓住的小东西给钩住，我腾不出手来，不得不每次都求助别人帮我摆脱这个强硬的俘虏！谁如果不先把扎在肉里的硬钩弄出来就强硬地拽开螳螂，那他的手一定会像被玫瑰花刺儿扎了一遍一样，划出道道伤痕。没有比它更难对付的昆虫了。如果您想活捉它，手指就不能太用力，否则那虫子虽然不再挣扎，可也就被掐死了；但要是不用力，螳螂就会用修枝剪的尖端抓您，用针刺您，用钳子夹您，让您几乎招架不住。

休息的时候，螳螂会将捕捉器折起来，举在胸前，看上去不会伤人。但是，一旦目标突然出现，它就立刻改变它那副祈祷的姿态。捕捉器的那三段长构件猛地被伸展去，它的末端伸到最远的地方，抓住猎物后就立刻收回来，把猎物放到两把钢锯当中。老虎钳就像手臂内扣一样，夹紧猎物，这样一来就大功告成了：蚱蜢、蝗虫或其它更厉害的昆虫，一旦被送到那四排交错尖齿当中，立刻就会丧命了。绝望的扭动和挣扎都不能使可怕的凶器松开。

想要在野外跟踪研究螳螂的习性是不可能的，必须把它养在家里观察。喂养它并不是很简单，因为只要好喝好吃的供它，它并不介意每天被囚在钟形罩中，失去自由。我们得天天换着把戏地给它准备美食，于是，这家伙有点乐不思蜀了。

我为我的俘房们准备了十几个宽大的钟形金属纱网罩，它们看起来就像饭桌上罩饭菜防苍蝇的网罩一样。每一个罩子下都罩在着一个装满沙子的瓦罐。笼里放着一束干百里香、一块为将来产卵用的平石头，这些就是它的全部家当。这一座座的小屋整齐地摆在我动物实验室的大桌子上，那儿白天大部分时间都能充分享受阳光的福泽。我把抓来的螳螂安顿在里边，有的是独居，有的则是群居。

八月份的下半个月，我开始在路边荆棘丛里和干草堆中发现成年螳螂。每天都有很多怀了身孕的雌性螳螂增加。相反他们弱小的雄性伴侣则日益减少，我常常要花费很多的时间和精力才能给我的那些雌性囚徒配对，因为囚笼中那些弱小的雄性已经成为别人嘴里的食物了。这种残忍的事情我们等会儿再讲，先来讲一讲雌螳螂。

雌螳螂的胃口很大，喂养时间又长达几个月，所以喂养并不容易。它们几乎每天都要更换食物，有的时候它们只是稍微舔舔就把它抛在一边。我保证，螳螂在它们的出生地荆棘丛中，一定不会浪费。由于猎物不够，它们每次都会把到手的食物吃得干干净净，一点不剩，可住进我的笼子里，它们就学会大手大脚的了，通常是咬上几口之后就不要了。看来，它们是在借此排遣被囚的烦闷。

要应付这样的奢侈浪费，必须请求援助。在我的甜瓜块和蛋糕片的诱惑下，旁边两三个无所事事的小家伙，每天晚上和早上都会跑到周围的草丛中去摆放用芦苇编成的小笼子，里面装着活泼好动的蚱蜢和蝗虫。而我自己也没闲着，手拿网子，成天在围墙周围转悠，希望能给我的囚犯们弄一点上好的野味来。

这些上好的野味，是我用来试验螳螂的胆识和力量的。在这些美味当中，大灰蝗虫的个头要比吃它的螳螂大很多；白额螽斯的大颚非常有力，我们的指头都常常担心被它咬破；而蚱蜢样子怪异，带着金字塔形的帽子；葡萄树距螽的音钹声嘎嘎响，圆滚滚的肚皮上还配着一把大刀。除了这些难以下嘴的野味外，还有两种更加恐怖的猎物：一个是圆网蛛，肚子像圆盘，上面带有彩花修饰，大概是一枚二十苏的硬币大小；另一个是冠冕蛛，外表凶狠，它相貌粗野，大腹便便，令人害怕。

面对眼前这美味食品，笼子中的螳螂一点也不畏惧，冲上去便是一通大嚼，美美地饱餐一顿，这让我不得不承认它的野外的生存能力是相当强大的。正如它在金属罩内，享用我送上的美食一样，在荆棘丛中，它也一定是毫不留情地啃食偶然送上门来的味美猎物的。对大猎物的这种充满危险地捕猎，绝不是它突发奇想之举，一定是它习以为常的事情。然而，这种捕猎的场面并不多见，因为机会很少，可能这也是件令螳螂遗憾的事。

各式各样的蝗虫，还有蜻蜓、蝴蝶、蜜蜂、大苍蝇等等以及其它中等大小的昆虫，都是螳螂锐利前爪下的猎物。反正，在我的笼子里的那个女猎人，在所有猎物前都不会后退。无论是灰蝗虫还是螽斯，也不管是王冠蛛还是圆网蛛，迟早都会丧命在它的利爪下，它们在它的锯齿内无法动弹，只能凄惨地被它津津有味地嚼食。这样的捕猎过程值得我们一讲。

螳螂看到肥大的蝗虫在金属罩的纱网上冒冒失失地靠近，痉挛般地惊跳起来，突然摆出骇人的架势。即便是被电流击打也不能做出这样快的反应。那一刻的转变是如此的突然，样子非常吓人，以致一个没有经验的观察者会立刻犹豫起来，害怕地把手缩回来，以免发生意外。即使是像我这么习以为常的人，要是那会儿心不在焉的话，见此情景也难免吓一大跳的。就好比在你毫无准备时，面前的盒子里突然弹出一个可怕的魔鬼或者一个吓人的东西一样。

螳螂张开鞘翅，斜着甩到两边，双翼全部张开，似两张立着的平行的船帆，又像脊背上竖起的阔大鸡冠。螳螂的腹端蜷成曲棍状，先是翘起，随后放下，再突然一抖，然后放松下来，之后发出"噗、噗"的声音，和孔雀开屏时发出的声音一样。又像是受惊的游蛇在吐气。

螳螂骄傲地用四条后腿支撑着身体，长长的前胸几乎直起。一直收缩着互相贴在胸前的劫持爪，现在也全部张开，呈十字形挺着，露出一排排满布着珍珠粒的腋窝，中间还有一个白心的黑圆点。这黑的圆点就像孔雀尾羽上的斑点，再加上那些象牙质的纤细凸纹，都是它战斗时的武器，平时是密藏着的，只有在战斗中为了威慑对方、显示自己的时候，才会从宝盒中拿出来炫耀。

螳螂一动不动地保持着这个奇怪的姿势，目光死死地盯住大蝗虫，如果对方挪动，它的脑袋也会随之稍微转动。摆出这种架势的目的是很清晰的：螳螂是想震慑，甚至吓瘫强悍的猎物，如果对手的锐气不被挫败，它就会很危险。

螳螂的目的达到了吗？谁也不知道蝗虫那长脸后面或螽斯那光亮的脑袋里是怎么想的。它们那无法显示表情和心情面罩上没有呈现出一丝的惶恐。但是，有一点是可以肯定的，被威胁者知道危险的存在。它看见了自己面前立挺着的怪物，高举着双钩，时刻准备着扑过来。它感受到了死亡的威胁，但在时间还来得及的情况下它却并没有逃掉。它本是个善于跳高的长腿的蹦跳者，轻松一跃就能跳出对方利爪的范围，可此刻，它却仍傻乎乎地待在原地，甚至还慢慢地向对手靠近。

据说，小鸟看到蛇张开嘴巴，会吓得不敢动弹；它会被蛇的眼光所迷惑，忘记飞走，束手就擒。很多时候，蝗虫似乎也是这样一种状态。现在它已落入对方的威胁内。突然，螳螂将两只大弯钩猛压下来，用爪子用力一抓，双锯并拢，夹紧，不幸的蝗虫就无还手之力了。它的大颚无法咬到螳螂，后腿只能绝望地胡蹬乱踢。它活该倒霉。螳螂收起翅膀，这是它的战旗，又恢复了常态，开始美餐。

在进攻蚱蜢、距螽之类不如灰蝗虫或螽斯这么危险的昆虫时，螳螂就不会做出这么吓人的姿态，持续时间也短一些。它只需要将大弯钩一伸就能解决问题。对付蜘蛛也是一样，只需拦腰抱住对方，就丝毫不用担心它的毒钩。对于那些不起眼的小蝗虫，无论是在笼子里的还是野地里的，螳螂都很少对它们使用它的威吓办法，它只要将走进其控制范围内的冒失鬼抓住就可以了。

如果要捕捉的对手有能力进行激烈的反抗，那么螳螂就会摆出这个吓人的姿势，把对手镇住，让自己的利钩可以顺利地稳稳地钩住对手。随后，它的狼夹子便可以把吓得无力还手的受害者夹紧。螳螂就这样突然摆出幽灵般的可怕架势，把对手吓呆。

在这个奇特的姿势中，翅膀有着非常重要的作用。螳螂的翼异常宽大，外边缘呈绿色，其余部分都是无色半透明的。双翼的纵向上辐射出有多经翅脉，还有一些非常纤细的、横向的翅脉，与纵向翅脉成直角相交，与它形成无数的网眼。在摆出吓人的姿态时，双翼展开，立成两个平行的平面，几乎相互触及，犹如夜间歇息的蝴蝶的翅膀一样。两翅之间，翘卷着的腹部突然剧烈地振动起来。肚子开始摩擦翅脉，发出一种奇怪的喘息声，听起来像处在防御的游蛇吐芯儿的声音。我们只要用指尖迅速擦过张开的翅膀正面，就能模仿出这种奇怪的声音。

翅膀对于雄螳螂来说是必不可少的，为了交配，矮小瘦弱的它必须在荆棘丛中流浪。它的翅膀相当发达，足以帮助它飞翔；它飞翔的最远距离，大约是四五步远。这个没用的家伙吃得很少。在我的金属罩里，我很少会看到雄螳螂正在吃某一只瘦弱的蝗虫，这是最不起眼、最不会伤人的猎物。也就是说，雄螳螂不会摆出那个威慑的姿势，这姿势对于没有野心的猎手来说毫无用处。

相反，对于怀揣成熟的卵而胖得出奇的雌螳螂来说，翅膀的作用就让人费解了。由于发胖增加了体重，雌螳螂只能爬或者跑，而不能飞。那它还留着翅膀干什么呢？更何况这翅膀这么宽大，很少有哪类昆虫能与之媲美。

再看一看普通螳螂的近邻灰螳螂，这个问题就显得更为迫切了。雄性灰螳螂长着翅膀，能迅速飞跃。而拖着满肚子卵的雌性灰螳螂，它的翅膀却如同发育不全的残肢，好似穿着一件奥弗涅①和萨瓦②地区的奶酪工的短

---

① 奥弗涅，法国中南部地名。
② 萨瓦，法国东南部地名。

燕尾服。对于从不离开干草地和碎石堆的螳螂来说，这短上衣比拖地的绮罗盛装更加合适。那碍事的翅膀，雌性灰螳螂只留下了一点，它这样做是对的。

尽管雌性的普通螳螂不飞翔，却也保留着翅膀，甚至对此还竭力夸张，这是不是显得不明智？根本不是：因为它们要捕食体形庞大的猎物。有时，它们会在潜伏的地方等来一只难以驯服的猎物。直接进攻弄不好会送了性命。必先把这不速之客吓住，让它恐惧得不敢抵抗。出于这个目的，它便突然张开翅膀，这翅膀可怕得如同幽灵的裹尸布。因此，那宽大的翅膀虽然不能飞翔，却是捕猎的工具。但这样的计谋对于个头较小的灰螳螂来说就没有必要了，因为它们捕捉的都是一些弱小的虫子，像飞蝇、幼蝗虫等。虽然两位猎手习性相同，而且都因为体形太胖而不能飞翔，但它们的外套却是根据捕猎时埋伏的难度而量身订做的。雌性普通螳螂是强悍的女将，它会把翅膀张开成威风凛凛的战旗；雌性灰螳螂则是微不足道的猎鸟者，它把翅膀变作了一件小小的燕尾服。

如果一只螳螂几天没吃东西，处于极度饥饿的状态，可以一下子把与它一样大小的或比它块头还大的灰蝗虫全部干掉，只剩下翅膀，因为翅膀太硬无法消化所以就不吃了。两个小时足够将这么个大猎物吃光，但这么狼吞虎咽的情景甚是少见。我曾见到过一两次，当时我就一直无法想清楚，这个饕餮之徒是如何存下这样多的食物的？容量小于容积的原理是怎么反过来为螳螂服务的？我对螳螂的胃的高超特性赞不绝口：食物只是穿胃而过，立刻就消化，溶解。

在我的金属罩里，螳螂的日常食物是大小不一、种类各异的蝗虫。观察它用劫持爪上的那对钳子夹住蝗虫吞吃着，的确是一件有意思事。虽然说它那尖尖小嘴并不像是为吃大餐所用而生的，可猎物确实把它吃得精光，只剩下双翼，甚至，翅根上粘连着一点肉的地方都没有被放过。硬皮、爪子通通穿肠而过。有时候，螳螂会抓住一条肥美的后大腿，将它送到嘴边，细细地品尝着它鲜美的味道，一副心满意足的样子。对它来说，也许蝗虫鼓鼓的大腿是一块上好的肉，就好像我们眼中的羊后腿一样吧。

螳螂吃猎物的时候，是从颈部下口的。当它用一只劫持爪拦腰抱住猎获物时，另一只爪便会马上按住后者的头，掰断脖子的上方。于是，螳螂便把尖嘴从这失掉护甲没有任何保护的地方插进去，一刻不停地开始饱餐起来。因为猎物的颈部裂开了大口，所以头部淋巴已全部被破坏了，因此猎物也就停止了蹬踢，成了一个毫无感觉的尸骸，这时，食肉虫子的行动便更加自由了，可以随心所欲地选择想吃的部位。

第一口先咬猎物的颈部，这种做法如此普遍，其中不可能没有原因。现在，就让我们稍稍离题片刻，探究一下个中的缘由吧。六月，我常常能在围墙内的薰衣草上看到两种蟹蛛。一种身体的颜色像白缎子，腿上有着一圈圈绿色和粉红色的环，那是金钱蟹蛛；还有一种身体乌黑发亮，腹部有红圈，中间是叶形斑点，那是圆蟹蛛。这两种优雅的蜘蛛走起路来像螃蟹一样横行。它们不会织网打猎，它们那仅有的一点蛛丝是用来做茧袋、存放卵的。它们的捕猎战术，就是埋伏在花朵上，向前来采蜜的猎物发动突然袭击。

蜜蜂是它们最喜爱的美食。有好多次，我看见蟹蛛咬着战利品，要么咬住脖子，要么咬住其他随便什么部位，甚至是翅尖。反正，那只蜜蜂已经死了，垂着爪子，吐着舌头。

插入颈部的毒钩引起了我的深思；这和螳螂捕捉蝗虫的方式惊人地相似。我不禁要问：蟹蛛这么弱小，娇嫩的身上到处都是致命的弱点，它是如何抓住像蜜蜂这样的猎物的呢？蜜蜂比它大，比它敏捷，而且还有致命的毒针做武器！

攻击者和被攻击者无论在体力上还是在武器配备上都存在极大的差距，如果攻击者不用蛛网和丝线缠绕并缚住这可怕的对手，这样的搏斗是不可能的。这种反差之大，无异于绵羊冲向狼口。然而，勇敢的进攻居然发生了，而且胜利站到了弱者这一边，无数的死蜜蜂就是证明，我看见在好几个小时的时间里，蟹蛛一直在吸它们的血。相对弱小的一方可以通过自己的独门秘技来补偿不足；蟹蛛可能拥有某种办法，帮助它战胜看似无法战胜的困难。

如果站在薰衣草旁等待，可能会很长时间地徒劳无功。我还是主动为决斗做一些准备工作为好。于是，我把一只蟹蛛和一束薰衣草花放进网罩，并在薰衣草上洒了几滴蜜，然后又放进去三四只活蜜蜂。

这些蜜蜂丝毫没有把可怕的邻居放在心上。它们在网罩内飞来飞去，时不时地到花上去吸两口蜜，有时离蟹蛛很近，就在不到半厘米的地方。它们似乎完全不知道危险的存在。多年的经验丝毫没有教会它们防范这个可怕的屠杀者。至于蟹蛛，它一动不动地待在蜂蜜边的花序上，张开四条长长的前爪，稍稍抬高，准备出击。

一只蜜蜂过来喝蜜了。时机来了。蟹蛛猛扑上去，用毒钩抓住这冒失鬼的翅尖，而长长的爪子则笨拙地将其勒住。几秒钟过去了，蜜蜂尽力反抗，可是攻击者在它的背上，它的针刺不到。这样的肉搏不能持续很久，否则蜜蜂会逃脱。于是，蟹蛛松开了蜜蜂的翅膀，迅猛而准确地咬住它的颈部。毒钩一旦刺入，战斗也就结束了：死亡随之而来。蜜蜂就像是被雷突然击中一样。它原来还在猛烈地扑腾，可现在只剩下跗骨还在微微颤抖，这是最后的抽搐，接着它便不动了。

蟹蛛依然咬着猎物的颈部，它要饱餐一顿，不是吃猎物完好无损的尸体，而是慢慢吮吸猎物的鲜血。颈部的血吸干后，它就随意换一个地方，或是腹部，或是前胸。这样就可以解释我在野外观察到的蟹蛛，为什么有时是咬着猎物的脖子，有时却咬着其他的部位。在前一种情况下，猎物刚被俘获，凶手还保持着最初的姿势；在后一种情况下，猎物已不再新鲜，蟹蛛放弃了血已被吸干的颈部伤口，转而去咬随便哪一个多汁的部位了。

随着猎物的鲜血逐渐干枯，这嗜血小妖不断地移动着它的毒钩，一会儿移到这里，一会儿移到那里，慢吞吞地享受着吮吸受害者鲜血所带来的快感。我曾见过这样的晚餐不间断地持续了七个小时，而且还是因为我冒昧的观察，蟹蛛才受到惊吓，放弃了猎物。被抛弃的尸体对蟹蛛来说已没有任何价值，但它依然完好如初。没有任何被咬过的痕迹，也没有明显的伤痕。蜜蜂的血被吸干了，仅此而已。

我的朋友猎狗布尔在世的时候，也经常咬住对手脖子上的皮，因为它必须迅速控制对手的獠牙。布尔的方法在狗类中十分常见。它张开大嘴吠叫着，吐着白沫，随时准备撕咬；要想制服对手，最谨慎的办法就是抓住它的颈部，使它动弹不得。在与蜜蜂的战斗中，蟹蛛的目的和布尔不一样。对它而言，猎物有什么可怕的呢？当然是蜇针，只要被这可怕的短剑刺中

一点，就会痛苦难当。

可是蟹蛛毫不畏惧。它要进攻的只是猎物的颈背，只要猎物还没死，它就只攻其一点，而不会去攻其他部位。不过，它并不想模仿猎狗的战术，使对手的头动弹不得，这种战术的危险性相对较小。蟹蛛的抱负更为高远，蜜蜂闪电般的死亡就告诉了我们这一点。一旦颈部被咬，猎物就会很快死去。中枢神经遭到毒液的侵害而被破坏，最为重要的生命之火也随即熄灭。这样，一场战斗得到了避免，因为战斗拖得越久，对进攻者就越不利。蜜蜂有刺刀和蛮力，弱小的蟹蛛则深谙速杀的技巧。

我们把话题转回到螳螂身上。螳螂对蟹蛛熟练地制服蜜蜂、并迅速置敌于死地的技巧也颇有心得。它抓住一只强壮的蝗虫，有时是一只体格强壮的蚱蜢。最好是能太太平平地品尝这些食物，不用顾虑这些不甘任人宰割的猎物会突然惊跳挣扎。美餐一旦受到干扰，就会失去乐趣。这些昆虫反抗的主要武器是它们的后腿，这些后腿强壮有力，蹬踢起来不亚于棍棒，何况那上面还长着锯齿，如果一不小心让它擦到了螳螂那硕大的肚子，螳螂就会被开膛破肚。其他的反抗虽然危险较小，但虫子们绝望的挣扎终究不是什么容易应付的事，有什么好办法能让这些反抗统统失效呢？

把猎物一块一块地肢解，在紧要关头不失为一个可行的办法；但这方法费时太长，而且危险。螳螂找到了更好的办法。它深知颈部的生理构造。它选择从裸露的颈后发起进攻，撕咬颈部的淋巴结，从主要源头消灭了肌肉的活力；这样，猎物便无力反抗了。但它并没有立刻、彻底地瘫痪，因为粗俗的蝗虫不像蜜蜂那样纤细脆弱；但是，螳螂最初几口撕咬造成的瘫痪已经足够了。不一会儿，踢腿和挣扎渐渐平息了下来，所有反抗都宣告停止；野味再大，螳螂也可以安安静静地享用。

以前，我把狩猎的昆虫分为麻醉猎物的和杀害猎物的两种，这两种昆虫都深知解剖学原理，让对手生畏。如今，在杀害猎物的昆虫里，我们还要再加上两位：一位是蟹蛛，它是攻击对手颈部的专家；另一位是螳螂，为了能自由自在地吞食强大的猎物，它先撕咬对手的颈部淋巴结，使其动弹不得。